普通高等教育土木工程专业研究生系列教材

ABAQUS 结构非线性分析实例教程

主　编　丁发兴　余志武
副主编　吕　飞　王文君　王莉萍
参　编　孙　浩　王　恩　许云龙　吴　霞
　　　　卢得仁　李　喆　刘　劲　罗　靓
　　　　尹国安　尹奕翔　张　涛

机械工业出版社

本书紧密结合工程实例，循序渐进地介绍了 ABAQUS 有限元软件在工程结构非线性分析中的应用。主要内容包括 ABAQUS 的基本使用方法，钢管混凝土柱、钢-混凝土组合梁、钢-混凝土组合箱梁的静力分析，钢管混凝土墩柱、组合节点、钢管混凝土柱-组合梁框架结构的抗震分析，钢管混凝土柱、约束钢-混凝土组合梁、钢管混凝土柱-钢筋混凝土梁平面框架和型钢柱-组合梁空间框架结构的抗火分析，以及 ABAQUS 常用文件及建模技巧。

本书可作为高等院校土木类研究生相关课程的教材，也可作为土木类工程技术人员的参考书。

图书在版编目（CIP）数据

ABAQUS 结构非线性分析实例教程／丁发兴，余志武
主编. -- 北京：机械工业出版社，2025. 3. --（普通
高等教育土木工程专业研究生系列教材）. -- ISBN 978
-7-111-77595-9

Ⅰ. TU311

中国国家版本馆 CIP 数据核字第 2025AW5871 号

机械工业出版社（北京市百万庄大街 22 号　邮政编码 100037）
策划编辑：马军平　　　　　　　　责任编辑：马军平　关正美
责任校对：贾海霞　丁梦卓　　　　封面设计：张　静
责任印制：邓　博
北京盛通印刷股份有限公司印刷
2025 年 3 月第 1 版第 1 次印刷
184mm×260mm · 21.75 印张 · 538 千字
标准书号：ISBN 978-7-111-77595-9
定价：69.80 元

电话服务　　　　　　　　　　　网络服务
客服电话：010-88361066　　　　机　工　官　网：www.cmpbook.com
　　　　　010-88379833　　　　机　工　官　博：weibo.com/cmp1952
　　　　　010-68326294　　　　金　书　网：www.golden-book.com
封底无防伪标均为盗版　　　　机工教育服务网：www.cmpedu.com

前　言

　　工程构件或工程结构如何进行有限元模拟，是土木工程专业研究生在研究过程中普遍遇到的难题。"结构非线性分析"课程一般以讲授分析理论和编程计算为主，覆盖面偏窄，难以适应时代发展的需求，导致研究生们的学习兴趣不大，课程难以为继。近20多年来，根据自身科研项目研究推进，本书编者感觉有必要改变授课内容，于是借助大型有限元软件ABAQUS，讲授有限元建模与参数分析等直接与学生科研课题、毕业论文相关的内容，颇受在校研究生的欢迎。

　　ABAQUS是一款通用有限元分析软件，可用于求解各种结构和材料的力学问题，包括线性和非线性分析、动态和稳态分析、热分析、流体-结构耦合分析等。ABAQUS不但具有强大的建模和求解能力，可以模拟复杂的物理现象和结构行为，而且具有友好的用户界面和丰富的后处理功能，方便用户进行结果分析和可视化，还支持多种编程语言和接口与其他软件进行集成，工作效率和灵活性高。

　　本书源于编者科研团队的科研活动。针对工程结构中的典型构件、节点、模型子结构的静力、拟静力、拟动力、振动台和抗火试验研究成果，提出了基于损伤比强度理论的约束混凝土三轴塑性-损伤模型和钢材强化-损伤模型，该本构模型与ABAQUS软件相结合，采用实体与壳单元为主的有限元建模方法，由于采用实体单元模拟，贴近混凝土的真实状态，无须遵循平截面假设，方便考虑材料非线性、几何非线性、接触非线性和温度场非线性等各种复杂非线性因素，通过将钢管与混凝土表面的接触关系设定为硬接触的方式，方便模拟钢管与混凝土之间的滑移与约束作用，因此建立以实体-壳单元为主的工程结构及体系静力、抗震和抗火塑性大变形分析方法，相应的钢-混凝土组合构件及结构体系有限元模型计算收敛性更好，实现了"材料-构件-结构失效一体化分析"，为提出高效的工程结构承载力及体系抗震与抗火设计方法创造条件。

　　实体-壳单元为主的工程结构模型建立过程复杂，需要用户对结构的组成部件有详细的了解与理解。同时，模型分析结果直观，有利于培养研究生的结构整体思维。最后，通过对受力和变形比较大的部位进行加强，以及对受力比较小的部位缩小尺寸以节约材料用量，优化结构受力并提升结构抗震与抗火效率，有利于培养研究生的工匠精神，为后期高水平工程建设打下基础。

本书由丁发兴、余志武担任主编，吕飞、王文君、王莉萍担任副主编，参编者还有孙浩、王恩、许云龙、吴霞、卢得仁、李喆、刘劲、罗靓、尹国安、尹奕翔、张涛，硕士研究生张经科、黄欣宇、卫心怡、罗开源、王颖婷、束舒东和佘露雨参与了本书的资料收集和整理等工作。本书的出版得到了机械工业出版社和中南大学的大力支持，在此表示衷心感谢。

本书是编者课题组科研过程的再现，由于编者水平有限，书中不妥之处在所难免，敬请读者批评指正。

编　者

目　录

第 1 章

ABAQUS 简介

1.1 ABAQUS 软件简介

ABAQUS 是一款由 Dassault Systèmes 公司开发的有限元分析软件，它可以用于求解各种结构和材料的力学问题，包括线性和非线性分析、动态和稳态分析、热分析、流体-结构耦合分析等。ABAQUS 的应用范围非常广泛，包括航空航天、汽车、船舶、建筑、电子、医疗等领域。ABAQUS 的优点：强大的建模和求解能力，可以模拟复杂的物理现象和结构行为；友好的用户界面和丰富的后处理功能，方便用户进行结果分析和可视化；支持多种编程语言和接口，可以与其他软件进行集成，提高工作效率和灵活性。

ABAQUS 的发展历史可以追溯到 20 世纪 70 年代。起初，ABAQUS 是由美国的 Hibbitt, Karlsson & Sorensen（HKS）公司开发的有限元分析软件。随着时间的推移，ABAQUS 逐渐发展壮大，并于 2005 年被法国的 Dassault Systèmes 公司收购。在其支持下，ABAQUS 得以进一步发展和改进。随着计算机技术的不断进步，ABAQUS 的功能和性能也得到了显著提升。它不仅在有限元分析领域取得了广泛应用，还扩展到了多物理场耦合、多尺度分析、优化设计等领域。随着时间的推移，ABAQUS 不断推出新的版本和功能，以满足不断增长的用户需求。它提供了丰富的材料模型、元素类型和加载条件，可以模拟各种复杂的结构和材料行为。

目前，ABAQUS 已经成为全球范围内工程和科学领域中最受欢迎的有限元分析软件之一。它在航空航天、汽车工程、建筑设计、能源领域等众多行业中发挥着重要作用，为工程师和研究人员提供了强大的工具来解决复杂的工程问题。

有限元分析（Finite Element Analysis，FEA）软件在土木工程学科中扮演着至关重要的角色。土木工程涉及桥梁、道路、大坝、建筑物等基础设施的设计与建造，这些结构的安全性、稳定性和耐久性对于公共安全至关重要。掌握了有限元分析软件，有助于土木工程师在以下几方面开展工作：

（1）结构分析与设计　有限元分析软件能够模拟复杂结构在各种负载和约束条件下的响应。这包括计算结构的位移、应力、应变和其他重要参数，帮助工程师设计出既安全又经济的结构。

（2）材料使用优化　通过有限元分析，工程师可以更好地理解材料在不同条件下的行为，从而优化材料的使用，减少浪费，同时确保结构的性能。

（3）风险评估　有限元软件可以模拟极端条件下的结构行为，如地震、风暴、洪水等自然灾害的影响，帮助评估结构的风险并设计相应的缓解措施。

（4）节省时间和成本　传统的试验和原型测试既耗时又昂贵。有限元分析软件可以通过计算机模拟来减少这些测试的需要，从而节省时间和成本。

（5）创新与研究　有限元软件提供了一个平台，工程师可以在上面尝试新的设计概念和方法，推动土木工程领域的创新和研究。

（6）维护与修复　对既有结构进行有限元分析可以帮助确定结构的弱点和潜在的破坏模式，从而指导维护和修复工作，延长结构的使用寿命。

（7）符合规范要求　现代土木工程项目必须遵守严格的建筑规范和标准。有限元分析软件可以帮助确保设计满足这些要求。

（8）多学科协作　土木工程项目通常需要结构工程师、地质工程师、水利工程师等多个学科的专家协作。有限元分析软件可以作为一个共同的平台，促进跨学科的沟通和合作。

可以认为，有限元分析软件是现代土木工程的重要工具，它通过高效、精确的模拟分析，帮助工程师设计和建造安全、可靠、经济和环境友好的结构。

除了本书介绍的 ABAQUS 软件外，还有一些常用的土木工程计算和建模软件，主要包括以下几种：

（1）ANSYS　ANSYS 是一款广泛使用的有限元分析软件，它提供了强大的建模和分析功能，可以在各种土木工程中应用。与 ABAQUS 相比，ANSYS 在某些特定领域和功能上可能具有一些优势。

（2）SAP 2000　SAP 2000 是一款专门用于结构分析和设计的软件，广泛应用于土木工程领域。它提供了丰富的建模和分析工具，适用于静力和动力分析。与 ABAQUS 相比，SAP 2000 更专注于结构分析和设计。

（3）ETABS　ETABS 是一款专门用于建筑结构分析和设计的软件，广泛应用于土木工程领域。它提供了高级的建模和分析功能，可以进行静力和动力分析、设计和优化。与 ABAQUS 相比，ETABS 更专注于建筑结构分析和设计。

（4）MIDAS Civil　MIDAS Civil 是一款综合性的土木工程分析和设计软件，适用于桥梁、道路、隧道等各种结构的分析和设计。它提供了全面的建模、分析和优化功能。与 ABAQUS 相比，MIDAS Civil 更专注于土木工程结构的分析和设计。

（5）Plaxis　Plaxis 是一款专门用于岩土工程分析的软件，广泛应用于土木工程和地质工程领域。它提供了强大的岩土工程建模和分析功能，可以模拟土壤和岩石的力学行为。与 ABAQUS 相比，Plaxis 更专注于岩土工程分析。

上述软件具有不同的特点和各自的适用范围，与其他软件相比，ABAQUS 的优势主要包括以下几方面：

（1）多物理场耦合　ABAQUS 具有同时考虑结构、热、电、磁多场耦合相互作用的能力。

（2）材料模型和本构关系　ABAQUS 提供了广泛的材料模型和本构关系，可以准确地描述不同材料的力学行为。这使得 ABAQUS 在模拟各种材料的性能和行为时具有优势。

（3）大变形和非线性分析　ABAQUS 能够处理大变形和非线性分析，包括接触、摩擦、塑性、断裂等。这使得 ABAQUS 在模拟结构的非线性行为时具有优势。

（4）用户友好的界面和后处理功能　ABAQUS 具有直观的用户界面和强大的后处理功能，使得模型的建立、分析和结果展示更加方便和直观。

当然，每个软件都有其特定的优势和适用领域，选择适合具体需求的软件取决于具体的应用和研究方向。

ABAQUS 在组合结构分析计算中具有广泛的应用。组合结构通常由不同材料的组合构成，如复合材料、金属-陶瓷组合、粘接接头，以及本书所关注的钢管混凝土与钢-混凝土组合梁等。ABAQUS 提供了多种功能和工具，用于模拟和分析这些复杂的组合结构。

对于本书所介绍的组合结构建模与分析的问题，ABAQUS 的主要优势体现在其可以模拟复合材料的力学行为，包括层合板、复合壳体和复合梁等。它提供了各种复合材料模型和元素类型，可以考虑材料的各向异性、失效准则和破坏模式等。它还可以对界面接触关系的应力分布、剪切和剥离行为进行分析，提供了不同的接触模型和接触算法，可以考虑接触的非线性行为和接触失效。同时，ABAQUS 提供了多物理场耦合分析，可以模拟组合结构中的多个物理场的相互作用，如热-结构耦合。

总之，ABAQUS 在组合结构分析计算中提供了强大的建模和求解能力，可以帮助工程师和研究人员理解和优化复杂的组合结构行为。

1.2　推荐使用的材料本构模型

1.2.1　约束混凝土三轴塑性-损伤模型

ABAQUS 软件中提供的混凝土塑性-损伤模型，其中的三轴强度参数包括膨胀角 φ、压拉子午线强度比 K、二轴等压与单轴抗压强度比 f_{cc}/f_c，该类参数由混凝土损伤比强度理论确定，膨胀角定义为损伤比强度理论 p-q 平面压子午线上高围压时的切线斜率，当高围压值 $p/f_c=6.6$ 时，对应的 φ 为 $40°$，对应的 K 取 0.63，另外取 $f_{cc}/f_c=1.33$。

核心混凝土骨架曲线采用丁发兴等提出的混凝土单轴受力应力-应变关系全曲线计算式：

$$
\begin{cases}
y = \dfrac{A_i x + (B_i - 1) x^2}{1 + (A_i - 2) x + B_i x^2} & (x \leqslant 1) \\[3mm]
y = \dfrac{x}{\alpha_i (x - 1)^2 + x} & (x > 1)
\end{cases}
\tag{1-1}
$$

式中，A_i 为混凝土弹性模量与峰值割线模量比值；B_i 为控制上升段曲线弹性模量衰减程度。

当混凝土单轴受压时：i 取 1，$y = \sigma/f_c$，$x = \varepsilon/\varepsilon_c$（$\sigma$ 为应力，f_c 为混凝土轴心抗压强度，$f_c = 0.4 f_{cu}^{7/6}$，f_{cu} 为混凝土立方体抗压强度，ε 为应变，ε_c 为混凝土受压峰值应变，$\varepsilon_c = 291 f_{cu}^{7/15} \times 10^{-6}$）；$A_1$ 和 B_1 为上升段参数，$A_1 = 6.9 f_{cu}^{-11/30}$，$B_1 = 1.6 (A_1 - 1)^2$；$\alpha_1$ 为下降段参数，当配箍率 ρ_{sv}（含钢率 ρ_s）$\geqslant 2\%$ 时，$\alpha_1 = 0.15$，当 $\rho_{sv}(\rho_s) = 0$ 时，$\alpha_1 = 4 \times 10^{-3} f_{cu}^{1.5}$，当 $0 < \rho_{sv}(\rho_s) < 2\%$ 时，α_1 线性内插。当混凝土受拉时：i 取 2，$y = \sigma/f_t$，$x = \varepsilon/\varepsilon_t$（$f_t$ 为轴心抗拉强度，$f_c = 0.24 f_{cu}^{2/3}$，ε_t 为受拉峰值应变，$\varepsilon_t = 33 f_{cu}^{1/3} \times 10^6$）；$A_2$ 和 B_2 为上升段参数，$A_2 = 1.306$，$B_2 = 0.15$；α_2 为下降段参数，约束混凝土取 $\alpha_2 = 0.8$。混凝土塑性-损伤模型的三轴相关参数见表 1-1。

表 1-1　　ABAQUS 有限元软件分析中混凝土相关参数的取值

名称	参数取值
弹性模量 E_c	$9500f_{cu}^{1/3}$
泊松比 ν_c	0.2
膨胀角 φ	40°
流动偏角 ϵ	0.1
二轴等压与单轴抗压强度比 f_{cc}/f_c	1.33
压拉子午线强度比 K	0.63
粘性[①] 系数	0.0005

① "粘性"应为"黏性",因本书所使用 ABAQUS 中文版均为"粘性",为与软件表示一致,本书采用"粘性"这
　一表示。

混凝土单轴受力损伤变量计算,当混凝土单轴受力进入塑性阶段后,由于混凝土的变形产生应变能 W,卸载后变形引起的应变能减小到 W_e,混凝土应变能的损失反映在材料上就是刚度衰减,混凝土在卸载时的卸载刚度定义为 $(1-D_1)E_c$,D_1 定义为弹性模量损伤变量。另外,按照能量损伤,损伤变量也可定义为

$$1-D_2 = \frac{W_e}{W} \tag{1-2}$$

式中,$W = \int_0^\varepsilon \sigma(\varepsilon)\mathrm{d}\varepsilon$,$W_e$ 为可恢复的弹性应变能,$W_e = \frac{\sigma^2}{2(1-D_1)E_c}$;$D_2$ 为能量损伤变量。如认为弹性模量损伤和能量的损失存在如下关系

$$1-D_1 = (1-D_2)^n \tag{1-3}$$

由式(1-2)和式(1-3)得到基于弹性模量损伤的损伤变量表达式:

$$D_1 = 1-\left(\frac{\sigma^2}{2E_c W}\right)^{\frac{n}{n+1}} \tag{1-4}$$

根据对循环载荷[⊖] 下和反复载荷下混凝土单轴拉、压卸载刚度试验结果的分析,式(1-3)、式(1-4)中的系数 n 可采用下式计算

$$n = \frac{3+0.05x^4}{1+0.05x^4} \tag{1-5}$$

式中,对于拉伸损伤,$x=\varepsilon/\varepsilon_t$,对于压缩损伤,$x=\varepsilon/\varepsilon_c$,$\varepsilon_c$、$\varepsilon_t$ 分别为混凝土抗压与抗拉正峰值应变。

在循环加载时刚度恢复因子取 $W_c = 0.8$ 和 $W_t = 0.2$,以模拟混凝土卸载与再加载的转换。

针对低轴压比的钢管混凝土桥墩,Goto 提出了考虑插入裂缝后的混凝土压缩弹性模量损伤变量 D_c 表达式

⊖　建筑中一般用"荷载",因本书所使用 ABAQUS 中文版为"载荷",为与软件表示一致,本书采用"载荷"
　这一表示。

$$\begin{cases} D_c = \dfrac{155\varepsilon_c}{\left[1+(\varepsilon+0.0035)^{0.1}\right]^{0.1}} & (\varepsilon_c \leqslant 0.0184) \\ D_c = 0.3485 & (\varepsilon_c > 0.0184) \end{cases} \tag{1-6}$$

在循环加载时，刚度恢复因子取 $W_c = 1.0$ 和 $W_t = 0$。

当混凝土结构受火灾升温环境作用时，温度、载荷和时间都会引起应变增量，高温下混凝土总应变（$\varepsilon_{c,total}$）包含瞬态热应变（$\varepsilon_{c,tr}$）、高温徐变（$\varepsilon_{c,cr}$）、自由膨胀应变（$\varepsilon_{c,th}$）和应力作用产生的应变（$\varepsilon_{c,\sigma}$），其表达式为

$$\varepsilon_{c,total} = \varepsilon_{c,th} + \varepsilon_{c,tr} + \varepsilon_{c,cr} + \varepsilon_{c,\sigma} \tag{1-7}$$

式中，瞬态热应变（$\varepsilon_{c,tr}$）和高温徐变（$\varepsilon_{c,cr}$）采用过镇海等建议的计算公式

$$\varepsilon_{c,tr} = \frac{\sigma}{f_c}\left(0.17 + 0.73\frac{T-20}{100}\right) \times \frac{T-20}{100} \times 10^{-3} \tag{1-8}$$

$$\varepsilon_{c,cr} = \frac{\sigma_{L,c}}{f_c}(T-20)^{1.25} \times t_f^{0.001} \times 10^{-6} \tag{1-9}$$

式中，$\sigma_{L,c}$ 为混凝土压应力；t_f 为受火时间；T 为温度（℃）。

自由膨胀应变采用过镇海提出的混凝土热膨胀系数和温度的关系公式

$$\alpha_c = 28\left(\frac{T}{1000}\right) \times 10^{-6} \tag{1-10}$$

高温下混凝土的应力-应变关系同式（1-1），当 $n=1$ 时，$y = \sigma/f_c^T$，$x = \varepsilon/\varepsilon_c^T$，$f_c^T$ 为高温下混凝土单轴抗压强度，ε_c^T 为高温下混凝土单轴抗压峰值应变；当 $n=2$ 时，$y = \sigma/f_t^T$，$x = \varepsilon/\varepsilon_t^T$，$f_t^T$ 为高温下混凝土单轴抗拉强度，ε_t^T 为高温下混凝土单轴抗拉峰值应变，f_c^T 和 f_t^T 的具体表达式为

$$\frac{f_c^T}{f_c} = \frac{f_t^T}{f_t} = \frac{1}{1 + 19\left[(T-293)/900\right]^{b_1}} \tag{1-11}$$

式中 ε_c^T 和 ε_t^T 的具体表达式为

$$\varepsilon_c^T/\varepsilon_c = \varepsilon_t^T/\varepsilon_t = 1 + 0.23\left[(T-293)/100\right]^{1.5} \tag{1-12}$$

参数 b_1 的表达式为

$$\begin{cases} b_1 = 6.70 & (20\text{MPa} \leqslant f_{cu} \leqslant 40\text{MPa}) \\ b_1 = 3.65 + \dfrac{3.05}{1 + 0.001(f_{cu}-40)^3} & (f_{cu} > 40\text{MPa}) \end{cases} \tag{1-13}$$

在受火初期混凝土一般都处于弹性阶段，因此不考虑混凝土构件截面应力重分布引起的卸载损伤，损伤因子取 0。

1.2.2　钢材混合强化-韧性损伤模型

钢材屈服后的强化过程同时具有等向强化和随动强化的特性。初始强化时为各向同性，但随着塑形变形的发展，强化性质更接近纯运动状态，即随动强化特性。因此，钢材应同时考虑等向强化和随动强化准则，即混合强化模型。

采用基于 Chaboche 提出的混合强化模型模拟屈服面的变化。该模型由非线性各向同性硬化部分和具有多重背应力组成的随动强化模型组成，模型中各向同性硬化部分表达式为

$$R = \sigma_0 + Q \left[1 - \exp(-b\overline{\varepsilon}^{pl}) \right] \tag{1-14}$$

式中，R 为当前屈服面的大小；σ_0 为初始屈服应力；Q 为屈服面直径变化的最大值；b 为屈服面大小随塑性应变的变化率；$\overline{\varepsilon}^{pl}$ 为等效塑性应变。

通常，混合强化模型的参数由钢材的拉伸试验和循环加载试验确定，作者提出了仅包含一组背应力参数的 Chaboche 混合强化模型，具体参数见表 1-2。

表 1-2　ABAQUS 有限元软件中钢材混合强化模型相关参数取值

钢材参数名称	参数取值
零塑性应变处的屈服应力	实测钢材屈服强度 f_y
等效应力	实测钢材屈服强度 f_y
随动硬化参数 C_1	750（钢材屈曲明显）或 7500（钢材屈曲不明显）
背应力的变化率 γ	50
屈服面的最大变化 Q_∞	$f_y/2$
硬化参数 b	1/10

当金属材料在遭受地震等复杂受力时，金属构件因损伤累积效应而使其承载力和刚度均有所折减，若考虑金属材料的韧性损伤，则可较好地反映大变形阶段的强度退化现象。因此，本书有限元模型中钢材采用考虑韧性损伤的混合强化模型，其中钢材断裂应变 ε_f 与损伤因子 D_s 计算公式如下：

$$\varepsilon_f = 7.72 f_y^{-0.4} \tag{1-15}$$

$$D_s = 0.96 (\overline{\mu}^{pl}/\overline{\mu}_f)^{2.42} \tag{1-16}$$

式中，f_y 为屈服强度；$\overline{\mu}^{pl}$ 和 $\overline{\mu}_f$ 分别为钢材拉伸时的塑性位移和极限位移。

当钢结构受火灾升温环境作用时，此时温度、载荷和时间都会引起应变增量，高温下钢材总应变为自由膨胀应变（$\varepsilon_{s,th}$）、高温蠕变（$\varepsilon_{s,cr}$）和受力应变（$\varepsilon_{s,\sigma}$）三部分之和，其表达式为

$$\varepsilon_{s,total} = \varepsilon_{s,\sigma} + \varepsilon_{s,th} + \varepsilon_{s,cr} \tag{1-17}$$

式中，自由膨胀应变采用过镇海建议的钢材热膨胀系数随温度变化的关系式

$$\alpha_s = 0.5\sqrt{T} \times 10^{-6} \tag{1-18}$$

应力-应变本构模型采用欧洲规范 EC3 推荐的表达式

$$\begin{cases} \sigma_s = \varepsilon_{s,\sigma} E_{s,T} & (\varepsilon_{s,\sigma} \leq \varepsilon_{sp,T}) \\ \sigma_s = f_{sp,T} - c + (b/a)\left[a^2 - (\varepsilon_{sy,T} - \varepsilon_{s,\sigma})^2 \right]^{0.5} & (\varepsilon_{sp,T} < \varepsilon_{s,\sigma} < \varepsilon_{sy,T}) \\ \sigma_s = f_{sy,T} & (\varepsilon_{sy,T} < \varepsilon_{s,\sigma} < \varepsilon_{sy,T}) \\ \sigma_s = f_{sy,T}\left(1 - \dfrac{\varepsilon_{s,\sigma} - \varepsilon_{st,T}}{\varepsilon_{su,T} - \varepsilon_{st,T}} \right) & (\varepsilon_{st,T} < \varepsilon_{s,\sigma} < \varepsilon_{su,T}) \\ \sigma_s = 0.0 & (\varepsilon_{s,\sigma} = \varepsilon_{su,T}) \end{cases} \tag{1-19}$$

式中，$\varepsilon_{\mathrm{sp,T}} = f_{\mathrm{sp,T}}/E_{\mathrm{s,T}}$，$\varepsilon_{\mathrm{sy,T}} = 0.02$，$\varepsilon_{\mathrm{st,T}} = 0.15$，$\varepsilon_{\mathrm{su,T}} = 0.2$；其他参数表达式如下：

$$a^2 = (\varepsilon_{\mathrm{sy,T}} - \varepsilon_{\mathrm{sp,T}})(\varepsilon_{\mathrm{sy,T}} - \varepsilon_{\mathrm{sp,T}} + c/E_{\mathrm{s,T}}) \tag{1-20}$$

$$b^2 = c(\varepsilon_{\mathrm{sy,T}} - \varepsilon_{\mathrm{sp,T}})E_{\mathrm{s,T}} + c^2 \tag{1-21}$$

$$c = \frac{(f_{\mathrm{sy,T}} - f_{\mathrm{sp,T}})^2}{(\varepsilon_{\mathrm{sy,T}} - \varepsilon_{\mathrm{sp,T}})E_{\mathrm{s,T}} - (f_{\mathrm{sy,T}} - f_{\mathrm{sp,T}})} \tag{1-22}$$

本书后续的实例分析都基于上述材料本构模型。

参 考 文 献

[1]　丁发兴，吴霞，吕飞，等. 多类混凝土损伤比强度理论及塑性-损伤模型研究进展与应用 [J]. 铁道科学与工程学报，2024：1-21.

[2]　GOTO Y, KUMAR G P, KAWANISHI N. Nonlinear finite-element analysis for hysteretic behavior of thin-walled circular steel columns with in-filled concrete [J]. Journal of Structural Engineering, 2010, 136 (11): 1413-1422.

[3]　过镇海，时旭东. 钢筋混凝土的高温性能试验及其计算 [M]. 北京：清华大学出版社，2003.

[4]　CHABOCHE J L. Time-independent constitutive theories for cyclic plasticity [J]. International Journal of Plasticity, 1986, 2 (2): 149-188.

[5]　DING F X, YING G A, WANG L P, et al. Seismic performance of a non-through-core concrete between concrete-filled steel tubular columns and reinforced concrete beams [J]. Thin-Walled Structures, 2017, 110: 14-26.

[6]　孙浩，徐庆元，丁发兴，等. 循环荷载下钢管混凝土墩柱塑性大变形分析 [J]. 铁道科学与工程学报，2023, 20 (3): 973-985.

[7]　British Standards Institution. Eurocode 2: Design of concrete structures: Part 1. 2: structural fire design: BS, EN1992-1-2 [S]. London: British Standards Institution, 2004.

第 2 章
ABAQUS 基本使用方法

2.1　ABAQUS 基本分析过程

ABAQUS 有限元分析包括前处理、分析计算、后处理三个阶段。ABAQUS 的前处理和后处理阶段主要由人机交互前后处理模块——ABAQUS/CAE 实现，分析计算阶段由 ABAQUS/Standard 或 ABAQUS/Explicit 实现。ABAQUS/CAE 由 10 个模块组成，分别是部件（Part）、属性（Property）、装配（Assembly）、分析步（Step）、相互作用（Interaction）、载荷（Load）、网格（Mesh）、作业（Job）、可视化（Visualization）和绘图（Sketch，可以看成是部件模块的补充模块）。前 7 个模块用于完成前处理阶段，用户利用这些模块建立几何模型，并定义模型材料、材料性质、有限元分析网格、载荷和边界条件等数据。作业模块将建立的模型提交到 ABAQUS/Standard 或 ABAQUS/Explicit 进行分析计算，可视化模块进行后处理。

前处理阶段就是建立物理问题的模型，并生成一个 ABAQUS 输入文件。除了通过 ABAQUS/CAE，也可以使用其他的第三方前处理软件实现，如 MSC. PATRAN、Hypermesh、FEMAP 等。但 ABAQUS 的很多独特功能，如定义面、解除对和连接件等只有 ABAQUS/CAE 才支持。

分析计算阶段使用 ABAQUS/Standard 或 ABAQUS/Explicit 求解输入文件中所定义的数值模型，通常以后台方式运行，分析结果保存在二进制文件中，以便后处理。完成一个求解过程所需的时间取决于模型的复杂程度和计算机的运算能力，从几秒到几天不等。

后处理阶段就是对模型分析结果的处理，以多种方式显示分析结果，包括彩色云纹图、动画、变形图和 XY 曲线图等，用户可以利用图形、数字的形式更直观地观察分析结果。在 ABAQUS/CAE 中除了 Sketch 模块外，其余 9 个模块是 ABAQUS/CAE 推荐的建模分析顺序，初学者可以参照模块的顺序进行操作。但建模顺序也并不是一成不变的，当用户熟悉 ABAQUS/CAE 后，可以根据自己的习惯和模型的特点，灵活选择适合自己的建模顺序。对于复杂模型，建议在部件创建完毕后先划分网格，以便发现几何模型不恰当的地方，提前修改。

2.2　ABAQUS/CAE 主窗口介绍

ABAQUS/CAE 主窗口包括以下几个组成部分（图 2-1）：

1）标题栏（Title Bar）。标题栏显示了 ABAQUS/CAE 的版本和当前模型数据库的路径

模型树　标题栏　菜单栏　　工具栏　环境栏　　　　　　视图区

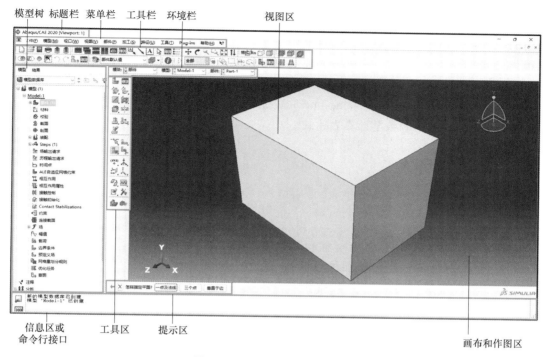

信息区或　　　　工具区　　　提示区　　　　　　　　　　　　　　画布和作图区
命令行接口

图 2-1　ABAQUS/CAE 主窗口

和名称。

2）菜单栏（Menu Bar）。菜单栏与当前选择的模块相对应，包含该模块中所有可以调用的功能。

3）工具栏（Tool Bar）。工具栏列出了菜单栏内的一些常用工具，这些功能也可以通过菜单栏直接访问。

4）环境栏（Context Bar）。ABAQUS/CAE 包括了一系列功能模块，其中每一模块完成模型的一种特定功能。通过环境栏中的模块（Module）列表，可以在各功能模块之间切换。环境栏中的其他项则是当前正在操作模块的相关功能，分别用于切换模型（Model）、部件、分析步、面向对象数据库（ODB）和绘图。

5）模型树（Model Tree）。包含两个标签页：模型树（Model）和结果树（Results）。模型树中包含了当前数据库的所有模型和分析任务，可以使用户对建立的模型以及所包含的对象有直观的认识。使用模型树可以方便地在各功能模块之间进行切换，实现菜单栏和工具栏所提供的大部分功能。结果树用于管理显示输出的 ODB 数据和 XY 数据的分析结果。上述两种树使得模型间操作和管理对象更加直接和集中。

6）工具区（Toolbox Area）。当用户进入某一功能模块时，工具区就会显示该功能模块相应的工具，包含了大多数菜单栏中的功能，帮助用户快速调用该模块。

7）画布和作图区（Canvas and Drawing Area）。用户可以在这个区域中摆放视图（Viewport）。

8）视图区（Viewport）。视图区是显示模型几何图形的窗口，用户可在此对模型进行操作，实现交互式输入。

9）提示区（Prompt Area）。当选择工具对模型进行操作时，提示区会显示相应提示，用户可以根据提示再进行操作或者在提示区输入数据。

10）信息区（Message Area）。信息区中显示状态信息和警告信息。这里也是命令行接口（Command Line Interface）的位置。通过主窗口左下角的选项按钮，可以在二者之间切换。

11）命令行接口（Command Line Interface）。利用内置的 Python 编译器，可以使用命令行接口键入 Python 命令和数学计算表达式。

2.3 基本实例操作

2.3.1 问题描述

图 2-2 所示为一圆钢管混凝土柱模型，高为 700mm，直径为 300mm，柱顶施加位移载荷 q，利用 ABAQUS 软件得到柱顶的位移-载荷曲线。混凝土抗压强度 $f_{cu} = 30\mathrm{MPa}$，泊松比 $\mu = 0.2$。

提示：ABAQUS 中的量都没有单位，用户使用时应注意单位的统一。ABAQUS 提供了几种单位制，不管使用哪一种，都需保证内在关系统一，见表 2-1。本书采用国际单位制。

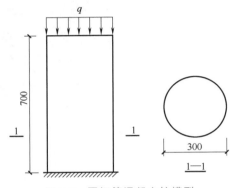

图 2-2　圆钢管混凝土柱模型

表 2-1　ABAQUS 常用单位制

常用特征	国际单位制	美制单位制	英制单位制
长度	m	ft	in
力	N	lbf	lbf
质量	kg	slug	$lbf \cdot s^2/in$
时间	s	s	s
应力	$Pa(N/m^2)$	lbf/ft^2	$psi(lbf/in^2)$
能量	J	$ft \cdot lbf$	$in \cdot lbf$
密度	kg/m^3	$slug/ft^3$	$lbf \cdot s^2/in^4$
加速度	m/s^2		

2.3.2 启动 ABAQUS/CAE

启动 ABAQUS/CAE 有以下两种方法（以 Abaqus/CAE 2020 为例）：

1）在桌面或 Windows 操作系统中找到 Abaqus CAE 图标，双击打开。

2）在操作系统的 DOS 窗口中执行 abaquscae 命令。

启动 ABAQUS/CAE 后，出现"开始任务（Start Session）"对话框，如图 2-3 所示。

"开始任务"对话框中包含四个选项，分别是：①创建模型数据库（Create Model Database），根据需要选择采用 Standard/Explicit 模型或电磁模型；②打开数据库（Open Database）；③运行脚本（Run Script）；④打开入门指南（Start Tutorial）

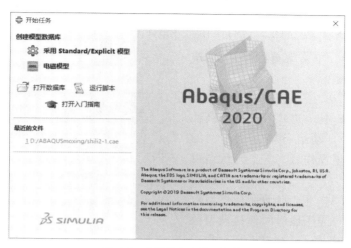

图 2-3　"开始任务"对话框

2.3.3　创建三维模型

单击工具栏的模块（Module）按钮，选择部件（Part）功能模块。

1. 创建部件

单击左侧工具区中的  （创建部件）按钮，弹出"创建部件（Create Part）"对话框，如图 2-4 所示。在名称（Name）后面输入 CONCRETE；将模型空间（Modeling Space）设为三维（3D）；类型（Type）选择可变形；在基本特征（Base Feature）标签下，将形状（Shape）设为实体（Solid），类型（Type）选择拉伸（Extrusion），大约尺寸（Approximate Size）后输入 500，单击"继续（Continue）"按钮，进入二维绘图界面。

提示：

1）大约尺寸指的是绘图区的大致尺寸，可以根据模型大小自己定义，但一定要注意二者相协调。

2）在 ABAQUS/CAE 对话框的底部经常出现两个按钮：Dismiss 和 Cancel，其作用都是关闭当前对话框。二者区别是：Dismiss 按钮出现在包含只读数据的对话框中，无法对对话框中的内容进行修改；而 Cancel 按钮出现在允许修改的对话框中，单击 Cancel 按钮是不保存修改直接关闭对话框。

2. 绘制二维图形

进入二维绘图环境中，选择左侧工具区的 ⊙ （创建圆）按钮，在提示区显示"拾取圆心——或输入 X，Y："，输入坐

图 2-4　"创建部件"对话框

标（0，0），按中键确认，提示区显示"拾取圆周上一点——或输入 X，Y："，输入坐标（150，0），在绘图区中显示混凝土圆柱横截面的二维图形，如图 2-5 所示。在绘图区空白处按中键结束对创建圆工具的操作。

二维图形建立完毕，单击菜单栏中的 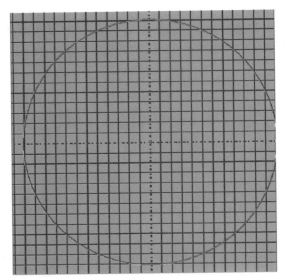 按钮，保存所建的模型。

提示：

1）在 ABAQUS 中，如果用户没有确认结束命令，软件会自动运行当前命令。因此，用户在完成当前操作后，需要确认结束当前命令。

2）ABAQUS/CAE 不会自动保存模型数据，这就要求用户每隔一段时间保存模型数据。有时可能因为意外导致 ABAQUS 非正

图 2-5　混凝土圆柱横截面的二维图形

常关闭，下次启动时会提示恢复数据，但是不能保证恢复的成功率。因此，在进行不清楚后果（如划分网格）操作或这步操作会造成重大影响（如删除）之前，最好先存储模型。建议读者在学习、使用 ABAQUS 过程中养成经常保存模型的习惯。

3）如在绘图时出现错误，可以单击左侧工具区的 ↶（取消上一操作）按钮，恢复到操作前一步状态。当出现错误较多时，利用恢复按钮操作较烦琐，可以使用删除工具。单击左侧工具区的 ⬩（删除）按钮，在绘图区选择要删除的部分，按中键确认，完成对所选区域的删除。

4）ABAQUS 中规定在选取对象时，按住〈Shift〉键选取可同时选中多个对象，按住〈Ctrl〉键选取可取消对选取对象的选中。

3. 生成二维模型

当二维图形绘制完毕后，提示区显示"实体拉伸绘制截面草图"，单击完成按钮或在绘图区空白处按中键确认，弹出"编辑基本拉伸"对话框，如图 2-6 所示，在深度（Depth）后输入 700，单击"确定"按钮，完成 CONCRETE 部件三维模型的创建，绘图区如图 2-7 所示。

图 2-6　"编辑基本拉伸"对话框

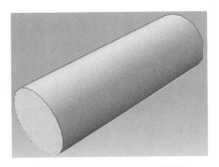

图 2-7　混凝土圆柱三维模型

2.3.4　创建材料和截面属性

在模块列表中选择属性（Property）功能模块，此模块中可以定义混凝土柱的材料本构模型和截面属性，并将截面属性赋予相应的区域。

1. 创建材料

单击左侧工具区的 按钮，弹出"编辑材料"对话框，如图 2-8 所示。在"名称"后

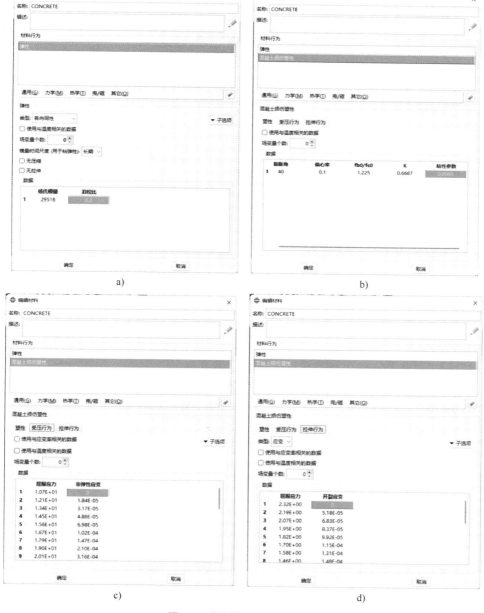

图 2-8　"编辑材料"对话框

输入"CONCRETE"，单击"力学（Mechanical）"→"弹性（Elasticity）"→"弹性（Elastic）"，在"数据"列表中设置"杨氏模量"[⊖]为"29518"，"泊松比"为"0.2"，如图 2-8a 所示；选中"塑性（Plasticity）"→"混凝土损伤塑性（Concrete Damage Molding）"，在"塑性"选项卡的"数据"列表中设置"膨胀角"为"40"，"偏心率"为"0.1"，"fb0/fc0"为"1.225"，"K"为"0.6667"，"粘性参数"为"0.0005"，如图 2-8b 所示，"受压行为"及"拉伸行为"选项卡中的"数据"列表设置如图 2-8c、d 所示。

提示：本例混凝土采用丁发兴所提出的约束混凝土三轴塑性-损伤本构模型，根据立方体抗压强度 f_{cu} 和配箍或钢管约束情况计算得到。

2. 创建截面属性

单击左侧工具区的  按钮，弹出"创建截面"对话框，如图 2-9 所示。在"名称"后输入"Section-CONCRETE"，"类别（Category）"设为"实体（Solid）"，"类型（Type）"设为"均质（Homogeneous）"。单击"继续"按钮，弹出"编辑截面"对话框，如图 2-10 所示。保持所有参数默认值不变，单击"确定"按钮，退出"编辑截面"对话框，完成截面属性的定义。

图 2-9 "创建截面"对话框

图 2-10 "编辑截面"对话框

3. 给部件赋予截面属性

单击左侧工具区的 按钮，提示区显示"选择要指派截面的区域（创建集合）"，选择"CONCRETE"部件；按中键确认，弹出"编辑截面指派"对话框，如图 2-11 所示，保持所有参数默认值不变，单击"确定"按钮，退出"编辑截面指派"对话框，完成对"CONCRETE"部件截面属性的定义，系统中的模型由白色变成绿色。

提示：①"选择要指派截面的区域（创建集合）"，根据需要选择是否创建集合，一般不创建多余集合；②ABAQUS/CAE 不能把材料属性直接赋予模型，而是先定义模型的截面，将材料属性定义在截面上。通过定义部件的截面属性，完成对部件材料属

图 2-11 "编辑截面指派"对话框

⊖ 软件中采用"杨氏模量"，为与其一致，本书在引用软件内容时采用该表述，其他情况下采用"弹性模量"表述。

性的定义，这与其他有限元软件不同。

2.3.5　定义装配件

在模块列表中选择装配（Assembly）功能模块。

单击左侧工具区的  按钮，绘图区显现部件三维模型，同时弹出"创建实例"对话框，如图 2-12 所示。保持所有参数默认值不变，单击"确定"按钮，退出"创建实例"对话框，完成对部件的定义。

提示：实体分为独立实体和非独立实体两种，在本书第 2.5.3 节中有更详细的介绍。

2.3.6　设置分析步和输出

在模块列表中选择分析步（Step）功能模块。

1. 设置分析步

单击左侧工具区的 ●→■ 按钮，弹出"创建分析步"对话框，如图 2-13 所示。在"名称"后输入"Step-1"，"程序类型（Procedure Type）"选择"通用（General）"→"静力，通用（Static，General）"。

图 2-12　"创建实例"对话框

单击"继续"按钮，弹出"编辑分析步"对话框，如图 2-14 所示。保持所有参数默认值不变，单击"确定"按钮，退出"编辑分析步"对话框，完成模型分析步的定义。

图 2-13　"创建分析步"对话框

图 2-14　"编辑分析步"对话框

提示：ABAQUS/CAE 会自动创建一个初始分析步（Initial Step），用户可以在此步中施加初始边界条件。用户还必须自己创建一个后续分析步，在后续分析步中施加荷载。

2. 创建集

单击菜单栏的"工具"→"集"→"创建"，弹出"创建集"对话框，如图 2-15 所示，"名称"设为"Set-SBM"，单击"继续"按钮，在绘图区选中上表面，单击中键确定，即为混凝土柱上表面创建集，用于管理输出。

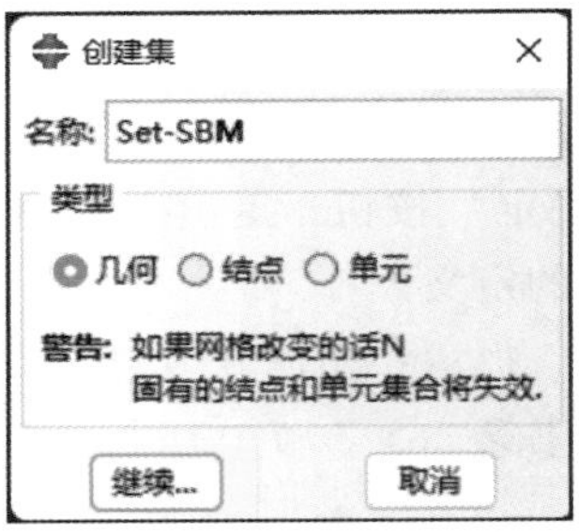

3. 管理输出

利用 ABAQUS/CAE 进行分析，场变量和历史变量的输出可以在 Step 模块中调整。左侧工具区  两个按钮可以分别创建场输出和历程输出，其后对应的两个 按钮可以分别打开"场输出"和"历程输出请求管理器"对话框，在弹出的对话框中对场输出和历程输出变量进行调整。

图 2-15 "创建集"对话框

单击"历程输出请求管理器"按钮 ，弹出图 2-16 所示对话框。双击打开 H-Output-1，弹出"编辑历程输出请求"对话框，修改"作用域"为"集"，选择"Set-SBM"，"输出变量"选择"U3""RF3"，如图 2-17 所示。

图 2-16 "历程输出请求管理器"对话框

图 2-17 "编辑历程输出请求"对话框

2.3.7 定义边界条件和载荷

在模块列表中选择载荷（Load）功能模块进行载荷及边界条件的定义。

1. 创建边界条件

单击左侧工具区的 按钮，弹出"创建边界条件"对话框，如图 2-18 所示，"分析步"选择"Initial","类别"选择"力学","可用于所选分析步的类型"选择"对称/反对称/完全固定",单击"继续"按钮,弹出"编辑边界条件"对话框,如图 2-19 所示。边界条件选择"完全固定（U1 = U2 = U3 = UR1 = UR2 = UR3 = 0）","区域"选择混凝土柱下表面,单击"确定"按钮退出对话框。

图 2-18　"创建边界条件"对话框

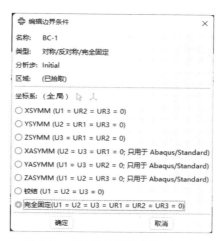

图 2-19　"编辑边界条件"对话框

重复上述操作,设置上表面边界条件"BC-2","区域"选择混凝土柱上表面,边界设置为"XSYMM（U1 = U2 = UR3 = 0）",其他同"BC-1"的定义。

2. 创建载荷

单击左侧工具区的 🔲 和 🔲 按钮可以分别创建力载荷和位移载荷,单击左侧工具区的 🔲,弹出"创建边界条件"对话框,如图 2-20 所示,"名称"输入"BC-WEIYI","分析步"选择"Step-1","类别"选择"力学","可用于所选分析步的类型"选择"位移/转角"。单击"继续"按钮,弹出"编辑边界条件"对话框,如图 2-21 所示。"U3"设置为"−30",即为向下压 30 单位位移,"区域"选择混凝土柱上表面,单击"确定"按钮退出对话框。

图 2-20　"创建边界条件"对话框（位移载荷）

图 2-21　"编辑边界条件"对话框（位移载荷）

2.3.8 划分网格

在"模块"列表中选择网格（Mesh）功能模块，对模型进行网格划分。将环境栏中的"对象（Object）"设为部件"CONCRETE"，即为部件 CONCRETE 划分网格，如图 2-22 所示。

图 2-22　设置网格划分对象

提示：由于实体定义为非独立的，因此只能对部件进行网格划分。如果选择对装配件划分，系统会提示图 2-23 所示的错误。

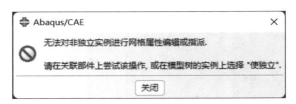

图 2-23　提示信息

1. 布置边上种子

单击左侧工具区的 按钮，弹出"全局种子"对话框，如图 2-24 所示。"近似全局尺寸"设为"50"，保持其余参数默认值不变；单击"应用"按钮，模型按要求布满种子，如图 2-25 所示，单击"确定"按钮，退出"全局种子"对话框，完成网格种子布置。

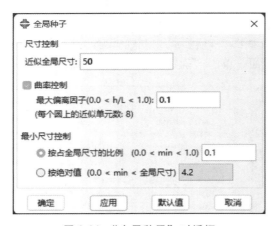

图 2-24　"全局种子"对话框

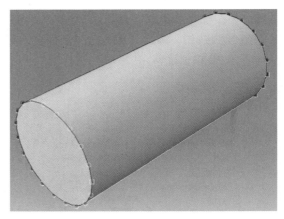

图 2-25　种子布置情况

提示：划分网格是进行有限元分析非常重要的一步，网格划分情况对最终分析结果的精度有很大的影响。一般来说，网格越密，计算结果就越接近真实情况，但相应的计算时间可能会变得很长，降低计算效率，提高计算代价。通过布置网格种子可以方便快速地控制网格密度。因此，为了提高效率，并保证计算的精度，用户可以在某些重要部位（如应力集中区域、塑性变形较大的区域、结构的关键部位等）布置较多的种子，细化网格保证计算结果的精确。对不重要的区域，可以适当地减少种子，划分较粗的网格，从而缩短计算的时间，达到既能保证效率，又能保证计算结果精度的目的。

2. 划分网格

单击左侧工具区的 按钮，提示区提示给部件划分网格，按中键，模型按照前面定义的种子自动划分网格，模型变为青色，如图 2-26a 所示。

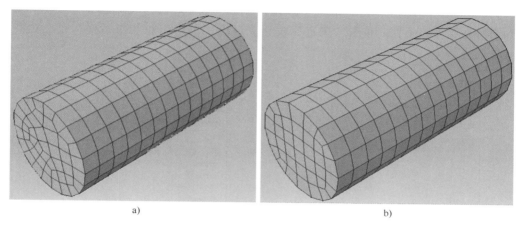

a)　　　　　　　　　　　　　　　　b)

图 2-26　网格划分情况

3. 控制属性

若对默认的网格划分不满意，可调整网格控制属性，单击菜单栏中的"网格"，在下拉菜单中选择"控制属性"，弹出"网格控制属性"对话框，如图 2-27 所示，"算法"选择中性轴算法，单击"确定"按钮，弹出提示框，如图 2-28 所示。勾选"自动删除因网格控制属性改变而无效的网格"，单击"删除网格"按钮，退出对话框。重复上述划分网格的有关操作，如图 2-26b 所示。

图 2-27　"网格控制属性"对话框

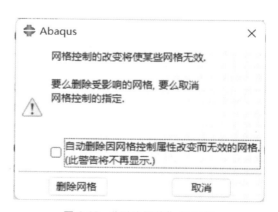

图 2-28　"删除网格"提示框

提示：ABAQUS/CAE 相对于其他的有限元软件前处理方面有以下优点：模型的材料属性、部件间的相互作用、载荷、边界条件等都可以直接定义在几何模型上，而不用必须直接定义在单元和结点上，故在重新划分网格时，这些参数都不需要重新定义。

2.3.9 提交分析作业

在模块列表中选择作业（Job）功能模块进行作业提交。

1. 创建分析作业

单击左侧工具区的  按钮，弹出"创建作业"对话框，如图 2-29 所示，在"名称"后输入"Job-CONCRETE"。单击"继续"按钮，弹出"编辑作业"对话框，如图 2-30 所示。保持所有参数默认值不变，单击"确定"按钮，退出"编辑作业"对话框，完成对模型分析作业的定义。

图 2-29 "创建作业"对话框

图 2-30 "编辑作业"对话框

提示：

1）为了减少由于操作失误引起的文件覆盖，应对每个分析模型设置单独的子目录，每求解一个新问题时，检查使用不同的工作文件名。ABAQUS 的运算文件自动存储在 ABAQUS 的默认工作目录下。用户可以通过以下方式改变默认工作目录：在 ABAQUS/CAE 上右击，选择属性，将开始位置修改为自定义的工作目录。

2）在"创建作业"对话框中，不但可以对 CAE 文件创建分析作业，还可以对 INP 文件创建分析作业，具体参数介绍见第 2.5.8 节。

2. 提交分析

单击作业管理器  按钮，弹出"作业管理器"对话框，如图 2-31 所示。单击"提交"按钮，可以看到对话框中的"状

图 2-31 "作业管理器"对话框

态"提示由"无"变为"提交",再变为"运算",最终显示为"完成",单击对话框中的"结果"按钮,自动进入可视化模块。

提示:如果"状态"提示变为"分析失败",说明在分析模型过程中出现了错误,导致分析最终终止。这可能是由于建模的原因,也可能是别的原因,此时单击对话框中的"监控"按钮,查看错误信息,寻找出现错误的原因。在分析过程中存在警告,并不意味着模型存在错误。

2.3.10 后处理

在模块列表中选择可视化(Visualization)模块,或从"作业管理器"对话框单击"结果"按钮,进入可视化模块。

1. 显示变形图

单击左侧工具区的 按钮,绘图区会显示出变形后的网格模型,如图 2-32 所示。

2. 显示云图

单击左侧工具区的 按钮,绘图区会显示出变形后的 Mises 应力云图,如图 2-33 所示。可以在工具栏场输出选择不同的变量观察云图情况,如图 2-34 所示。

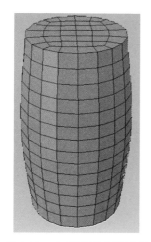

图 2-32   变形后网格模型图

图 2-33   变形后 Mises 应力云图

图 2-34   工具栏场输出

3. 坐标形式显示载荷、位移随时间的变化情况

单击左侧工具区的 按钮,弹出"创建 XY 数据"对话框,如图 2-35 所示。"源"选择"ODB 历程变量输出",单击"继续"按钮,弹出"历程输出"对话框,如图 2-36 所示。选中 SET-SBM 全部结点的 RF3 变量结果,单击"另存为"按钮,弹出"XY 数据另存为"对话框,如图 2-37a 所示,"保存操作"选择"sum((XY, XY, ...))",单击"确定"按钮。"输出变量"选中 SET-SBM 全部结点的 U3 变量结果,单击"另存为"按钮,弹出

21

"XY 数据另存为"对话框,如图 2-37b 所示,"保存操作"选择"avg((XY,XY,...))",单击"确定"按钮。

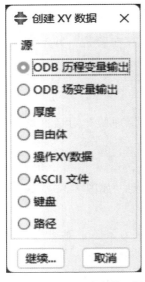

图 2-35 "创建 XY 数据"对话框

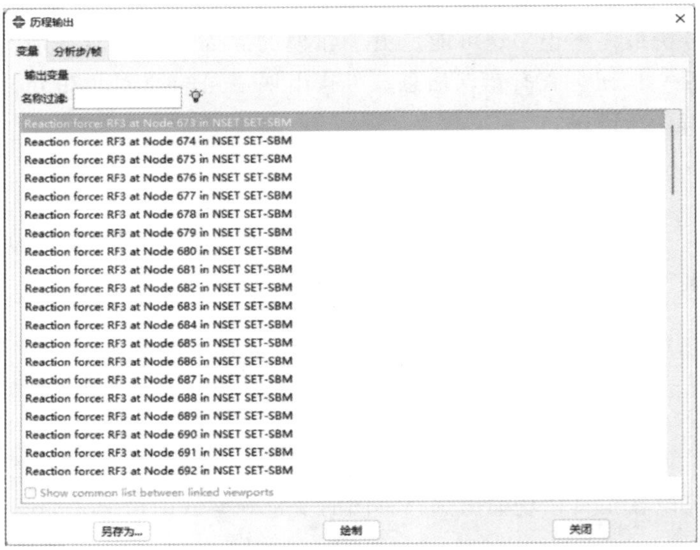

图 2-36 "历程输出"对话框

a)

b)

图 2-37 "XY 数据另存为"对话框

单击左侧工具区的 XY 数据选项按钮▦,弹出"XY 数据管理器"对话框,如图 2-38 所示。"名称"选中"XYData-RF3",单击"绘制"按钮,绘图区显示载荷-时间曲线,如图 2-39 所示。双击弹出"编辑 XY 数据"对话框,如图 2-40 所示,可以看到具体数据值,用户可以将数据复制至剪贴板,利用其他后处理软件(如 Origin)对数据进行分析。

4. 绘制载荷-位移曲线图

单击左侧工具区的▦按钮,弹出"创建 XY 数据"对话框,如图 2-35 所示。"源"选择"操作 XY 数据",单击"继续"按钮,弹出"操作 XY 数据"对话框,如图 2-41 所示。"运操作符"选择"combine(X,X)",依次双击"XY 数据"选项组中的"XYData-U3"

"XYData-RF3"行，编辑表达式，因为"U3""RF3"的方向为负，所以分别在前面添加负号，单击"绘制表达式"按钮，生成载荷-位移曲线，如图 2-42 所示。

图 2-38　"XY 数据管理器"对话框

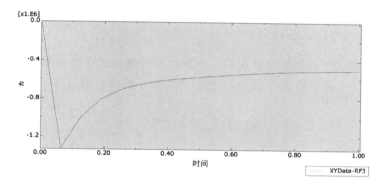

图 2-39　上表面载荷-时间曲线

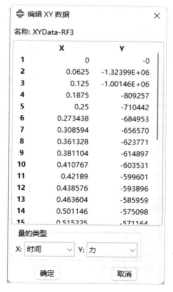

图 2-40　"编辑 XY 数据"对话框

图 2-41　"操作 XY 数据"对话框

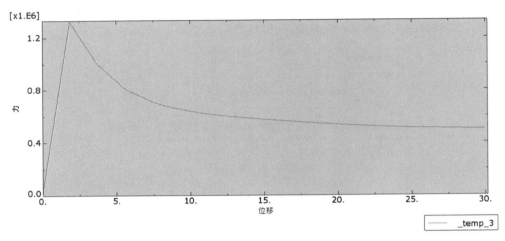

图 2-42　载荷-位移曲线

2.3.11　退出 ABAQUS/CAE

通过后处理得到需要的图形及数值后，在退出前先保存现在的模型，然后单击窗口右上角的✕按钮，或者在主菜单单击"文件"中的"退出"选项，退出 ABAQUS/CAE。

2.4　ABAQUS/CAE 模型数据库的结构

图 2-43 所示为 ABAQUS/CAE 模型数据库（Model Database）的结构。ABAQUS/CAE 模型数据库保存在扩展名为 .cae 的文件中，一个 ABAQUS/CAE 主窗口只能显示一个 ABAQUS/CAE 模型数据库。如果想同时显示多个 ABAQUS/CAE 模型数据库，可以同时启动多个 ABAQUS/CAE 主窗口。一个 ABAQUS/CAE 模型数据库中可以包含多个互不相关的模型，利用环境栏中的模块列表可以在不同模型之间切换。

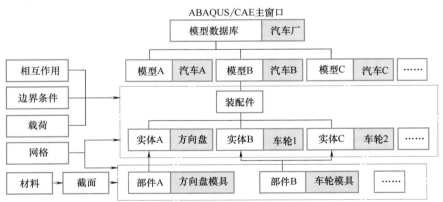

图 2-43　ABAQUS/CAE 模型数据库的结构

每个模型中只能有一个装配件（Assembly），它是由一个或多个实体（Instance）组成的，所谓"实体"是部件（Part）在装配件中的一种映射，一个部件可以对应多个实体。

材料和截面属性定义在部件上，相互作用、边界条件、载荷等定义在实体上，网格可以定义在部件上或实体上，对求解过程和输出结果的控制参数定义在整个模型上。

以汽车来比喻，模型数据库是汽车厂，模型是某款汽车，装配件是不具有物理性质的汽车架子，实体是零件，部件是模具。ABAQUS/CAE 汽车厂的生产流程是先按形状制造模具；然后，赋予部件具体的材料属性形成实体，即选用材料制造出实体的车轮、方向盘等；接下来，把实体组装成装配件，即把车轮等组装成汽车，此时的汽车架子未被赋予物理性质仿佛飘在宇宙，我们都知道现实中汽车要运动车轮与地面必然存在摩擦，发动机转轴之间同样存在摩擦，实际上除了摩擦这种相互作用，还有很多其他的接触类型；之后，增添相互作用、载荷，形成模型，即汽车。如果只是映射现实，把真实的汽车输入计算机，那么似乎到此为止即可，但 ABAQUS 是采用有限元法进行计算的软件，为了计算，最后还需要进一步划分网格。

2.5　ABAQUS/CAE 的功能模块

ABAQUS/CAE 包括一系列的功能模块，每个模块包含其特点的工具。在 Module 列表中可以选择各个功能模块，按照第 2.4 节所述逻辑，ABAQUS/CAE 所推荐的模型创建顺序为：部件→属性→装配→分析步→相互作用→载荷→网格→作业→可视化。一般情况下，可以把材料、边界条件、载荷等直接定义在几何模型上，而不是定义在单元和结点上，这样在修改网格时就不必重新定义材料和边界条件等模型参数。

当然也可以首先划分网格，按以下顺序操作：部件→网格→属性→装配→分析步→相互作用→载荷→作业→可视化。因为，往往在划分网格的过程中，会发现部件的几何模型需要进一步修改，如存在过小的圆角或线段，导致不必要的细化网格，而经过修改后，已经定义好的边界条件、载荷、接触等可能变成无效，需要重新定义，所以为了减少不必要的重复，可以将划分网格顺序提前。

下面将分别介绍 ABAQUS/CAE 的功能模块。

2.5.1　部件（Part）模块

部件是 ABAQUS 模型的基本构成元素，用户可以在部件模块中创建和修改各个部件，然后在装配模块中把它们组装起来。ABAQUS/CAE 有两种部件：几何部件（Native Part）和网格部件（Orphan Mesh Part）。

1. 几何部件

几何部件是基于"特征"（Feature-Based）的，特征包含了部件的几何信息、设计意图和生成规则。ABAQUS/CAE 通过记录一系列的特征来储存每个部件，特征的各个参数（如拉伸长度、扫掠路径和旋转角度等）决定了部件的几何形状。

例如，部件上一个直径为 5mm 的通孔可以定义为一个切割（Cut）特征，ABAQUS/CAE 在这个特征中储存以下信息：①圆孔的直径；②切割的深度（贯穿所有部件）。这样，当修改被切割部件的厚度时，ABAQUS/CAE 也将自动变化切割的深度，保证圆孔仍然贯穿整个部件。

2. 网格部件

网格部件不包含特征，只包含关于结点、单元、面、集合（Set）的信息。可以用以下方法来创建网格部件：导入 ODB 文件中的网格；导入 INP 文件中的网格；把几何部件转化为网格部件，具体方法是在 Mesh 功能模块主菜单中单击 Mesh→Creat Mesh Part 命令。

3. 混合建模

几何部件和网格部件各有其优点，使用几何部件可以很方便地修改模型的几何形状，而且修改网格时不必重新定义材料、载荷和边界条件；使用网格部件可以更灵活地修改各个节点和单元的位置，定义集合和面。

在实际的分析过程中，几何部件和网格部件往往共存于模型中，在 ABAQUS/CAE 中可以很容易地完成这种混合建模。用户可以对几何部件进行操作，也可以处理单纯的结点和单元数据，接触、载荷及边界条件既可以施加在几何部件上，也可以直接施加在单元的结点、边或面上。这种允许几何部件与网格部件混合使用的建模环境，为用户分析特定问题提供了极大的灵活性。

在 ABAQUS/CAE 中有以下六种创建部件的方式：

1）在部件模块中直接创建部件，部件不会有任何几何缺陷，易于划分网格。

2）从 CAD 软件（如 Pro/E、SolidWorks 等）导入部件，这种方式一般用于创建非常复杂的几何模型，但导入 ABAQUS/CAE 时可能会出现几何缺陷，一般都需要进行修补（Repair）。

3）从 ABAQUS 输出文件（ODB 文件）中导入网格部件。

4）从 ABAQUS 输入文件（INP 文件）中导入网格部件。

5）在装配模块中对部件进行布尔操作（Merger/Cut）。

6）在网格模块中创建网格部件。

前两种方式创建的部件为几何部件，第六种方式既可以创建几何部件，也可以创建孤立的网格部件，剩余方式创建的均为孤立的网格部件。

在部件模块中可以创建、编辑和管理模型中的各个部件，具体包括以下功能：

1）创建可变形部件（Deformable Part）、离散刚性部件（Discrete Rigid Part）、解析刚性部件（Analytical Rigid Part）或欧拉部件（Eulerian Part），对它们进行复制、重命名、删除、锁定和接触锁定等操作。

2）通过创建特征来定义部件的几何形状，基本特征包括实体（Solid）、壳体（Shell）、线（Wires）和点（Point）。

3）创建、修改和管理二维截面图形（Sketcher）来建立部件的三维几何模型，包括拉伸（Extrude）、旋转（Revolve）或扫掠（Sweep）。

4）使用特征工具来编辑、重新生成（Regenerate）、抑制（Suppress）、恢复（Resume）和删除几何部件的特征。

5）使用集合（Set）、分割（Partition）、基准（Datum）工具对当前的部件进行操作，分别可以完成创建几何集合、分割部件和创建基准的工作。

关于部件模块的详细介绍请参见 ABAQUS 帮助文件 *ABAQUS/CAE User's Manual* 第 11 章 "The Part Module"。

2.5.2 属性（Property）模块

属性模块的主要功能是定义模型使用材料的本构关系。在 ABAQUS/CAE 中，不能直接指定单元或几何部件的材料特性，而是要首先将材料特性定义在截面（Section）属性上，再把截面属性赋予相应的部件或部件的某些区域上。此处的截面属性指的是广义的截面属性，包括梁的截面形状。在 ABAQUS 中定义材料特性一般分为三个基本步骤：定义材料的本构模型→定义截面属性→将截面属性赋予部件的不同区域。在属性模块中，用户可以定义和编辑材料（Material）、梁截面形状（Profile）和截面属性（Sections），梁截面通过梁截面形状来定义。

在属性模块中主要可以完成以下操作：

（1）创建材料　在材料选项中可以选择"创建"命令定义有关材料的所有特性数据，如弹性模量、泊松比、密度、抗压屈服强度等参数，也可以通过 Edit 命令对每种材料的本构关系进行修改。

（2）创建截面属性　用户可以通过属性模块建立实体截面（Solid Section）、壳截面（Shell Section）、梁截面（Beam Section）和其他截面的属性，并在这些截面属性上定义材料的本构关系。

（3）指派截面　选择部件或部件某些区域，将所创建截面属性进行指派，即可完成材料属性的定义。

（4）定义梁截面形状　梁单元的材料是通过梁截面属性定义的，梁截面属性的指定与梁横截面的形状和尺寸有关，因此在对梁单元材料定义时，就需要使用梁截面形状。ABAQUS 提供的两种梁截面选择方式：一是基本梁截面形状，包括箱形（Box）、环形（Pipe）、圆形（Circular）、矩形（Rectangular）、六边形（Hexagonal）、梯形（Trapezoidal）、I 形、L 形和 T 形、任意形状（Arbitrary）；二是广义梁形状（Generalized Profiles）。用户可以根据自己的模型，选择合适的类型。

并不是每个截面属性都需要定义形状参数，只有在定义梁的截面属性（Beam Section）时才需要定义梁截面的形状参数。截面属性是一个更广泛的概念，它不仅包含材料的特性，还包含截面的几何参数等数据。只有当部件的类型为线性时，才可以赋予梁截面属性。当计算平面应力单元、平面应变单元和轴对称单元问题时，需将部件的截面属性定义为实体截面属性，而非壳截面属性。

提示：用户在定义梁截面形状时，必须定义梁截面方位（Beam Orientation），否则梁截面形状将不会显示。

ABAQUS 定义了多种材料本构关系及失效准则模型，用户还可以通过 ABAQUS 提供的自定义材料模型的子程序 UMAT 来定义自己的本构模型。其主要包括以下内容：

（1）弹性材料模型

1）线弹性：可以定义弹性模量、泊松比等弹性特性。

2）正交各向异性：具有多种典型失效理论，用于复合材料结构分析。

3）多孔结构弹性：用于模拟土壤和可压缩泡沫的弹性行为。

4）亚弹性：可以考虑应变对模量的影响。

5）超弹性：可以模拟橡胶类材料的大应变影响。

6）粘弹性：时域和频域的粘弹性材料模型。

（2）塑性材料模型

1）金属塑性：符合 Mises 屈服准则的各向同性塑性模型，以及遵循 Hill 准则的各向异性塑性模型。

2）铸铁塑性：拉伸为 Rankine 屈服准则，压缩为 Mises 屈服准则。

3）蠕变：考虑时间硬化和应变硬化定律的各向同性和各向异性蠕变模型。

4）扩展的 Druker-Prager 模型：适于模拟砂土等粒状材料的不相关流动。

5）Capped Druker-Prager 模型：适合于地质、隧道挖掘等领域。

6）Cam-Clay 模型：适合于黏土类土壤材料的模拟。

7）Mohr-Coulomb 模型：与 Capped Druker-Prager 模型类似，但可以考虑不光滑小表面情况。

8）泡沫材料模型：可以模拟高度压缩材料，可应用于消费品包装及车辆安全装置等领域。

9）混凝土材料模型：使用混凝土弹塑性破坏理论。

10）渗透性材料模型：提供了各向同性和各向异性材料的渗透性模型，其特性与孔隙率、饱和度和流速有关。

（3）其他材料模型　包括密度、热膨胀特性、热导率、电导率、比热容、压电特性阻尼及用户自定义材料特性等。

关于属性模块的详细介绍请参见 ABAQUS 帮助文件 *ABAQUS/CAE User's Manual* 第 12 章 "The Property Module"。

2.5.3　装配（Assembly）模块

每个部件都在其局部坐标系中创建，在模型中相互独立。使用装配模块可以为各个部件创建实体（Instance），并在整体坐标系中为这些实体定位，形成一个完整的装配件。

实体是部件在装配件中的一种映射，用户可以为一个部件重复地创建多个实体，每个实体总是保持着和相应部件的联系。如果在部件模块中修改部件的形状尺寸，或在属性模块中修改部件的材料特性，这个部件相应的实体就会自动随之改变。不能直接对实体进行上述修改。

整个模型只包含一个装配件，一个装配件可以由一个或多个实体构成。如果模型中只有一个部件，可以只为这个部件创建一个实体，而这个实体本身就构成了整个装配件。

在装配模块中主要可以进行以下操作：

1. 创建实体（Instance）

通过平移和旋转来为实体定位，把多个实体合并（Merge）为一个新的部件，或者把一个实体切割（Cut）为多个新的部件。实体分为独立实体（Independent Instance）和非独立实体（Dependent Instance）两种。

非独立实体，无法直接对实体进行网格划分，而需对相应的部件划分网格；独立实体是对部件模块中部件的复制，可以直接对独立实体划分网格，如果对同一个部件创建了多个独立实体，则需要对每个独立实体分别划分网格。两种实体之间并没有实质性的区别，只是划分网格的方法不同，用户可以在模型树上右击改变相应实体的类型。当需要对同一个部件创建多个实体时，建议定义为非独立实体，这样只需对相应的部件划分网格，有利于提高建模效率。

对非独立实体划分网格时，应在窗口顶部的环境栏中把"对象"选项设为部件

（图 2-44），即对部件划分网格；反之，对独立实体划分网格时，应在环境栏中把"对象"选项设为装配，即对整个装配件划分网格。如果此处没有设置正确，就会出现图 2-45 所示的错误信息。

图 2-44　设置网格划分对象

对于同一个部件，不能既创建独立实体，又创建非独立实体。换言之，如果对一个部件创建了独立（或非独立）实体，则在后续操作中对这个部件创建的实体就都是独立（或非独立）实体。

在窗口左侧的模型树中，把光标移动到某个实体上时，就会显示此实体是独立的还是非独立的。非独立实体的网格显示在模型树中的部件文件夹下，如图 2-46a 所示，独立实体的网格显示在模型树中的实例文件夹下，如图 2-46b 所示。

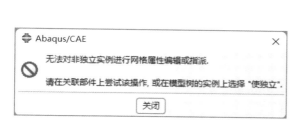

图 2-45　错误信息

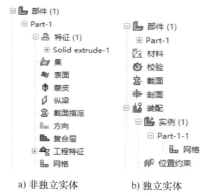

a) 非独立实体　　b) 独立实体

图 2-46　独立实体和非独立
实体在模型树中的显示

2. 定义约束（Constraint）

通过建立各个实体间的位置关系来为实体定位，包括面与面平行（Parallel Face）、面与面相对（Face to Face）、边与边平行（Parallel Edge）、边与边相对（Edge to Edge）、轴重合（Coaxial）、点重合（Coincident Point）、坐标系平行（Parallel CSYS）等。

提示：用户在相互作用（Instance）菜单和约束（Constraint）菜单中都可以对部件进行定位，但用户在相互作用菜单下通过平移和旋转操作实现的实体定位，是在全局坐标系下确定的实体的绝对位置，这些操作不会以特征的形式显示在模型树中，当然也不能被抑制、删除和查询。而用户在约束菜单下定义的是各个实体之间的相对位置关系，在模型树中是可以看到的，并且可以对它们进行抑制、删除和查询。

关于装配模块的详细介绍，请参见 ABAQUS 帮助文件 *ABAQUS/CAE User's Manual* 第 13 章 "The Assembly Module"。

2.5.4　分析步（Step）模块

一个复杂的模型通常有许多随时间变化的事件发生，如载荷和边界条件的改变、模型一部分与另一部分相互作用的改变、模型部件的增减等，用户可以根据时间节点的变化，定义一系列分析步，进而准确地模拟模型的变化。另外，分析步允许用户改变分析的顺序。

在分析步模块中主要可以完成以下操作：

1. 创建分析步

使用主菜单分析步下的各菜单项可以创建和管理各个分析步。ABAQUS/CAE 的分析过程是由一系列的分析步组成的，其中包括以下两种分析步：

（1）初始分析步（Initial Step） ABAQUS/CAE 自动创建的初始分析步，描述模型的初始状态。初始分析步只有一个，名称是"Initial"，它不能被编辑、重命名、替换、复制或删除。

（2）后续分析步（Analysis Step） 在初始分析步之后，需要创建一个或多个后续分析步，用来描述模型变化的过程，每个后续分析步描述一个特定的分析过程。创建后续分析步时可以选择它的类型，主要包括以下两大类：

1）通用分析步（General Analysis Step），可以用于线性或非线性分析。常用的通用分析步包括以下类型：

① 通用，静力（Static，General）：使用 ABAQUS/Standard 进行静力分析，是一般的静力分析。

② 动态，显式（Dynamics，Implicit）：使用 ABAQUS/Standard 进行隐式动力分析，可用于进行路面结构在移动载荷下的响应分析。

③ 动态，隐式（Dynamics，Explicit）：使用 ABAQUS/Explicit 进行显式动态分析。

④ 温度-位移耦合（Coupled Temp-Displacement）：适用于由于温度变化引起结构产生应力的情况。

⑤ 地应力场分析（Geostatic）：进行地应力平衡分析。

⑥ 土体的固结分析（Soils）：进行软土地基固结和渗流分析。

2）线性摄动分析步（Linear Perturbation Step），通常用于频率计算和振型提取，只能用来分析线性问题。在 ABAQUS/Explicit 中不能使用线性摄动分析步。在 ABAQUS/Standard 中，以下分析类型总是采用线性摄动分析步：线性特征值屈曲（Buckle）、频率提取分析（Frequency）、瞬时模态动态分析（Model Dynamics）、随机响应分析（Random Response）、反应谱分析（Response Spectrum）、稳态动态分析（Steady-state Dynamics）。

关于摄动分析请参见 ABAQUS 帮助文件 *ABAQUS Analysis User's Manual* 第 6.1.2 节"General and linear perturbation procedures"。

创建后续分析步时，可以设置分析步的参数。在"基本信息"选项卡中，默认的时间长度（Time Period）是 1，几何非线性参数（NLgeom）是关，如果模型中存在大的位移或转动，应设置为开。在"增量"选项卡中，可以设置求解过程的时间增量步，三个关键的概念分别是初始增量（Initial Increment）、最小增量（Minimum Increment）、最大增量（Maximum Increment）。ABAQUS/Standard 的计算过程是将初始增量值输入，进行迭代计算，如果计算结果收敛，则继续运算；若不收敛，则自动减小时间步长重新计算。但当 ABAQUS 进行四次缩减后或时间步长减小到最小值（最小增量值）时仍不收敛，则自动退出运算。因此，最小增量值和最大增量值分别是 ABAQUS 在计算时间步长的上、下限。当最大时间步长定义较小时，需要计算的步数相应增大，计算机计算花费的时间也随之增大；当最大时间步长定义较大时，计算又不够精确，因此需要用户将最大时间步长设定为合适的大小。

提示：在静态分析中，如果模型中不包含阻尼或与速率相关的材料性质，"时间"就没有实际的物理意义。为方便起见，一般都把分析步时间设为默认的 1。

2. 设定输出数据

从一个 ABAQUS 分析中可以输出以下数据文件：

1）ODB 文件（Output Database File），文件扩展名为 .odb，这是一种二进制文件，供 ABAQUS/CAE 用于后处理。

2）DAT 文件（Data File），文件扩展名为 .dat，这是一个文本文件，可以存放用户所要求的输出结果。

3）RES 文件（Restart File），文件扩展名为 .res，用于重启动分析。

4）FIL 文件（Results File），文件扩展名为 .fil，这是一种二进制文件，供第三方软件进行后处理。

在默认情况下，ABAQUS/CAE 将分析结果写入 ODB 文件中，这是最常使用的输出文件。每创建一个分析步，ABAQUS/CAE 就会自动生成一个该分析步的输出要求。

一般情况下，可以不改变任何输出设置，接受 ABAQUS/CAE 默认的输出结果。用户也可以灵活地控制在各个分析步中的输出方式，即以什么样的输出频率，输出模型哪些区域的哪些变量。

1）场变量输出（Field Output），用于描述某个变量随空间位置的变化，结果包括基本变量的所有分量。例如，可以要求在一个分析步结束时输出整个模型的位移场。

2）历程变量输出（History Output），用于描述某个变量随时间的变化，允许单独输出某个独立的分量。例如，可以要求每隔 0.1 个分析步输出一次应力集中点处的应力结果。

3. 设定自适应网格

分析锻压、拉拔和轧制等大变形问题时，网格在分析过程中会发生严重的扭曲变形，导致分析精度下降，稳定步长缩短，甚至无法收敛。ABAQUS 的自适应网格功能允许单元网格独立于材料移动，从而在大变形分析过程中也可以保证足够的精度。共有三种自适应网格技术供用户选择，分别是 ALE 自适应网格技术、自适应网格重画技术和网格间的求解变换。

ALE 自适应网格技术，全称是"任意的拉格朗日-欧拉自适应网格"（Arbitrary Lagrangian Eulerian Adaptive Meshing），它不改变原有网格结构，而是在单个分析步的求解过程中逐渐改善网格质量；自适应网格重画技术是通过多次重新划分网格达到所要求的求解精度，只适用于 ABAQUS/Standard 分析；网格间的求解变换是用一个新的网格代替因变形过大而严重扭曲的网格，并将在原网格上的分析结果映射到新的网格上，只适用于 ABAQUS/Standard 分析。单击主菜单中其他选项，在子菜单栏中选择自适应网格控制（Adaptive Mesh Controls）可以设置自适应网格的参数。

4. 控制分析过程

通常情况下，使用 ABAQUS 的默认求解参数就可以得到良好的分析结果。对于高级用户，可以使用分析步模块来进行通用求解控制（General Solution Controls）和求解器控制（Solver Controls），从而针对特定问题提高分析效率。

对于 ABAQUS/Standard 的通用分析步，可以单击"分析步"模块的主菜单"其他"→"通用求解控制"命令来控制收敛算法和时间积分精度。对于静力问题的通用分析步和线性摄动分析步，以及稳态传热问题，可以单击主菜单"其他"→"求解器控制"命令来控制迭代线性方程求解器的参数。

关于分析步模块的详细介绍，请参见 ABAQUS 帮助文件 *ABAQUS/CAE User's Manual* 第 14 章"The Step Module"。

2.5.5 相互作用（Interaction）模块

通过前面的模块已经完成装配件的定义，但是装配件内部实体之间的相互关系还没确定，在 Interaction 模块中，主要可以定义以下几种模型的相互作用：

1) 主菜单"相互作用"命令定义模型的各部分之间或模型与外部环境之间的力学或热相互作用，如接触、弹性地基、热辐射等。

2) 主菜单"约束"命令定义模型各部分之间的约束关系。

3) 主菜单"连接单元（Connector）"命令定义模型中的两点之间或模型与地面之间的连接单元，用来模拟固定连接、铰接、恒定速度连接、止动装置、内摩擦、失效条件和锁定装置等。

4) 主菜单"特征（Special）"→"惯量（Inertia）"命令定义惯量（包括点质量/惯量、非结构质量和热容）。

5) 主菜单"特征（Special）"→"裂纹（Crack）"命令定义裂纹。

6) 主菜单"特征（Special）"→"弹簧/阻尼器（Springs/Dashpots）"命令定义模型中的两点之间或模型与地面之间的弹簧和阻尼器。

7) 主菜单"工具（Tools）"常用的菜单命令包括集合（Set）、面（Surface）和幅值（Amplitude）等。

以下具体介绍两种常用的功能：接触和约束。

（1）接触　即使两个实体之间或一个装配件的两个区域之间在空间位置上是互相接触的，ABAQUS/CAE 也不会自动认为它们之间存在接触关系，需要使用相互作用模块中的主菜单"相互作用"命令来定义这种接触关系。相互作用与分析步有关，必须规定相互作用是在哪些分析步中起作用。

（2）约束　在相互作用模块中，主菜单"约束"命令的作用是定义模型各部分的自由度之间的约束关系，具体包括以下几种类型：

1) 绑定（Tie）约束。模型中的两个面被牢固地粘结在一起，在分析过程中不再分开。被绑定的两个面可以有不同的几何形状和网格。

2) 刚体（Rigid Body）约束。在模型的某个区域和一个参考点之间建立刚性连接，此区域变为一个刚体，各结点之间的相对位置在分析过程中保持不变。

3) 显示体（Display Body）约束。与刚体约束类似，受到此约束的实体只用于图形显示，而不参与分析过程。

4) 耦合（Coupling）约束。在模型的某个区域和参考点之间建立约束，具体包括以下两种耦合：

① 运动耦合（Kinematic Coupling）约束：即在此区域的各结点与参考点之间建立一种运动上的约束关系。

② 分布耦合（Distributing Coupling）约束：也是在此区域的各结点与参考点之间建立一

种约束关系，但是对此区域上各结点的运动进行了加权平均处理，使此区域上受到的合力和合力矩与施加在参考点上的力和力矩相等效。换言之，分布耦合允许面上的各部分之间发生相对变形，比运动耦合中的面更柔软。

5）壳体-实心体耦合（Shell-to-Solid Coupling）约束。在板壳的边和相邻实心体的面之间建立约束。

6）嵌入区域（Embedded Region）约束。模型的一个区域镶嵌在另一个区域中。

7）方程（Equation）约束。用一个方程来定义几个区域的自由度之间的相互关系。

提示：在 ABAQUS/CAE 的装配模块、相互作用模块、载荷模块、网格模块和绘图模块中都有"约束"的概念，它们分别有不同的含义。在装配模块中，主菜单"约束"命令是定义各个实体间的相互位置关系，从而确定它们在装配件中的初始位置；在相互作用模块中，"约束"命令是定义模型中不同区域间的相互作用；在载荷模块中，主菜单"边界条件（BC）"命令的作用是定义边界条件，消除模型的刚体位移；在网格功能模块中，设置边上网格种子时，窗口右下角"约束"命令是控制网格种子的变化；在绘图模块中，主菜单"增加（Add）"命令下的"约束"命令是定义二维草图的几何对象之间的位置和尺寸关系。

关于相互作用模块的详细介绍，请参见 ABAQUS 帮助文件 *ABAQUS/CAE User's Manual* 第 15 章 "The Interaction Module"。

2.5.6　载荷（Load）模块

在载荷模块中，主要可以定义载荷（Loads）、边界条件（Boundary Conditions）、预定义场（Pro-Defined Field）和载荷工况（Load Case）。

（1）载荷　单击主菜单"载荷"→"创建"，可以定义以下几种类型的载荷：

1）施加在结点或几何实体顶点上的集中力，表示为力在三个方向上的分量。

2）施加在结点或几何实体顶点上的弯矩，表示为力矩在三个方向上的分量。

3）单位面积载荷（载荷的方向总是与面或边垂直，正值为压力，负值为拉力）。

4）施加在板壳边上的力或弯矩。

5）施加在面上的单位面积载荷，可以是剪力或任意方向上的力，通过一个向量来描述力的方向。

6）施加在管子内部或外部的压强。

7）单位体积上的体力。

8）施加在梁上的单位长度线载荷。

9）以固定方向施加在整个模型上的均匀加速度，例如重力；ABAQUS 根据此加速度和材料属性中的密度来计算相应的载荷。

10）螺栓或紧固件上的紧固力，或其长度的变化。

11）广义平面应变载荷，它施加在由广义平面应变单元所构成区域的参考点上。

12）由于模型的旋转造成的体力、需要指定角速度或角加速度，以及旋转轴。

13）施加在连接单元上的力。

14）施加在连接单元上的弯矩。

15）温度和电场变量。

关于如何施加不同类型的载荷，请参见 ABAQUS 帮助文件 *ABAQUS/CAE User's Manual*

第 16.9 节 "Using the load editors"。

（2）边界条件　使用主菜单"边界条件"命令可以定义以下类型的边界条件：对称/反对称/固支（Symmetry/Anti-symmetry/Encastre）、位移/转角（Displacement/Rotation）、速度/角速度（Velocity/Angular Velocity）、加速度/角加速度（Acceleration/Angular Acceleration）、连接单元位移/速度/加速度（Connector Displacement/Velocity/Acceleration）、温度（Temperature）、声音压力（Acoustic Pressure）、孔隙压力（Pore Pressure）、电势（Electric Potential）、质量集中（Mass Concentration）。

载荷和边界条件与分析步有关，用户必须指定载荷和边界条件在哪些分析步中起作用。在初始分析步中定义的边界条件只能为零，在后续分析步中定义的边界条件既可以是零值，也可以是非零值。边界条件既可以在初始分析步中创建，也可以在后续分析步中创建，若在初始分析步创建，会延续到后续分析步。载荷只能在后续分析步中创建。

（3）预定义场　利用预定义场可以定义速度场、角速度场、温度场和初始状态等模型参数。在边界条件中可以定义速度和角速度，其不同点见表 2-2。

表 2-2　边界条件与预定义场定义速度和角速度的区别

不同点	边界条件定义速度和角速度	预定义场定义速度和角速度
角速度定义	角速度边界条件定义的是结点以自身为中心旋转的角速度。对于实体单元，结点上没有旋转自由度，就不能直接定义角速度边界条件	角速度预定义场定义的是结点绕一个参考轴旋转的角速度，在实体单元上也可以定义
坐标系	局部坐标系	全局坐标系
定义位置	可以在初始分析步中定义但大小只能是零	只能在初始分析步中定义，大小可以不为零

（4）载荷工况　使用主菜单"载荷工况"命令可以定义载荷工况。载荷工况由一系列的载荷和边界条件组成，用于静力摄动分析和稳态动力分析。

关于载荷模块的详细介绍，请参见 ABAQUS 帮助文件 *ABAQUS/CAE User's Manual* 第 16 章 "The Load Module"。

2.5.7　网格（Mesh）模块

有限元分析的本质是将无限自由度的问题转化成有限自由度的问题，将连续模型转化成离散模型来分析，通过简化来得到结果，离散模型的单元数越多，最终得到的结果也就越接近真实情况。网格模块为用户提供了模型离散化平台，主要可以实现以下功能：布置网格种子；设置单元形状、类型，网格划分技术和算法；划分网格；检验网格质量。在 ABAQUS/CAE 建模过程中，划分网格是一个比较重要而复杂的步骤，需要根据经验综合使用多种技巧，第 2.6 节将专门介绍划分网格的方法，并在第 2.7~2.9 节介绍如何选择单元类型。

关于 Mesh 功能模块的详细介绍，请参见 ABAQUS 帮助文件 *ABAQUS/CAE User's Manual* 第 17 章 "The Mesh Module"。

2.5.8　作业（Job）模块

在作业模块中主要可以实现以下功能：创建和编辑分析作业；提交分析作业；生成 INP 文件；监控分析作业的运行状态；终止分析作业的运行。

1. 创建和编辑分析作业

在作业模块的主菜单中单击"作业"→"创建",弹出"创建作业"对话框,可以选择分析作业是基于 ABAQUS/CAE 的模型还是基于某个 INP 文件。单击"继续"按钮,弹出"编辑作业"对话框,进行相关参数的设置。

1)"提交"选项卡,可以设置分析作业的类型、运行模式和提交时间。

2)"通用"选项卡,可以设置前处理器的输出数据、存放临时文件的文件夹(Scratch Direetory)和需要用到的用户子程序(User Subroutine)。

3)"内存"选项卡,可以设置分析过程中允许使用的内存。如果这里设置的内存很小,而模型的规模很大,在运行过程中将会出现错误信息。

4)"并行"选项卡,可以设置多个 CPU 的并行处理。例如,如果使用的计算机是双 CPU 的,可以在这里选中 Use multipleprocessors:2。

5)"精度"选项卡,可以设置分析精度为单精度或双精度。

2. 提交分析和监控作业的运行状态

在作业模块的主菜单中单击"作业"→"管理器"命令,弹出"作业管理器"对话框,单击 Submit 按钮,可以提交分析作业;单击 Monitor 按钮,可以监控分析作业的运行状态,动态显示分析过程中出现的警告和错误信息。如图 2-47 所示,"Job-1 监控器"对话框的上半部显示 ABAQUS 状态文件(.sta)中关于分析步、增量步和迭代的信息,下半部显示以下内容:

图 2-47　"Job-1 监控器"对话框

1)"日志"选项卡。ABAQUS 记录文件(.log)中所记载的分析开始时间和结束时间。

2)"错误"和"警告"选项卡。ABAQUS 数据文件(.dat)和消息文件(.msg)中显示的错误和警告信息。ABAQUS 会自动为出现问题的结点或单元生成相应的集合,在可视化模块中可以显示。

3)"输出"选项卡。写入输出数据库中的数据信息。

提示:分析过程中的警告信息不一定意味着模型不正确,而如果在分析过程中出现错误信息,分析将无法完成。因此,当出现错误信息时,一定要找出问题的原因并加以纠正。

35

关于作业模块的详细介绍，请参见 ABAQUS 帮助文件 *ABAQUS/CAE User's Manual* 第 18 章 "The Job Module"。

2.5.9　可视化（Visualization）模块

在可视化模块中可以显示 ODB 文件中的分析结果，工具区主要包含以下未变形图绘制、变形图绘制按钮 ▨▧，云图绘制、云图选项设置按钮 ▨▤，符号绘制、符号选项设置按钮 ▨▤，材料方向绘制、材料方向选项设置按钮 ▨▤，XY 数据创建、XY 数据选项设置按钮 ▨▤，XY 轴选项设置、XY 图选项设置按钮 ↦▧。

例如，单击 XY 数据创建按钮，弹出"创建 XY 数据"对话框，单击 XY 数据选项设置按钮，弹出"XY 数据管理器"对话框，选中数据双击弹出"编辑 XY 数据"对话框，如图 2-48 所示。

图 2-48　创建、管理及编辑 XY 数据

关于可视化功能模块的详细介绍，请参见 ABAQUS 帮助文件 *ABAQUS/CAE User's Manual* 第 22~38 章。

2.5.10　绘图（Sketch）模块

使用绘图模块可以为部件绘制二维平面图。在进行下述操作时，ABAQUS/CAE 会自动进入绘图环境：在模块列表中选择绘图模块；在部件模块中创建或修改部件的特征；在部件、装配和网格模块中分割某个面。

在绘图模块可以导入以下格式的二维 CAD 文件：AutoCAD（. dxf）、IGES（. igs）、ACIS（. sat）和 STEP（. stp）。

窗口左侧的绘图工具箱提供了以下绘图功能：

1）绘制基本的图形，如线段、圆、弧、椭圆、倒角和样条曲线。

2）绘制帮助定位和对齐的辅助图形，如水平线、垂直线、斜线和圆。

3）添加尺寸。

4）通过移动顶点或改变尺寸来修改平面图。

5）复制图形。

关于绘图模块的详细介绍，请参见 ABAQUS 帮助文件 *ABAQUS/CAE User's Manual* 第 19 章 "The Sketch Module"。

2.6　划分网格的基本方法

ABAQUS/CAE 划分网格的方法与其他前处理器有较大区别。以旋转体的网格划分为例，FEMAP 和 MENTAT 等前处理器的常用方法是先在剖面上生成二维网格，然后通过旋转拉伸来得到三维网格，而 ABAQUS/CAE 是先生成三维几何部件，再通过分割实体和布置种子来控制单元密度和位置，最后使用自动算法生成三维网格。下面简单介绍一下在 ABAQUS/CAE 中划分网格的方法。

使用 ABAQUS/CAE 的网格模块可以完成以下功能：

1）通过布置种子来控制网格密度。

2）设置单元形状、单元类型、网格划分技术和算法。

3）划分网格。

4）检验网格质量。

5）通过改变种子位置、分割（Partition）实体、虚拟拓扑（Virtual Topology）、编辑网格等方法来控制单元大小，改善网格质量。

6）将已划分网格的装配件或实体保存为网格部件。

2.6.1　ABAQUS 单元特性

每一个单元都由以下几个特征来表征：单元族、自由度（和单元族直接相关）、结点数、数学描述（单元列式）、积分。ABAQUS 中每一种单元都有自己特有的名字，如 T2D2、S4R 和 C3D81。单元的名字标志着一种单元的五个特性。

1. 单元族（Family）

图 2-49 给出了应力分析中最常用的单元族，包括实体单元、壳单元、梁单元和刚体单元等。单元族之间一个明显的区别是每一个单元族所假定的几何类型不同。单元名字里开始

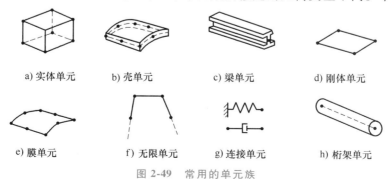

a) 实体单元　　b) 壳单元　　c) 梁单元　　d) 刚体单元

e) 膜单元　　f) 无限单元　　g) 连接单元　　h) 桁架单元

图 2-49　常用的单元族

的字母标志着这张单元属于哪一个单元族。例如，S4R 中的 S 表示它是壳单元，C3D81 中的 C 表示它是实体单元。

2. 自由度（Degrees of freedom）

自由度（Dof）是分析计算中的基本变量。对于壳和梁单元的应力/位移模拟分析，自由度是每一结点处的平动和转动。对于热传导模拟分析，自由度为每一结点处的温度。因此，热传导分析要求应用与应力分析不同的单元，因为它们的自由度不同。

ABAQUS 中自由度的排序规则如下：1 方向的平动→2 方向的平动→3 方向的平动→绕 1 轴的转动→绕 2 轴的转动→绕 3 轴的转动→开口截面梁单元的翘曲增幅→孔隙水压力、静水流体的压力或声压→电势→单位长度的连接材料量→温度（或物质扩散分析中归一化浓度）→第二点温度（对梁和壳）→第三点温度（对梁和壳）。

前 6 个基本自由度如图 2-50 所示。方向 1、2、3 分别对应于整体坐标的 1、2 和 3 方向，除非已经在结点处定义了局部坐标系。

轴对称单元是一个例外，其位移和转动自由度是指

r 方向的平动、z 方向的平动、rz 平面内的转动。方向 r 和 z 分别对应于整体坐标的 1 和 2 方向，除非已经在结点处定义了局部坐标系。

其他类型的单元可参考 ABAQUS/Standard 用户手册。

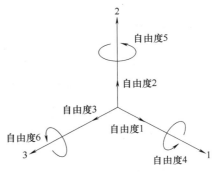

图 2-50 前 6 个基本自由度

3. 结点数——插值阶数（Numbers of Nodes-Order of Interpolation）

ABAQUS 仅在单元结点处计算位移或任何其他自由度。在单元内的任何其他点处，位移是由结点位移插值获得的。插值阶数通常由单元采用的结点数决定。仅角点处的结点单元，如图 2-51a 所示的 8 结点实体单元，在每一方向上采用线性插值，因此常常称这类单元为线性单元或一阶单元。具有边中点的结点单元，如图 2-51b 所示的 20 结点实体单元，采用二次插值，因此常常被称为二次单元或二阶单元。ABAQUS/Standard 对线性单元和二次单元提供了广泛选择；ABAQUS/Explicit 仅仅提供线性单元、二次梁单元和修正的四面体与三角形单元。一般情况下，单元的结点数在其名字中清楚地标记着。8 结点实体单元，称为 C3D8；8 结

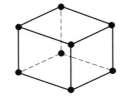

a) 8 结点实体单元，C3D8

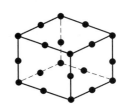

b) 20结点实体单元，C3D20

图 2-51 线性实体和二次实体四面体单元

点一般壳单元称为 S8R。梁单元族的记法稍有不同：插值阶数在单元的名字中标记。这样，一阶三维梁单元称为 B31，而二阶三维梁单元称为 B32。对于轴对称壳单元和膜单元也采用了类似的约定。

4. 数学描述（Formulation）

单元的数学描述是用来定义单元行为的数学理论。ABAQUS 中所有的应力/位移单元行为都是基于拉格朗日或物质描述的：在整个分析过程中，与一个单元相关的物质保持和这个

单元相关，而且物质不能穿越单元边界。在欧拉或空间描述中，单元在空间固定，而物质在单元之间流动。欧拉法通常用于流体力学分析。ABAQUS/Standard 运用欧拉法来模拟对流换热，ABAQUS/Explicit 中的自适应网格技术，将拉格朗日法和欧拉法的特点结合，允许单元的运动独立于材料。为了适用于不同类型的物理行为，ABAQUS 中的某些单元族包含具有几种不同列式的单元。如壳单元族有三种类别：具有一般壳体理论的列式，具有薄壳理论的列式，具有厚壳理论的列式。

某些单元族除了有标准的列式，还有一些其他供选择的列式，可以由其单元名字末尾的附加字母来识别。例如，实体、梁和桁架单元族包括了杂交单元列式，杂交单元由其名字末尾的字母 H 标识（C3D8H 和 B31H）。有些单元列式可求解耦合场问题。例如，以字母 C 开头和字母 T 结尾的单元（如 C3D8T）具有力学和热学自由度，可用于力-热学耦合问题的仿真计算。

5. 积分（Integration）

ABAQUS 应用数值积分每一单元体上的各种变量。对于大部分单元，ABAQUS 运用高斯积分法来计算单元内每一个高斯点处的物质响应。对于实体单元，必须在全积分和减缩积分之间做出选择。对于给定的问题，这个选择在很大程度上影响着单元精度。ABAQUS 在单元名字末尾用字母 R 来识别减缩积分单元，用字母 RH 来识别杂交单元。例如，CAX4 是全积分、线性、轴对称实体单元；CAX4R 是同类单元的减缩积分单元。ABAQUS/Standard 提供了完全积分和减缩积分单元；ABAQUS/Explicit 仅仅提供减缩积分单元、修正的四面体和三角形单元。

2.6.2　网格种子

通过设置种子（Seed），可以控制网格结点的位置和密度。设置种子有以下两种方式：

1）设置全局种子（Global Seed），即设定整个部件或实体上的单元尺寸，方法是：对于非独立实体，在网格模块的主菜单中单击"种子"→"部件"；或对于独立实体，在主菜单中"种子"→"装配"。在弹出的"全局种子"对话框中设置全局的单元尺寸。

2）设置边上的种子（Edge Seed），即设定某条边上的单元尺寸，包括按尺寸和按个数两种方法。在"约束"选项卡中选择布种约束，包括允许单元数目增加或减少、只允许单元数目增加和不允许改变单元数三种方式。

当部件或实体形状规则、各处重要程度相同时，可直接设置全局种子，简单方便；当部件或实体不规则或不同位置网格密度需要不同时，则需设置边上的种子。

2.6.3　单元形状

在网格模块的主菜单中单击"网格"→"控制"，弹出"网格控制"对话框，在其中可以设置单元形状。对于二维问题，有以下可供选择的单元形状：

1）网格中完全使用四边形（Quad）单元。

2）网格中主要使用四边形（Quad-dominated）单元，但在过渡区域允许出现三角形单元。选择 Quad-dominated 类型更容易实现从粗网格到细网格的过渡。

3）网格中完全使用三角形（Tri）单元。

对于三维问题，有以下可供选择的单元形状：

1）网格中完全使用六面体（Hex）单元。

2）网格中主要使用六面体（Hex-dominated）单元，但在过渡区城允许出现楔形（三棱柱）单元。

3）网格中完全使用四面体（Tet）单元。

4）网格中完全使用楔形（Wedge）单元。

Quad 单元（二维区域）和 Hex 单元（三维区域）可以用较小的计算代价得到较高的精度，因此应尽可能选择这两种单元。

2.6.4 网格划分技术

1. 结构网格划分技术

结构网格划分技术采用简单的、预先定义的网格拓扑技术进行网格划分。ABAQUS/CAE 把区域几何信息转换为具有规则形状的区域网格。对于简单的二维区域，可以指定四边形或四边形为主的单元进行结构化网格划分；对于简单的三维区域，可以指定六面体或六面体为主的单元进行结构网格划分。

对分析模型的一个区域进行网格划分，网格边界上的节点一般总是位于几何区域的边界上。但是由于结构网格划分采用的是具有规则形状的单元，在存在凹形边界时，这种划分方法将会使部分网格内部结点落入区域几何体之外，导致产生扭曲的无效网格。对于部分结点处于区域之外的情况，可采用下面三种方法对网格进行改善：

增加网格种子数目，重新划分；将部分区域分割后重新划分；采用其他的网格划分方法。

提示：二维区域中孔洞、孤立边和孤立顶点是无法采用结构网格划分技术进行网格划分的；三维区域中空洞、孤立面、孤立边和孤立顶点也是无法采用结构网格划分技术的。

2. 扫掠网格划分技术

对于二维区域，首先在边上生成网格，然后沿扫掠路径拉伸，得到二维网格；对于三维区域，首先在面上生成网格，然后沿扫掠路径拉伸，得到三维网格。

以三维网格为例，扫掠网格划分的步骤为：

1）在模型的一个面上创建网格，这个面称为扫掠源面。

2）复制扫掠源面上的结点，每次一个单元层，沿着扫掠路径，直到最后的目标面。

3）扫掠路径可以是任意形式的边。如果扫掠路径为一条圆形边，最终生成的网格称为选择扫掠网格；如果扫掠路径为一条直边，最终生成的网格称为拉伸扫掠网格。

如果模型区域可以进行扫掠网格划分，将采用六面体及以六面体为主的楔形单元产生扫掠网格。相应地，在扫掠源面上（二维网格），将采用四边形及以四边形为主的单元或三角形单元进行自由网格划分。

3. 自由网格划分技术

自由网格是最为灵活的网格划分技术，几乎可以用于任意几何形状。与结构网格划分技术不同，自由网格划分不需要事先定义好网格样式，当然也无法预见划分后的网格样式，但是这种网格划分技术具有非常大的灵活性，这对于特别复杂的模型网格划分非常有用。对于二维区域，可以采用三角形、四边形和以四边形为主的单元进行自由网格划分；对于三维区域，可以采用四面体单元进行自由网格划分。

　　对一个实体采用四面体单元进行自由网格划分时，一般需要以下两个步骤：在实体区域外部表面上创建三角形边界条件；将三角形作为四面体的外部表面创建四面体单元。

　　提示：ABAQUS 对于不同的网格划分技术采用了不同的颜色，绿色表示建议应用结构网格划分技术，黄色表示建议使用扫掠网格划分技术，粉红色表示建议使用自由网格划分技术，而橙色表示当前的网格划分技术无法划分当前的部件。

　　自由网格采用 Tri 单元（二维区域）和 Tet 单元（三维区域），一般应选择带内部结点的二次单元来保证精度。结构化网格和扫掠网格一般采用 Quad 单元（二维区域）和 Hex 单元（三维区域），分析精度相对较高，因此在划分网格时应尽可能优先选用这两种划分技术。

　　当模型的几何形状复杂时，往往不能直接采用结构化网格或扫掠网格。这时可以先把实体分割为几个简单的区域，再划分结构化网格或扫掠网格。在网格模块的主菜单中单击"网格"→"分割"，可以分制边、面或三维区域（Cell）。通过分割还可以更好地控制单元的位置和密度，对所关心的区域进行网格细化，或为不同的区域赋予不同的单元类型。

2.6.5　划分网格的算法

　　ABAQUS 有两种可供选择的算法：中性轴算法（Medial Axis）和进阶算法（Advancing Front）。在 ABAQUS/CAE 中的操作方法是：在 Mesh 模块的主菜单中单击 Mesh→Controls 命令，在弹出的对话框就可以选择这两种算法。

　　（1）中性轴算法　中性轴算法主要是先将划分网格的区域分为一些简单的区域，然后使用结构网格划分技术来为这些简单的区域划分网格。如果区域相对简单、包含大量单元，采用中性轴算法可以更快地生成网格，减少网格过渡，提高网格质量。中性轴算法具有以下特性：

　　1）使用中性轴算法更容易得到单元形状规则的网格，但网格与种子的位置吻合得较差。

　　2）在二维模型中使用中性轴算法时，选择最小化网格的过渡（Minimize the Mesh Transition）可以提高网格的质量，但用这种方法生成的网格更容易偏离种子。

　　3）如果在模型的一部分边上定义了受完全约束的种子，中性轴算法会自动为其他的边选择最佳的种子分布。

　　4）中性轴算法不支持由 CAD 模型导入的不精确模型和二维模型的虚拟拓扑。

　　（2）进阶算法　进阶算法是先在边界上生成四边形网格，再向区域内部扩展生成四边形单元。由进阶算法生成的单元总是精确地匹配种子，当划分面时，进阶算法支持虚拟拓扑技术，而中性轴算法不支持。进阶算法具有以下特性：

　　1）使用进阶算法得到的网格可以与种子的位置很好地吻合，但在较窄的区域内，精确匹配每粒种子可能会使网格歪斜。

　　2）使用进阶算法更容易得到单元大小均匀的网格。有些情况下，单元尺寸均匀是很重要的，如在 ABAQUS/Explicit 中，网格中的小单元会限制增量步长。

　　3）使用进阶算法容易实现从粗网格到细网格的过渡。

　　4）进阶算法支持不精确模型和二维模型的虚拟拓扑。

2.6.6 划分网格失败时的解决办法

当划分网格失败时，ABAQUS/CAE 会显示错误信息，说明无法划分网格的原因，一般还会高亮显示存在问题的区域，并将这一区域保存为一个集合，可以用显示组（Display Group）来单独显示这一区域。

在划分 Tet 单元网格时，ABAQUS/CAE 会先在实体的外表面上划分三角形网格，作为 Tet 单元网格的基础。如果模型的规模很大，划分 Tet 单元网格会需要较长的时间，此时可以在开始划分 Tet 单元网格之前，预览外表面上的三角形网格，以便尽早发现错误，缩短建模时间。

划分网格失败可能有多种原因，例如：几何模型有问题，如模型中有自由边或很小的边、面、尖角、缝隙等；种子布置得太稀疏。如果无法成功地划分 Tet 网格，可以尝试采取以下措施：

1）在网格模块中，单击主菜单"工具"→"查询"→"几何诊断（Geometry Diagnostics）"，检查模型中是否有自由边、短边、小平面、小尖角或微小的缝隙。如果几何部件是由 CAD 模型导入的，则应注意检查是否模型本身就有这种问题（有时可能是数值误差导致的）；如果几何部件是在 ABAQUS/CAE 中创建的，应注意是否在进行拉伸或切割操作时，由于几何坐标的误差导致了上述问题。

2）在网格模块中，可以单击主菜单"工具"→"虚拟拓扑"来合并小的边或面，或忽略某些边或顶点。

3）在部件模块中，单击主菜单"工具"→"修复"，可以修复存在问题的几何实体，如可以"表面/替换表面（Face/Replace Faces）"命令来合并两个面。

2.6.7 检查网格质量

在模块中单击左侧工具区中的"检查模型（Verify Mesh）"按钮，可以选择部件、实体、几何区域或单元，检查其网格的质量，获得结点和单元信息。选择"统计检查（Statistical Checks）"，可以检查单元的几何形状；选择"分析检查（Analysis Checks）"，可以检查分析过程中会导致错误或警告信息的单元。单击"高亮显示（High Light）"按钮，符合检查判据的单元就会高亮显示。

2.7 选择三维实体单元的类型

ABAQUS 具有丰富的单元库，单元种类多达 433 种，共分为 8 个大类：连续体单元（Continuum Element，又称为 Solid Element，即实体单元）、壳单元、薄膜单元、梁单元、杆单元、刚体单元、连接单元和无限元。

ABAQUS 还提供针对特殊问题的特种单元，如针对钢筋混凝土结构或轮胎结构的加强筋单元、针对海洋工程结构的土壤/管柱连接单元和锚链单元等。另外，用户还可以通过用户子程序来建立自定义单元。

单元种类的丰富也意味着用户在单元类型设置时总是面临多种选择。让人很遗憾的是，不存在一种完美的单元类型，可以不受限制地应用于各种问题。每种单元都有其优缺点，有其特定的适用场合。

提高求解精度和缩短计算时间是一对永恒的矛盾，如何根据不同的问题类型和求解要求，为模型选择最合适的单元，用尽量短的计算时间得到尽量精确的结果，这是用户使用 ABAQUS 过程中的一个复杂而重要的问题。

关于各种单元类型性能的详细讨论，请参见 ABAQUS 帮助文件 *Getting Started with ABAQUS* 第 4 章，以及 *ABAQUS Benchmarks Manual* 的第 2.3.5 节。

本节将详细讨论各种类型三维实体单元的性能，在第 2.8 节和第 2.9 节将讨论如何选择壳单元和梁单元的类型。

1. 结点数目和插值阶数

按照结点位移的插值阶数，可以将 ABAQUS 单元分为以下三类：

1）线性（Linear）单元，又称为一阶单元，仅在单元的角点处布置结点，在各方向都采用线性插值。

2）二次（Quadratic）单元，又称为二阶单元，在每条边上有中间结点，采用二次插值。

3）修正的（Modified）二次单元，只有 Tri 或 Tet 单元才有这种类型，即在每条边上有中间结点，并采用修正的二次插值。

2. 连续体单元

在 ABAQUS 中，基于应力/位移的连续体单元类型最为丰富。ABAQUS/Standard 的连续体单元库包括二维和三维的线性单元和二次单元，分别可以采用完全积分或减缩积分（这些概念将在下面进行详细介绍），另外还有修正的二次 Tri 和 Tet 单元，以及非协调模式单元和杂交单元。

ABAQUS/Explicit 的连续体单元库包括二维和三维的线性减缩积分单元，以及修正的二次 Tri 和 Tet 单元。ABAQUS/Explicit 中没有二次完全积分的连续体单元。

3. 线性完全积分（Linearfull-Integration）**单元**

在网格模块的主菜单中单击"网格"→"单元类型"，弹出"单元类型"对话框，保持默认的线性参数，取消对减缩积分（Reduced integration）的选择，就可以设置单元类型为线性完全积分单元，如 CPS4 单元（4 结点四边形双线形平面应力完全积分单元）和 C3D8 单元（8 结点六面体线性完全积分单元）。

所谓"完全积分"是指当单元具有规则形状时，所用的高斯积分点的数目足以对单元刚度矩阵中的多项式进行精确积分。承受弯曲载荷时，线性完全积分单元会出现剪切自锁（Shear Locking）问题，造成单元过于刚硬，即使划分很细的网格，计算精度仍然很差。

关于单元的数学描述和积分，请参见 ABAQUS 帮助文件 *Getting Started with ABAQUS* 第 4.1 节 "Element for mulation and integration"。

4. 二次完全积分（Quadratic full-Integration）**单元**

在"单元类型"对话框选择"二次（Quadratic）"参数，取消对"减缩积分"参数的选择，就可以设置单元类型为二次完全积分单元，如 CPS8 单元（8 结点四边形二次平面应力完全积分单元）和 C3D20 单元（20 结点六面体二次完全积分单元）。

二次完全积分单元的优点为：对应力的计算结果很精确，适于模拟应力集中问题；一般情况下没有剪切自锁问题。

但使用这种单元时需要注意以下问题：不能用于接触分析；对于弹塑性分析，如果材料是不可压缩性的（如金属材料），则容易产生体积自锁（Volumetric Locking）；当单元发生扭曲或弯曲应力有梯度时，有可能出现某种程度的自锁。

5. 线性减缩积分（Linear reduced-Integration）**单元**

对于 Quad 单元和 Hex 单元，ABAQUS/CAE 默认的单元类型是线性减缩积分单元，如 CPS4R 单元（4 结点四边形双线形平面应力减缩积分单元）和 C3D8R 单元（8 结点六面体线性减缩积分单元）。

减缩积分单元比完全积分单元在每个方向少用一个积分点。线性减缩积分单元只在单元的中心有一个积分点，由于存在所谓"沙漏"（Hourglass）数值问题而过于柔软。ABAQUS 在线性减缩积分单元中引入了"沙漏刚度"以限制沙漏模式的扩展。模型中的单元越多，这种刚度对沙漏模式的限制越有效。可以选择不同的沙漏控制参数增强（Enhanced）、放松刚度（Relax Stiffness）、刚度（Stiffness）、粘性（Viscous）或粘结（Combined）。采用线性减缩积分单元模拟承受弯曲载荷的结构时，沿厚度方向上至少应划分四个单元。

线性减缩积分单元有以下优点：对位移的求解结果较精确；当网格存在扭曲变形时（如 Quad 单元的角度远远大于或小于 90°），分析精度不会受到大的影响；在弯曲载荷下不容易发生剪切自锁。

其缺点如下：需要划分较细的网格来克服沙漏问题；如果希望以应力集中部位的结点应力作为分析指标，则不能选用此类单元，因为线性减缩积分单元只在单元的中心有一个积分点，相当于常应力单元，它在积分点上的应力结果是相对精确的，而经过外插值和平均后得到的结点应力则不精确。

提示：在查看模型的应力结果时有以下两种选择：

1）查看结点上的应力。这是最常用的方法，其优点是简单方便。但事实上，后处理中得到的结点应力是对单元积分点上的应力进行外插值和平均后得到的，并不精确。

2）查看单元积分点上的应力。这是 ABAQUS 所推荐的方法。线性减缩积分单元只有一个积分点，可以很方便地查看积分点上的分析结果，但其他类型的单元有多个积分点，就需要详细了解结点的编号顺序，并根据模型的实际情况来决定查看哪个积分点，这一过程很烦琐。需要注意的是，单元积分点上的应力值往往不是应力集中区域的最大应力。

用户可以在上述两种方法中做出选择，需要注意的是，如果希望查看结点上的应力，就尽量不要使用线性减缩积分单元；如果使用了线性减缩积分单元就应该查看单元积分点上的分析结果，并且要在应力变化剧烈的部位划分足够细的网格。

6. 二次减缩积分（Quadratic reduced-Integration）**单元**

对于 Quad 单元或 Hex 单元，可以在"单元类型"对话框中将单元类型设置为二次减缩积分单元，如 CPS8R 单元（8 结点四边形二次平面应力减缩积分单元）和 C3D20R 单元（20 结点六面体二次减缩积分单元）。这种单元不但保持了前述线性减缩积分单元的优点，而且具有以下特性：即使不划分很细的网格也不会出现严重的沙漏问题；即使在复杂应力状态下，对自锁问题也不敏感。

但使用这种单元时，需要注意以下问题：不能在接触分析中使用；不适于大应变问题；存在与线性减缩积分单元相类似的问题，由于积分点少，得到结点应力的精度往往低于二次完全积分单元。

7. 非协调模式（Incompatible Modes）**单元**

对于 Quad 单元或 Hex 单元，可以在"单元类型"对话框中将单元类型设置为非协调模式单元，如 CPS41 单元（4 结点四边形双线形平面应力非协调模式单元）和 C3D81 单元（8 结点六面体线性非协调模式单元）。仅在 ABAQUS/Standard 中有非协调模式单元，其目的是克服线性完全积分单元中存在的剪切自锁问题。

ABAQUS 中的非协调模式单元和 MSC. NASTRAN 中的 4 结点四边形单元或 8 结点六面体单元很相似，所以在比较这两种有限元软件的计算结果时会发现，如果在 ABAQUS 中选择了非协调模式单元，得到的分析结果会和 MSC. NASTRAN 的结果很一致。

非协调模式单元的优点如下：

1）克服了剪切自锁问题，在单元扭曲比较小的情况下，得到的位移和应力结果很精确。

2）在弯曲问题中，在厚度方向上只需很少的单元，就可以得到与二次单元相当的结果，而计算成本明显降低。

3）使用了增强变形梯度的非协调模式，单元交界处不会重叠或开洞，因此很容易扩展到非线性、有限应变的位移。

但使用这种单元时需注意，如果所关心部位的单元扭曲比较大，尤其是出现交错扭曲时，分析精度会降低。

8. Tri 单元和 Tet 单元

对于使用了自由网格的二维模型，在"单元类型"对话框中选择 Tri（三角形），可以设置 Tri 单元的类型，如 CPS3 单元（3 结点线形平面应力三角形单元）、CPS6（6 结点二次平面应力三角形单元）和 CPS6M 单元（修正的 6 结点二次平面应力三角形单元）。

对于使用了自由网格的三维模型，在"单元类型"对话框中选择 Tet（四面体），可以设置 Tet 单元的类型，包括 C3D4 单元（4 结点线形四面体单元）、C3D10 单元（10 结点二次四面体单元）和 C3D10M 单元（修正的 10 结点二次四面体单元）。

使用 Tri 单元或 Tet 单元时应注意以下问题：

1）线性 Tri 单元和 Tet 单元的精度很差，所以不要在模型中所关心的部位及其附近区域使用。

2）二次 Tri 单元和 Tet 单元精度较高，而且能模拟任意的几何形状，但计算代价比 Quad 单元或 Hex 单元大，因此如果模型中能够使用 Quad 单元或 Hex 单元，尽量不要使用 Tri 单元或 Tet 单元。

3）二次 Tet 单元（C3D10 单元）适于 ABAQUS/Standard 中的小位移无接触问题；修正的二次 Tet 单元（C3D10M 单元）适于 ABAQUS/Explicit，以及 ABAQUS/Standard 中的大变形和接触问题。

4）使用自由网格，不宜通过布置种子来控制实体内部的单元大小。

9. 杂交（Hybrid）**单元**

在 ABAQUS/Standard 中，每一种实体单元（包括所有减缩积分和非协调模式单元）都有其相应的杂交单元，用于不可压缩材料（泊松比为 0.5）或近似不可压缩材料（泊松比大于 0.475）。除了平面应力问题之外，不能用普通单元来模拟不可压缩材料的响应，因为此时单元中的压应力是不确定的。杂交单元在其名字中字母 H 标识。ABAQUS/Explicit 中没有杂交单元。

10. 混合使用不同类型的单元

当三维实体几何形状较复杂时，无法在整个实体上使用结构化网格或扫掠网格划分技术得到 Hex 单元网格，这时常用的做法是：对于实体不重要的部分使用自由网格划分技术，生成 Tet 单元网格；对于所关心的部分采用结构化网格或扫掠网格，生成 Hex 单元网格。在生成这样的网格时，ABAQUS 会提示将生成非协调的网格，在不同单元类型的交界处将自动创建绑定（Tie）约束。

需要注意的是，在不同单元类型网格的交界处，即使单元角部结点是重合的，仍然有可能出现不连续的应力场，而且在交界处的应力可能大幅增大。如果在同一实体中混合使用线性和二次单元，也会出现类似的问题。因此，在混合使用不同类型的单元时，应确保其交界处远离所关心的区域，并仔细检查分析结果是否正确。

对于无法完全采用 Hex 单元网格的实体，还可以使用以下方法：

1）对整个实体划分 Tet 单元网格，使用二次单元 C3D10 或修正的二次单元 C3D10M，同样可以达到所需的精度，只是计算时间较长。

2）改变实体中不重要部位的几何形状，然后对整个实体采用 Hex 单元网格。

11. 选择三维实体单元类型的基本原则

选择三维实体单元类型时应遵循以下原则：

1）尽可能采用结构化网格划分技术或扫掠网格划分技术，从而得到 Hex 单元网格，减小计算代价，提高计算精度。当几何形状复杂时，也可以在不重要的区域使用少量楔形（Wedge）单元。

2）如果使用了自由网格划分技术，Tet 单元的类型应选择二次单元。在 ABAQUS/Explicit 中应选择修正的 Tet 单元 C3D10M，在 ABAQUS/Standard 中可以选择 Tet 单元 C3D10，但如果有大的塑性变形，或模型中存在接触，而且使用的是默认的 "硬" 接触关系（Hard Contact Relationship），则也应选择修正的 Tet 单元 C3D10M。

3）ABAQUS 的所有单元均可用于动态分析，选择单元的一般原则与静力分析相同。但在使用 ABAQUS/Explicit 模拟冲击或爆炸载荷时，应选用线性单元，因为它们具有集中质量公式，模拟应力波的效果优于二次单元所采用的一致质量公式。

如果使用的求解器是 ABAQUS/Standard，在选择单元类型时还应注意以下方面：

1）对于应力集中问题，尽量不要使用线性减缩积分单元，可使用二次单元来提高精度。如果在应力集中部位进行了网格细化，使用二次减缩积分单元与二次完全积分单元得到的应力结果相差不大，而二次减缩积分单元的计算时间相对较短。

2）对于弹塑性分析，如果材料是不可压缩的（如金属材料），则不能使用二次完全积分单元，否则会出现体积自锁问题，也不要使用二次 Tri 单元或 Tet 单元。推荐使用的是修正的二次 Tri 单元或 Tet 单元、非协调单元，以及线性减缩积分单元。如果使用二次减缩积分单元，当应变超过 20% 时要划分足够密的网格。

3）如果模型中存在接触或大的扭曲变形，则应使用线性 Quad 或 Hex 单元，以及修正的二次 Tri 单元或 Tet 单元，而不能使用其他的二次单元。

4）对于以弯曲为主的问题，如果能够保证在所关心部位的单元扭曲较小，使用非协调单元（如 C3D8I 单元）可以得到非常精确的结果。

5）除了平面应力问题之外，如果材料是完全不可压缩的（如橡胶材料），则应使用杂交单元；在某些情况下，对于近似不可压缩材料也应使用杂交单元。

2.8　选择壳单元的类型

如果一个薄壁构件的厚度远小于其典型整体结构尺寸（一般为小于 1/10），并且可以忽略厚度方向的应力，就可以用壳单元来模拟此结构。壳体问题可以分为两类：薄壳问题（忽略横向剪切变形）和厚壳问题（考虑横向剪切变形）。对于单一各向同性材料，一般当厚度和跨度的比值小于 1/15 时，可以认为是薄壳；当厚度和跨度的比值大于 1/15 时，则可以认为是厚壳。对于复合材料，这个比值需要更小一些。

ABAQUS 的壳单元可以有多种分类方法，按照薄壳和厚壳可划分为以下两种：

1）通用目的（General-Purpose）壳单元。此类单元对薄壳和厚壳问题均有效，考虑有限的膜应变和任意大的转动。

2）特殊用途（Special-Purpose）壳单元。包括纯薄壳（Thin-Only）单元和纯厚壳（Thick-Only）单元，考虑小应变和任意大的转动。

根据单元的定义方式，还可以将 ABAQUS 壳单元划分为以下两种：

1）常规（Conventional）壳单元。通过定义单元的平面尺寸、表面法向和初始曲率来对参考面进行离散，只能在截面属性中定义壳的厚度，而不能通过结点来定义壳的厚度。

2）连续体（Continuum）壳单元。类似于三维实体单元，对整个三维结构进行离散。

壳单元库中有线性和二次插值的三角形、四边形壳单元，以及线性和二次的轴对称壳单元。所有的四边形壳单元（除了 S4）和三角形壳单元 S3/S3R 采用减缩积分。而 S4 和其他三角形壳单元采用完全积分。表 2-3 对 ABAQUS/Standard 中提供的壳单元进行了总结。

表 2-3　ABAQUS/Standard 中的三类单元

一般壳单元	薄壳单元	厚壳单元
S4、S4R、S3S3R、SAX1、SAX2、SAX2T	STRI3、STRI65、S4R5、S8R5、S9R5、SAXA	S8R、S8RT

ABAQUS/Explicit 中的壳单元都是一般壳单元，具有有限的膜效应和小的膜应变公式。表 2-4 对 ABAQUS/Explicit 中提供的壳单元进行了总结。

表 2-4　ABAQUS/Explicit 中的两种壳单元

有限应变壳单元	小应变壳单元
S4R、S3/S3R、SAXI	S4RS、S4RSW、S3RS

选择壳单元的类型时可以遵循以下原则：

1）对于薄壳问题，常规壳单元的性能优于连续体壳单元；对于接触问题，连续体壳单元的计算结果更加精确，因为它能在双面接触中考虑厚度的变化。

2）如果需要考虑薄膜模式或弯曲模式的沙漏问题，或模型中有面内弯曲，在 ABAQUS/Standard 中使用 S4 单元（4 结点四边形有限薄膜应变线性完全积分壳单元）可以获得很高的精度。

3）S4R 单元（4 结点四边形有限薄膜应变线性减缩积分壳单元）性能稳定，适用范围很广。

4）S3/S3R 单元（3 结点三角形有限薄膜应变线性壳单元）可以作为通用壳单元使用。由于单元中的常应变近似，需要划分较细的网格来模拟弯曲变形或高应变梯度。

5）对于复合材料，为模拟剪切变形的影响，应使用适于厚壳的单元（如 S4、S4R、S3、S3R、S8R），并要注意检查截面是否保持平面。

6）四边形或三角形的二次壳单元对剪切自锁或薄膜自锁都不敏感，适用于一般的小应变薄壳。

7）在接触模拟中，如果必须使用二次单元，不要选择 STRI65 单元（三角形二次壳单元），而应使用 S9R5 单元（9 结点四边形壳单元）。

8）如果模型规模很大且只表现几何线性，使用 S4RS 单元（线性薄壳单元）比通用壳单元更节约计算成本。

9）在 ABAQUS/Explicit 中，如果包含任意大转动和小薄膜应变，应选用小薄膜应变单元。

关于壳单元的详细信息，请参见 ABAQUS 帮助文件 *Getting Started with ABAQUS* 第 5 章 "Using Shell Elements" 和 *ABAQUS Analysis User's Manual* 第 15.6 节 "Shell Elements"。

2.9　选择梁单元的类型

如果一个构件横截面的尺寸远小于其轴向尺度（一般为小于 1/10），并且沿长度方向的应力是最重要的因素，就可以用梁单元来模拟此结构。ABAQUS 中的所有梁单元都是梁柱类单元，即可以产生轴向变形、弯曲变形和扭转变形。Timoshenko 梁单元还考虑了横向剪切变形的影响。B21 和 B31 单元（线性梁单元）及 B22 和 B32 单元（二次梁单元）是考虑剪切变形的 Timoshenko 梁单元，它们既适用于模拟剪切变形起重要作用的深梁，又适用于模拟剪切变形不太重要的细长梁。这些单元的横截面特性与厚壳单元的横截面特性相同。

ABAQUS/Standard 中的三次单元 B23 和 B33 被称为 Euler-Bernoulli 梁单元，它们不能模拟剪切变形，但适合于模拟细长的构件（横截面的尺寸小于轴向尺度的 1/10）。由于三次单元可以模拟沿长度方向的三阶变量，所以只需划分很少的单元就可以得到精确的结果。

选择梁单元的类型可以遵循以下原则：

1）在任何包含接触的问题中，应使用 B21 或 B31 单元（线性剪切变形梁单元）。

2）如果横向剪切变形很重要，则应采用 B22 和 B32 单元（二次 Timoshenko 梁单元）。

3）在 ABAQUS/Standard 的几何非线性模拟中，如果结构非常刚硬或非常柔软，应使用杂交单元，如 B21H 和 B32H 单元。

4）如果在 ABAQUS/Standard 中模拟具有开口薄壁横截面的结构，应使用基于横截面翘曲理论的梁单元，如 B310S、B320S 单元。

关于梁单元的详细信息，请参见 ABAQUS 帮助文件 *Getting Started with ABAQUS* 第 6 章 "Using Beam Elements" 和 *ABAQUS Analysis User's Manual* 第 15.3 节 "Beam Elements"。

2.10   ABAQUS 中常用命令介绍

熟练使用 ABAQUS/CAE 中的常用工具，用户可以快捷地完成常用的操作，如模型定位、网格划分等。这些常用工具出现在除分析作业模块以外的其他所有前处理模块中，常见的常用工具有查询（Query）、集合（Set）和面（Surface）、剖分（Partition）、基准点（Datum）等。

在各个模块中可以使用的工具各有不同。

在部件模块中独有的工具是修补（Repair），分析步模块中独有的工具是过滤（Filter），相互作用和载荷模块中独有的工具是幅值（Amplitude），网格模块中独有的工具是虚拟拓扑（Virtual Topology）。下面介绍一下常用工具：

（1）查询　这是一个使用十分频繁的常用工具，查询可分为通用查询（General Queries）和模块查询（Module Queries）。使用通用查询，用户可以查询包括点/结点、距离、特征、单元、网格等数据；模块查询在部件、属性、装配和网格模块中可用，而在部件、相互作用和载荷模块中不可用。

（2）基准点　采用数据点工具，可以在模型上方便地定义点、轴、平面和坐标系，主要作用是方便定位，如可为剖分等工具提供辅助的定位点。

（3）剖分　剖分工具是 ABAQUS/CAE 中使用较频繁的工具之一。使用剖分工具可把复杂模型划分成相对简单的区域，以方便施加边界条件、载荷、划分网格和赋予不同的材料等操作。

（4）集合和面　集合和面工具可以方便地定义模型区域、边界和接触面等。在 ABAQUS/CAE 中具有两种作用在不同范围的集合和面。其中，一种是作用在整个装配件上的，可以在装配、部件、相互作用、载荷和网格（独立实体）模块中进行定义；另一种仅仅是作用在部件上的集合和面，可以在部件、属性和网格（非独立实体）模块中进行定义。

（5）显示组　在处理复杂模型时，显示组工具通过显示模型的特殊区域，可方便地施加荷载、边界条件，定义集合和面等操作。ABAQUS 在显示组工具中提供了替换、增加、去除等布尔操作，可以灵活地显示模型的特定区域。

参 考 文 献

［1］　石亦平，周玉蓉. ABAQUS 有限元分析实例详解［M］. 北京：机械工业出版社，2006.

［2］　李树栋. ABAQUS 有限元分析从入门到精通（2022 年版）［M］. 北京：机械工业出版社，2022.

［3］　Dassault Systèmes Simulia Corp. ABAQUS/CAE User's Guide［Z］. RI：Dassault Systèmes Simulia Corp.，2014.

第 3 章

ABAQUS 构件静力分析

本章主要介绍复杂受力下钢管混凝土柱与钢-混凝土组合梁的有限元建模方法，模型的优点是考虑了界面滑移以及约束作用。

3.1 钢管混凝土柱

3.1.1 轴压

（1）问题描述　钢管混凝土短柱轴压，钢管外径 500mm，柱高 1500mm，Q235 钢管和 C40 混凝土，钢管壁厚 5mm，模型名称为 CFST。

（2）启动 ABAQUS/CAE　启动 ABAQUS/CAE 后，创建新模型数据库。

（3）创建部件

1）创建钢管部件。单击左侧工具区中的"创建部件"按钮，出现"创建部件"对话框，如图 3-1 所示。在"名称"后输入"steel tube"，"模型空间"选择"三维"，"类型"选择"可变形"，"基本特征"选项组中"形状"选择"实体"，"类型"选择"拉伸"，"大约尺寸"输入"800"，单击"继续"按钮进入二维绘图界面。

在工具区单击"创建圆：圆心和圆周"按钮，在提示区输入圆心坐标（0，0），按中键确认，在提示区输入圆周上一点坐标（250，0），按中键确认，得到一个圆心坐标为（0，0），直径为 500mm 的圆；在提示区输入圆心坐标（0，0），按中键确认，在提示区输入圆周上一点坐标（245，0），按中键确认，得到一个圆心坐标为（0，0），直径为 490mm 的圆；按中键，完成外径为 500mm，壁厚为 5mm 的钢管部件二维模型的创建，如图 3-2 所示。

图 3-1　"创建部件"对话框

图 3-2　钢管二维模型

在绘图区按中键，弹出"编辑基本拉伸"对话框，如图 3-3 所示，"深度"设为"1500"，单击"确定"按钮，完成钢管三维模型的创建，视图区显示出钢管的三维模型，如图 3-4 所示。

图 3-3　"编辑基本拉伸"对话框

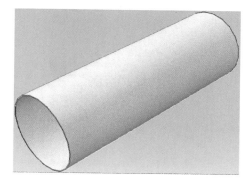

图 3-4　钢管三维模型

2）创建混凝土部件。重复上一步的操作，在"名称"后输入"concrete"，"模型空间"选择"三维"，"类型"选择"可变形"，"基本特征"选项组中"形状"选择"实体"，"类型"选择"拉伸"，"大约尺寸"输入"800"，单击"继续"按钮进入二维绘图界面。

单击"创建圆：圆心和圆周"按钮 ⊙，在提示区输入圆心坐标（0，0），按中键确认，在提示区输入圆周上一点坐标（245，0），按中键确认，得到一个圆心坐标为（0，0），直径为 490mm 的圆，如图 3-5 所示；按中键确认，完成外径为 490mm 的混凝土部件二维模型的创建。

在绘图区按中键，弹出"编辑基本拉伸"对话框，在"深度"后输入"1500"；单击"确定"按钮，完成混凝土三维模型的创建，视图区显示出混凝土的三维模型，如图 3-6 所示。

图 3-5　混凝土二维模型

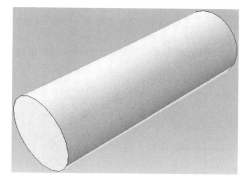

图 3-6　混凝土三维模型

3）创建盖板部件。重复上一步的操作，在"名称"后输入"plate"，"模型空间"选择"三维"，"类型"选择"可变形"，"基本特征"选项组中"形状"选择"实体"，"类型"选择"拉伸"，"大约尺寸"输入"800"，单击"继续"按钮进入二维绘图界面。

单击"创建圆：圆心和圆周"按钮 ⊙，在提示区输入圆心坐标（0，0），按中键确认，在提示区输入圆周上一点坐标（250，0），按中键确认，得到一个圆心坐标为（0，0），直径为 500mm 的圆，如图 3-7 所示；按中键，完成直径为 500mm 的盖板部件二维模型的创建。

在绘图区按中键，弹出"编辑基本拉伸"对话框，在"深度"后输入"10"，单击"确定"按钮，完成盖板三维模型的创建，视图区显示出盖板的三维模型，如图 3-8 所示。

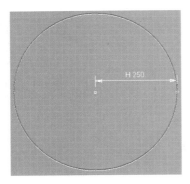

图 3-7　盖板二维模型

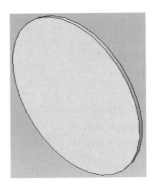

图 3-8　盖板三维模型

（4）创建材料和截面属性　在 ABAQUS/CAE 环境栏选择属性模块。

1）混凝土本构关系。在工具区单击"创建材料"按钮，弹出"编辑材料"对话框，在"名称"后输入"concrete"。单击"力学"→"弹性"→"弹性"，在"数据"列表中的"杨氏模量"设为"32489.543"，泊松比设为"0.2"，如图 3-9a 所示；单击"力学"→"塑性"→"混凝土损伤塑性"，单击"塑性"选项组，输入图 3-9b 所示数据；单击"受压行为"选项组，输入如图 3-9c 所示数据；单击"拉伸行为"选项组，输入图 3-9c 所示数据；考虑混凝土受压损伤，单击"受压行为"→"子选项"→"压缩损伤"，输入图 3-9c 所示数据；考虑混凝土拉伸损伤，单击"拉伸行为"→"子选项"→"拉伸损伤"，输入图 3-9d 所示数据；单击"确定"按钮，混凝土材料本构关系建立完成。

a）输入混凝土弹性模量和泊松比

b）输入约束混凝土三轴塑性-损伤模型中三轴参数

图 3-9　混凝土"编辑材料"对话框

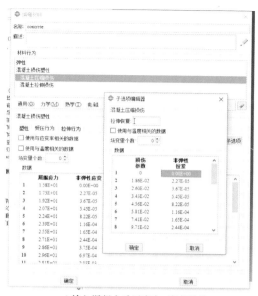

c) 输入混凝土受压应力-应变关系　　d) 输入混凝土受拉应力-应变关系

图 3-9　混凝土 "编辑材料" 对话框（续）

2）钢材本构关系。重复上一步的操作，在 "名称" 后输入 "steel"。单击 "力学" →
"弹性" → "弹性"，"杨氏模量" 输入 "200000"，"泊松比" 输入 "0.285"，如图 3-10a 所
示；单击 "力学" → "塑性" → "塑性"，输入如图 3-10b 所示数据，单击 "确定" 按钮，钢
材的本构关系建立完成。

a) 输入钢材弹性模量和泊松比　　　　b) 输入钢材应力-应变关系

图 3-10　钢材 "编辑材料" 对话框

3）刚性盖板本构关系。重复上一步的操作，在 "名称" 后输入 "rigid"。单击 "力
学" → "弹性" → "弹性"，在 "数据" 列表中的 "杨氏模量" 输入 "1e11"，泊松比输入
"1e-7"，单击 "确定" 按钮，如图 3-11 所示，盖板刚性材料本构关系建立完成。

4）创建混凝土截面。在工具区单击 "创建截面"
按钮，弹出 "创建截面" 对话框，在 "名称" 后
输入 "concrete"，"类别" 选择 "实体"，"类型" 选
择 "均质"，单击 "继续" 按钮，弹出 "编辑截面"
对话框，在 "材料" 下拉列表中选中已创建好的材料
"concrete"，单击 "确定" 按钮，混凝土截面创建完

图 3-11　盖板刚性材料弹性
模量及泊松比设置

成，如图 3-12a 所示。

5）创建钢管截面。重复上一步的操作，在"名称"后输入"steel"，在"材料"下拉列表中选择"steel"，如图 3-12b 所示。

6）创建刚性盖板截面。重复上一步的操作，在"名称"后输入"plate"，在"材料"下拉列表中选择"rigid"，如图 3-12c 所示。

a) 编辑混凝土截面

b) 编辑钢管截面

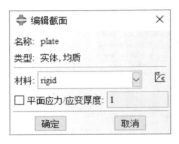
c) 编辑刚性盖板截面

图 3-12 "编辑截面"对话框

7）指派截面。在环境栏中"部件"下拉列表中选择"concrete"，单击"指派截面"按钮 ，提示区显示"选择要指派截面的区域"，单击混凝土部件，弹出"编辑截面指派"对话框，"截面"选择"concrete"，单击"确定"按钮，完成混凝土截面的指派，如图 3-13 所示。

使用相同的方法分别对钢管部件和盖板部件进行截面指派，用户操作时需仔细检查材料名称和截面属性，具体步骤不再赘述。

（5）定义装配件 在 ABAQUS/CAE 环境栏选择装配模块。

1）生成装配部件。在工具区单击"创建实例"按钮，弹出"创建实例"对话框，在"部件"下拉列表中选择"concrete""steel""plate"，"实例类型"选择"独立（网格在实例上）"，勾选"从其他的实例自动偏移"，单击"确定"按钮，重复上述操作生成第二个"plate"部件，如图 3-14 所示。

图 3-13 "编辑截面指派"对话框

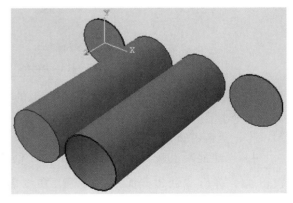
图 3-14 "concrete""steel"和两个"plate"部件

为方便后续定义接触和边界条件，接下来对模型的表面进行定义。

2）定义表面。在主菜单单击"工具"→"表面"→"创建"，弹出"创建表面"对话框，在"名称"后输入"concrete"，选择"concrete"部件外表面，如图 3-15a 所示，按中键确认；重复上述操作，在"名称"后输入"steel end"，选择"steel tube"部件内表面，如图 3-15b 所示，按中键确认；重复上述操作，在"名称"后输入"tube end"，选择"steel tube"部件和"concrete"部件两侧端面，如图 3-15c 所示，按中键确认；重复上述操作，在"名称"后输入"plate"，选择两个"plate"部件的不同侧端面，如图 3-15d 所示，按中键确认。

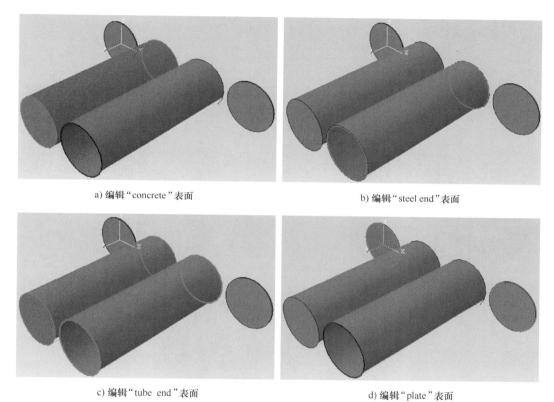

a) 编辑"concrete"表面　　　　　　　　　　b) 编辑"steel end"表面

c) 编辑"tube end"表面　　　　　　　　　　d) 编辑"plate"表面

图 3-15　定义部件表面

3）移动部件。在工具区单击"平移实例"按钮 ，在视图区选择"steel tube"部件，按中键，选择图 3-16a 所示的点 1，再单击点 2，按中键确认，即完成"steel tube"部件的平移，如图 3-16b 所示。在视图区选择"plate"部件，按中键，选择图 3-16c 所示的点 1，再单击点 2，按中键确认，即完成"plate"部件的平移。在视图区选择"plate""steel tube"和"concrete"部件，按中键，选择图 3-16d 所示的点 1，再单击点 2，按中键确认。装配完成的 CFST 模型如图 3-16e 所示。

4）定义集。在工具区单击"创建基准平面：从主平面偏移"按钮 ，提示区显示"偏移参考的柱平面"，单击 YZ平面 按钮，按中键确认；再单击 XZ平面 按钮，按中键确认，如图 3-17a 所示。

长按工具区的 按钮后选中 按钮，提示区显示"选择要拆分的几何元素"，在视图区全选 CFST 柱模型，按中键确认后单击基准平面，再次按中键确认；重复上述操作，选择

a) 平移"steel tube"部件

b)"steel tube"部件平移完成

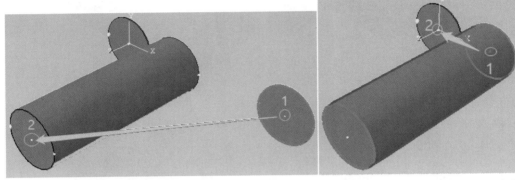

c) 平移"plate"部件

d) 平移"concrete""steel tube"和"plate"部件

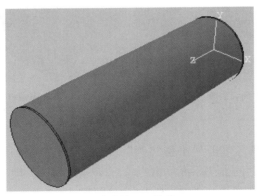

e) 装配完成的CFST模型

图 3-16   各部件的移动

另一个基准平面，按中键确认，完成对 CFST 模型的切割，切割完成后的模型如图 3-17b 所示。

在主菜单单击"工具"→"集"→"创建"，弹出"创建集"对话框，在"名称"后输入"Load"，在视图区选择图 3-18a 所示的盖板上表面圆心点，按中键确认；重复上述操作，在"名称"后输入"Fix"，在视图区选择图 3-18b 所示的盖板下表面圆心点，按中键确认。

（6）设置分析步   在 ABAQUS/CAE 环境栏选择分析步模块。

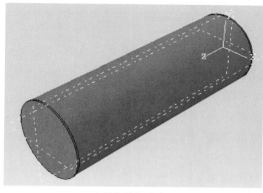

a) 创建基准平面

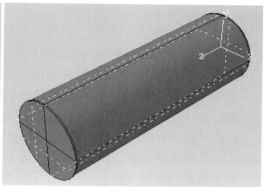

b) 根据基准平面切割模型

图 3-17　切割模型

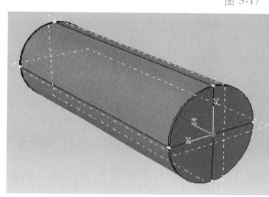

a) 定义集"Load"

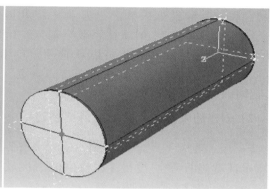

b) 定义集"Fix"

图 3-18　定义集

1）创建分析步。在工具区单击"创建分析步"按钮，弹出"创建分析步"对话框，在"名称"后输入"Step-1"，"类型"选择"通用"→"静力，通用"，单击"继续"按钮，弹出"编辑分析步"对话框，"几何非线性"选择"开"，单击"增量"选项卡，输入图 3-19 所示数据，单击"确定"按钮。

2）创建历程输出。在工具区单击"创建历程输出"按钮，弹出"创建历程"对话框，单击"继续"按钮，弹出"编辑历程输出请求"对话框，"作用域"选择"集"→"Load"，"输出变量"选中"作用力/反作用力"→"RF，反作用力和力矩"→"RF3"，选中"位移/速度/加速度"→"U，平移和转动"→"U3"，如图 3-20 所示，单击"确定"按钮完成历程输出设置。

图 3-19　"编辑分析步"对话框

（7）定义相互作用和约束　在 ABAQUS/CAE 环境栏中选择相互作用模块。

1）创建相互作用。在工具区单击"创建相互作用"按钮，弹出"创建相互作用"

对话框，在"可用于所选分析步类型"中选择"表面与表面接触（Standrad）"，单击"继续"按钮，提示区显示"选择主表面"，在提示区单击 表面 按钮，在弹出的"区域选择"对话框中选择定义好的"steel tube"，单击"确定"按钮；提示区显示"选择从表面类型"，单击 表面 按钮，在弹出的"区域选择"对话框中选择定义好的"concrete"，单击"确定"按钮；弹出"编辑相互作用"对话框，在"从结点/表面调整"一栏中选择"只为调整到删除过盈"；单击"创建相互作用属性"按钮 ，弹出"创建相互作用属性"对话框，"类型"选择"接触"，单击"继续"按钮，弹出"编辑接触属性"对话框，单击"力学"→"切向行为，摩擦公式"选择"罚"，"摩擦系数"输入"0.5"；单击"力学"→"法向行为"，保持默认选项，单击"确定"按钮，完成接触属性设置；再次单击"确定"按钮完成相互作用设置。

图 3-20　"编辑历程输出请求"对话框

2）创建约束。在工具区单击"创建约束"按钮 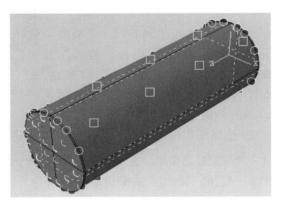，弹出"创建约束"对话框，"类型"选择"绑定"，单击"继续"按钮，提示区显示"选择主表面类型"，选择 表面 ，单击提示区右侧的 表面... 按钮，在弹出的"区域选择"对话框中选择设置好的表面"plate"，单击"继续"按钮，提示区显示"选择从表面类型"，选择 表面 ，在弹出的"区域选择"对话框中选择设置好的表面"tube end"，单击"继续"按钮，弹出"编辑约束"对话框，保持默认选项，单击"确认"按钮，完成盖板和钢管混凝土上、下表面的绑定约束。

定义相互作用和约束后的 CFST 模型如图 3-21 所示。

（8）定义载荷和边界条件　在 ABAQUS/CAE 环境栏选择载荷模块。

在工具区单击"创建边界条件"按钮 ，弹出"创建边界条件"对话框，"分析步"选择"Initial"，"类别"选择"力学"，"可用于所选分析步的类型"选择"对称/反对称/完全固定"，如图 3-22a 所示，单击"继续"按钮；在弹出的"区域选择"对话框中选择定义好的集"Fix"，单击"继续"按钮；在弹出的"编辑边界条件"对话框中勾选"完全固定"，如图 3-22b 所示，单击"确认"按钮，完成边界条件 BC-1 的定义。在工具区单击"创建边界条件"按钮 ，弹出"创建边界条件"对话框，"分析步"选择"Step-1"，"类别"选择"力学"，"可用于所选分析步的类型"选择"位移/转角"，如图 3-22c 所示，单

图 3-21　定义相互作用和约束后的 CFST 模型

击"继续"按钮；在弹出的"区域选择"对话框中选择定义好的集"Load"，单击"继续"按钮；在弹出的"编辑边界条件"对话框中输入图 3-22d 所示的参数，单击"确认"按钮完成边界条件 BC-2 的定义。定义边界条件后的 CFST 模型如图 3-23 所示。

a) 对集"Fix"创建边界条件　b) 编辑边界条件(完全固定)　c) 对集"Load"创建边界条件　d) 编辑边界条件(U1=U2=0,U3=60)

图 3-22　定义边界条件

（9）划分网格　在 ABAQUS/CAE 环境栏选择网格模块。

单击工具区"为部件实例布种"按钮，在视图区全选模型，按中键，弹出"全局种子"对话框，在"近似全局尺寸"后输入"50"，如图 3-24 所示，单击"确定"按钮，布种后的 CFST 模型如图 3-25 所示。单击工具栏"为部件实例划分网格"按钮，在视图区全选模型，按中键确认。划分网格后的模型如图 3-26 所示。

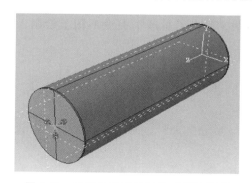

图 3-23　定义边界条件后的 CFST 模型

图 3-24　"全局种子"对话框

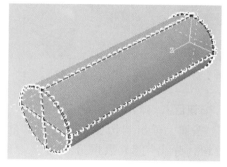

图 3-25　布种后的 CFST 模型

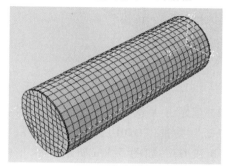

图 3-26　划分网格后的模型

（10）提交分析作业　在 ABAQUS/CAE 环境栏选择作业模块。

单击工具区"创建作业"按钮![icon]，弹出"创建作业"对话框，在"名称"后输入"CFST"，如图 3-27a 所示；单击"继续"按钮，弹出"编辑作业"对话框，单击"并行"选项卡，勾选"使用多个处理器"，用户根据所用计算机处理器型号自行选择处理器个数，如图 3-27b 所示；单击"确定"按钮，完成创建作业。单击工具栏"作业管理器"按钮![icon]，弹出"作业管理器"对话框，单击"提交"按钮，如图 3-27c 所示，等待作业运行完成即可。

a) 创建作业

b) 设置多个处理器

c) 提交作业

图 3-27　作业的创建和提交

（11）后处理　等待作业运行完成后，在"作业管理器"对话框中单击"结果"按钮，自动进入可视化模块。

1）显示变形云图。图 3-28 所示为变形前的模型，单击工具区"在变形图上绘制云图"按钮![icon]，视图区显示变形后的模型，如图 3-29 所示。

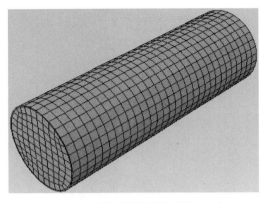

图 3-28　变形前的模型

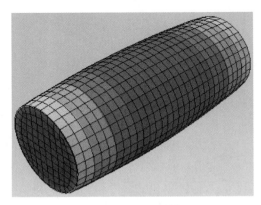

图 3-29　变形后的模型

2）显示 X-Y 图。单击工具区"创建 XY 数据"按钮![icon]，弹出"创建 XY 数据"对话框，"源"勾选"ODB 历程变量输出"；单击"继续"按钮，弹出"历程输出"对话框，选择 RF3 和 U3，如图 3-30a 所示；单击"另存为"按钮，弹出"XY 数据另存为"对话框，单击"确定"按钮。再次单击工具区"创建 XY 数据"按钮![icon]，在"创建 XY 数据"对话

a) 历程输出荷载和位移

b) 合并荷载和位移曲线

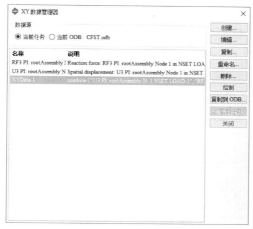

c) 得到荷载-位移曲线

图 3-30　操作 XY 数据

框中勾选"操作 XY 数据"；单击"继续"按钮，弹出"操作 XY 数据"对话框，在"运操作符"选项组中选择"combine（X，X）"，在"XY 数据"选项组中分别双击 U3 和 RF3，如图 3-30b 所示；单击"另存为"按钮，得到 XYData-1 曲线，即该 CFST 轴压短柱的荷载-位移曲线。单击工具区"创建 XY 数据管理器"按钮，在弹出的"XY 数据管理器"对话框中选择"XYData-1"，单击右侧"绘制"按钮，如图 3-30c 所示，生成该 CFST 轴压短柱的荷载-位移曲线，如图 3-31 所示。

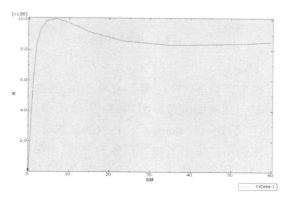

图 3-31　CFST 轴压短柱荷载-位移曲线

3.1.2 偏压

（1）问题描述　圆钢管混凝土柱偏压，钢管外径 500mm，柱高 1500mm，Q235 钢管和 C40 混凝土，钢管壁厚 5mm，模型名称：CFST-PY。

（2）启动 ABAQUS/CAE　启动 ABAQUS/CAE 后，创建新模型数据库。

（3）创建部件、创建材料和截面属性、定义装配件　创建部件、创建材料和截面属性、定义装配件等步骤参照第 3.1.1 节。

（4）定义集　参考第 3.1.1 节，使用相同的方法对 CFST-PY 模型进行切割后，在工具区单击"创建基准平面：从主平面偏移"按钮，提示区显示"偏移参考的柱平面"；单击 YZ平面 按钮，提示区显示"偏移"，输入"10"，按中键确认。长按工具区 按钮后选中，提示区显示"选择偏移所参照的平面"；在视图区单击盖板下表面，此时提示区显示"怎样设定偏移"；选择 输入大小 ，提示区显示"箭头所指为偏移方向"；选择 翻转 ，按中键确认；在提示区输入"760"，按中键确认，完成基准面的偏移。偏移后的新基准面如图 3-32a 所示。

长按工具区 按钮后选中 按钮，提示区显示"选择要拆分的几何元素"；在视图区全选 CFST-PY 柱模型，按中键确认；单击"上一步"按钮，完成偏移后基准平面；再次按中键确认，完成对 CFST-PY 模型的切割，切割后的 CFST-PY 模型如图 3-32b 所示。

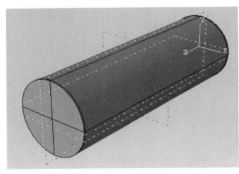
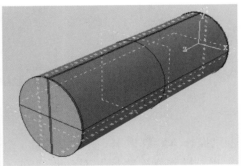

a）采用"偏移"创建平面　　　　　b）切割CFST-PY模型

图 3-32　切割模型

在主菜单单击"工具"→"集"→"创建"，弹出"创建集"对话框，在"名称"后输入"Load"，在视图区选择图 3-33a 所示的盖板上表面的线，按中键确认；重复上述操作，在"名称"后输入"Bottom"，在视图区选择图 3-33b 所示的盖板下表面的线，按中键确认；重复上述操作，在"名称"后输入"U"，在视图区选择图 3-33c 所示的点，按中键确认。

（5）设置分析步　在 ABAQUS/CAE 环境选择分析步模块。

1）创建分析步。创建分析步的具体操作参考第 3.1.4 节。

2）创建历程输出。在工具区单击"创建历程输出"按钮，弹出"创建历程"对话框，单击"继续"按钮，弹出"编辑历程输出请求"对话框，"作用域"选择"集"→

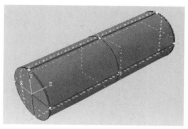

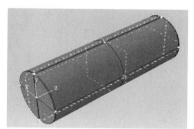

a) 定义集"Load"　　　　　　　b) 定义集"Bottom"　　　　　　　c) 定义集"U"

图 3-33　定义集

"Load"，"输出变量"选中"作用力/反作用力"→"RF，反作用力和力矩"→"RF3"，如图 3-34a 所示，单击"确定"按钮；重复上述操作，作用域选择"集"→"U"，选中"位移/速度/加速度"→"U，平移和转动"→"U1"，如图 3-34b 所示，单击"确定"按钮完成历程输出设置。

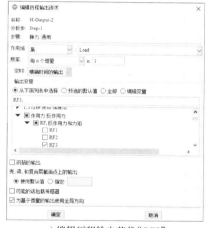

a) 编辑历程输出荷载"RF3"　　　　　　b) 编辑历程输出挠度"U"

图 3-34　"编辑历程输出请求"对话框

（6）定义相互作用和约束　在 ABAQUS/CAE 环境栏选择相互作用模块。定义相互作用和约束的具体操作参考第 3.1.3 节。

（7）定义载荷和边界条件　在 ABAQUS/CAE 环境栏选择载荷模块。在工具区单击"创建边界条件"按钮，弹出"创建边界条件"对话框，"分析步"选择"Initial"，"类别"选择"力学"，"可用于所选分析步的类型"选择"位移/转角"，单击"继续"按钮，在弹出的"区域选择"对话框中选择定义好的集"Bottom"；单击"继续"按钮，在弹出的"编辑边界条件"对话框中勾选"U1""U2"和"U3"，如图 3-35a 所示；单击"确认"按钮，完成边界条件"BC-1"的定义。重复上述操作，"分析步"选择"Step-1"，选择集"Load"，按图 3-35b 所示输入数据；单击"确认"按钮，完成边界条件"BC-2"的定义。定义边界条件后的 CFST-PY 模型如图 3-36 所示。

a) 设置 "Bottom"
U1 = U2 = U3 = 0

b) 设置 "Load"
U1 = U2 = 0，U3 = 60

图 3-35　定义边界条件

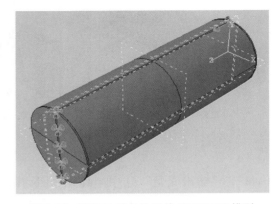

图 3-36　定义边界条件后的 CFST-PY 模型

（8）划分网格　在 ABAQUS/CAE 环境栏选择网格模块。网格划分的具体操作参考第3.1.1 节。

（9）提交分析作业　在 ABAQUS/CAE 环境栏选择作业模块。单击工具区"创建作业"按钮，弹出"创建作业"对话框，在"名称"后输入"CFST-PY"；单击"继续"按钮，弹出"编辑作业"对话框；单击"并行"选项卡，勾选"使用多个处理器"，用户根据自身计算机处理器型号自行选择处理器个数；单击"确定"按钮，完成创建作业。单击工具栏"作业管理器"按钮，弹出"作业管理器"对话框；单击"提交"按钮，等待作业运行完成即可。

（10）后处理　等待作业运行完成后，在"作业管理器"对话框中单击"结果"按钮，自动进入可视化模块。

1）显示变形云图。图 3-37 所示为变形前的模型，单击工具区"在变形图上绘制云图"按钮，视图区显示变形后的模型，如图 3-38 所示。

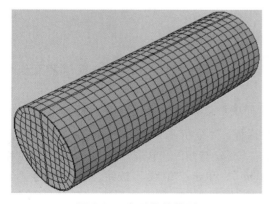

图 3-37　变形前的模型

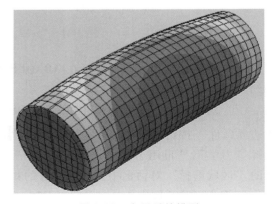

图 3-38　变形后的模型

2）显示 X-Y 图。单击工具区"创建 XY 数据"按钮，弹出"创建 XY 数据"对话框，勾选"ODB 历程变量输出"；单击"继续"按钮，弹出"历程输出"对话框，全选

RF3，如图 3-39a 所示；单击"另存为"按钮，弹出"XY 数据另存为"对话框，选择 sum，如图 3-39b 所示；单击"确定"按钮。重复上述操作输出挠度 U1，如图 3-39c 所示。再次单击工具区"创建 XY 数据"按钮 ，在"创建 XY 数据"对话框中勾选"操作 XY 数据"；单击"继续"按钮，弹出"操作 XY 数据"对话框，在"运操作符"选项组中选择"combine（X，X）"，在"XY 数据"选项组中分别双击"U1"和"RF3"行数据；单击"另存为"按钮，得到 XYData-1 曲线，即 CFST-PY 模型的荷载-挠度曲线。单击工具区"创建 XY 数据管理器"按钮 ，在弹出的"XY 数据管理器"对话框中选择"XYData-1"；单击右侧"绘制"按钮，生成该 CFST 轴压短柱的荷载-位移曲线，如图 3-40 所示。

a) 历程输出全选"RF3"　　　　　b) 将"RF3"求和　　　　　c) 历程输出"U1"

图 3-39　历程输出承载力和挠度

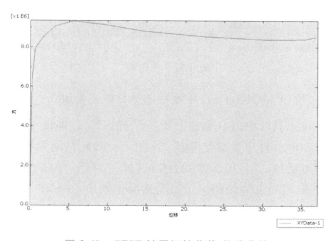

图 3-40　CFST 轴压短柱荷载-位移曲线

3.1.3　纯扭

（1）问题描述　圆钢管混凝土柱纯扭，钢管外径 500mm，柱高 1500mm，Q235 钢管和 C40 混凝土，钢管壁厚 5mm，模型名称：CFST-CN。

（2）启动 ABAQUS/CAE　启动 ABAQUS/CAE 后，创建新模型数据库。

（3）创建部件、创建材料和截面属性、定义装配件　创建部件、创建材料和截面属性、定义装配件等步骤参照第 3.1.1 节。

（4）定义集

1）在主菜单单击"工具"→"参考点"，提示区显示"选择一点作为参考点……"，输入（0，0，-100）；按中键确认生成参考点 RP-1，再单击模型底部盖板圆心生成参考点 RP-2，如图 3-41 所示。

2）在主菜单单击"工具"→"集"→"创建"，弹出"创建集"对话框，在"名称"后输入"Load"，在视图区选择参考点 RP-1，如图 3-42a 所示；按中键确认。重复上述操作，在"创建集"对话框，在"名称"后输入"Fix"，在视图区选择 CFST-CN 柱模型底部盖板下表面，如图 3-42b 所示；按中键确认。

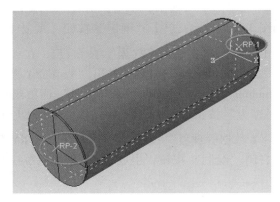

图 3-41　设置参考点

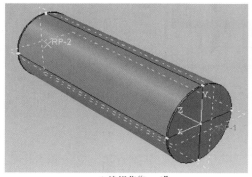

a) 编辑集"Load"

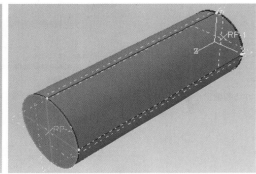

b) 编辑集"Fix"

图 3-42　创建集

（5）设置分析步　在 ABAQUS/CAE 环境栏选择分析步模块。

1）创建分析步。在工具区单击"创建分析步"按钮，弹出"创建分析步"对话框，在"名称"后输入 Step-1，"程序类型"选择"通用"→"静力,通用"；单击"继续"按钮，弹出"编辑分析步"对话框，"几何非线性"选择"开"；单击"增量"选项卡，输入图 3-43a 所示数据；单击"确定"按钮。重复上述操作创建 Step-2，如图 3-43b 所示。

a) 编辑分析步"Step-1"

b) 编辑分析步"Step-2"

图 3-43　"编辑分析步"对话框

2）创建积分输出截面。在菜单栏单击"输出"→"综合输出部分"→"创建"，弹出"创建积分输出截面"对话框；单击"继续"按钮，提示区显示"选择表面"，选择柱模型底部盖板下表面，如图 3-44 所示；按中键，弹出"编辑积分输出截面"对话框，勾选"锚定在参考点"并单击其右侧的 ⬉ 按钮，如图 3-45 所示，此时提示区显示"选择点"，在视图区单击参考点 RP-2；在再次弹出的"编辑积分输出截面"对话框单击"确定"按钮，完成积分输出截面的创建。

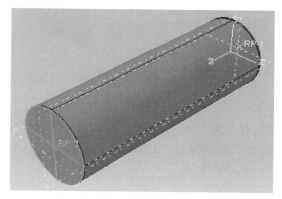

图 3-44　选择表面

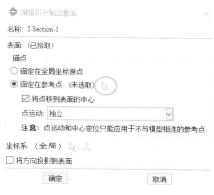

图 3-45　"编辑积分输出截面"对话框

3）创建历程输出。在工具区单击"创建历程输出"按钮，弹出"创建历程"对话框；单击"继续"按钮，弹出"编辑历程输出请求"对话框，"作用域"选择"集"→"Load"，"输出变量"勾选"位移/速度/加速度"→"U，平移和转动"→"UR3、RM3"，如图 3-46 所示；单击"确定"按钮。

（6）定义相互作用和约束　在 ABAQUS/CAE 环境栏选择相互作用模块。

1）创建相互作用。创建钢管（steel tube）部件和混凝土（concrete）部件相互作用的具体操作参考第 3.1.1 节。

2）创建约束。创建盖板部件和钢管部件、混凝土部件绑定约束的具体操作参考第 3.1.1 节。在工具区单击"创建约束"按钮，弹出"创建约束"对话框，"类型"选择"耦合"；单击"继续"按钮，提示区显示"选择约束控制点"，单击提示区右侧的 集… 按钮，在弹出的"区域选择"对话框中选择设置好的集"Load"；单击"继续"按钮，提示区显示"选择约束区域类型"，选择 表面，

图 3-46　创建历程输出

在视图区中选择 CFST-YN 柱模型顶部盖板的上表面；单击"继续"按钮，弹出"编辑约束"对话框，"Coupling 类型"勾选"连续分布"，如图 3-47 所示；单击"确认"按钮，完成集"Load"和 CFST-CN 柱模型顶部盖板表面的耦合约束。

（7）定义载荷和边界条件　在 ABAQUS/CAE 窗口顶部的环境栏中，选择进入载荷模块。

在工具区单击"创建边界条件"按钮，弹出"创建边界条件"对话框，"分析步"选择"Initial"，"类别"选择"力学"，"可用于所选分析步的类型"选择"对称/反对称/完全固定"，如图 3-48a 所示；单击"继续"按钮，在弹出的"区域选择"对话框中选择定义好的集"Fix"；单击"继续"按钮，在弹出的"编辑边界条件"对话框中勾选"完全固定"，如图 3-48b 所示；单击"确认"按钮，完成边界条件 BC-1 的定义。重复上述操作，"分析步"选择"Step-2"，"可用于所选分析步的类型"选择"位移/转角"，如图 3-48c 所示，在弹出的"区域选择"对话框中选择定义好的集"Load"；

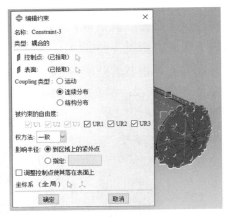

图 3-47　编辑耦合约束

单击"继续"按钮，在弹出的"编辑边界条件"对话框中勾选"UR3"，输入"0.4"，如图 3-48d 所示；单击"确认"按钮，完成边界条件 BC-2 的定义。

a) 编辑"Fix"边界条件　　　b) 设置为"完全固定"　　　c) 编辑"Load"边界条件　　　d) 施加扭矩

图 3-48　定义边界条件

（8）划分网格　在 ABAQUS/CAE 环境栏选择网格模块。网格划分的具体操作参考第 3.1.1 节。

（9）提交分析作业　在 ABAQUS/CAE 环境栏选择作业模块。

单击工具区"创建作业"按钮，弹出"创建作业"对话框，在"名称"后输入"CFST-CN"；单击"继续"按钮，弹出"编辑作业"对话框；单击"并行"选项卡，勾选"使用多个处理器"，用户根据自身计算机处理器型号自行选择处理器个数；单击"确定"按钮，完成创建作业。单击工具栏"作业管理器"按钮，弹出"作业管理器"对话框；单击"提交"按钮，等待作业运行完成即可。

（10）后处理　等待作业运行完成后，在"作业管理器"对话框中单击"结果"按钮，自动进入可视化模块。

1）显示变形云图。图 3-49 为变形前的模型，单击工具区"在变形图上绘制云图"按钮，视图区显示变形后的模型，如图 3-50 所示。

图 3-49　变形前的模型

图 3-50　变形后的模型云图

2）显示 X-Y 图。单击工具区"创建 XY 数据"按钮，弹出"创建 XY 数据"对话框，勾选"ODB 历程变量输出"；单击"继续"按钮，弹出"历程输出"对话框，选择 UR3 和 RM3，如图 3-51 所示；单击"另存为"按钮，弹出"XY 数据另存为"对话框；单击"确定"按钮。再次单击工具区"创建 XY 数据"按钮，在"创建 XY 数据"对话框中勾选"操作 XY 数据"；单击"继续"按钮，弹出"操作 XY 数据"对话框，在"运操作符"选项组中选择"combine（X，X）"，在"XY 数据"选项组中分别双击 UR3 和 RM3；单击"另存为"按钮，得到 XYData-1 曲线，即 CFST-CN 模型的扭矩-转角曲线。单击工具区"创建 XY 数据管理器"按钮，在弹出的"XY 数据管理器"对话框中选择"XYData-1"；单击右侧"绘制"按钮，生成该 CFST 轴压短柱的扭矩-转角曲线，如图 3-52 所示。

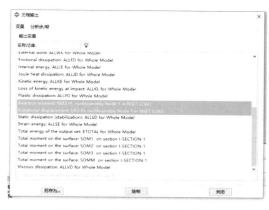
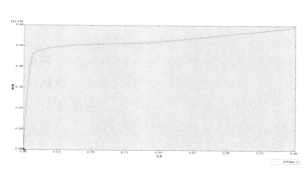

图 3-51　历程输出扭矩和转角

图 3-52　扭矩-转角曲线

3.1.4　压扭

（1）问题描述　圆钢管混凝土柱压扭，钢管外径 500mm，柱高 1500mm，Q235 钢管和 C40 混凝土，钢管壁厚 5mm，轴压比为 0.5，轴力经计算为 3701594 N，模型名称：

CFST-YN。

（2）启动 ABAQUS/CAE　启动 ABAQUS/CAE 后，创建新模型数据库。

（3）创建部件、创建材料和截面属性、定义装配件　创建部件、创建材料和截面属性、定义装配件参照第 3.1.1 节。

（4）定义集　在主菜单单击"工具"→"参考点"，提示区显示"选择一点作为参考点……"，输入（0，0，-100），按中键确认生成参考点 RP-1，再单击模型底部盖板圆心生成参考点 RP-2，如图 3-53 所示。

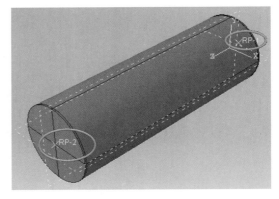

图 3-53　设置参考点

在主菜单单击"工具"→"集"→"创建"，弹出"创建集"对话框，在"名称"后输入"Load"，在视图区选择参考点 RP-1，如图 3-54a 所示，按中键确认。重复上述操作，在"创建集"对话框"名称"后输入"Fix"，在视图区选择 CFST-YN 柱模型底部盖板下表面，如图 3-54b 所示，按中键确认。

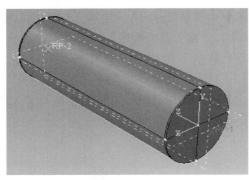

a) 编辑集"Load"

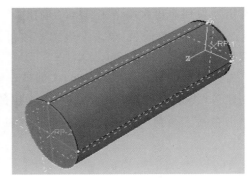

b) 编辑集"Fix"

图 3-54　创建集

（5）设置分析步　在 ABAQUS/CAE 环境栏选择分析步模块。

1）创建分析步。在工具区单击"创建分析步"按钮 ●▪，弹出"创建分析步"对话框，在"名称"后输入"Step-1"，"程序类型"选择"通用"→"静力，通用"；单击"继续"按钮，弹出"编辑分析步"对话框，"几何非线性"选择"开"，单击"增量"选项卡，输入如图 3-55a 所示数据，单击"确定"按钮。重复上述操作创建 Step-2，如图 3-55b 所示。

2）创建积分输出截面。在菜单栏单击"输出"→"综合输出部分"→"创建"，弹出"创建积分输出截面"对话框，单击"继续"按钮，提示区显示"选择表面"，选择 CFST-YN 柱模型底部盖板下表面，如图 3-56 所示；按中键，弹出"编辑积分输出截面"对话框，勾选"锚定在参考点"并单击其右侧的 ▷ 按钮，如图 3-57 所示；此时提示区显示"选择点"，在视图区单击参考点 RP-2，在再次弹出的"编辑积分输出截面"对话框单击"确定"按钮，完成积分输出截面的创建。

a) 编辑分析步"Step-1"　　　　　　　　　　b) 编辑分析步"Step-2"

图 3-55　"编辑分析步"对话框

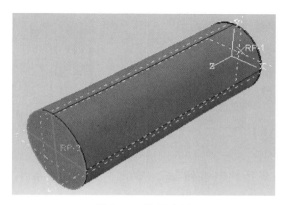

图 3-56　选择表面

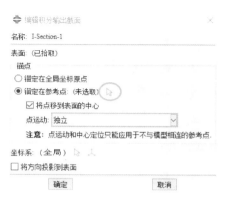

图 3-57　"编辑积分输出截面"对话框

3）创建历程输出。在工具区单击"创建历程输出"按钮 ，弹出"创建历程"对话框；单击"继续"按钮，弹出"编辑历程输出请求"对话框，"作用域"选择集"Load"，"输出变量"勾选"位移/速度/加速度"→"U，平移和转动"→"UR3"，如图 3-58a 所示，单击"确定"按钮。再次单击"创建历程输出"按钮 ，弹出"创建历程"对话框；单击"继续"按钮，弹出"编辑历程输出请求"对话框，"作用域"选择"积分输出截面"→"I-

a) 编辑历程输出"UR3"　　　　　　　　　　b) 编辑历程输出"SOM"

图 3-58　创建历程输出

Section-1",勾选"作用力/反作用力"→"SOM,表面上的总力矩",如图 3-58b 所示;单击"确定"按钮,完成历程输出的创建。

(6)定义相互作用和约束 在 ABAQUS/CAE 环境栏选择相互作用模块。

1)创建相互作用。创建钢管部件和混凝土部件相互作用的具体操作参考第 3.1.1 节。

2)创建约束。创建盖板部件和钢管部件、混凝土部件绑定约束的具体操作参考第 3.1.1 节。在工具区单击"创建约束"按钮，弹出"创建约束"对话框,"类型"选择"耦合";单击"继续"按钮,提示区显示"选择约束控制点",单击提示区右侧的 集... 按钮,在弹出的"区域选择"对话框中选择设置好的集"Load";单击"继续"按钮,提示区显示"选择约束区域类型",选择 表面 ,在视图区中选择 CFST-YN 柱模型顶部盖板的上表面;单击"继续"按钮,弹出"编辑约束"对话框,"Coupling 类型"勾选"连续分布",如图 3-59 所示;单击"确认按钮",完成集"Load"和 CFST-YN 柱模型顶部盖板表面的耦合约束。

(7)定义载荷和边界条件 在 ABAQUS/CAE 环境栏选择载荷模块。

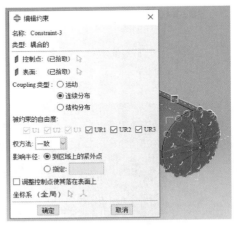

图 3-59 编辑耦合约束

1)定义边界条件。在工具区单击"创建边界条件"按钮，弹出"创建边界条件"对话框,"分析步"选择"Initial","类别"选择"力学","可用于所选分析步的类型"选择"对称/反对称/完全固定",如图 3-60a 所示;单击"继续"按钮,在弹出的"区域选择"对话框中选择定义好的集"Fix";单击"继续"按钮,在弹出的"编辑边界条件"对话框中勾选"完全固定",如图 3-60b 所示;单击"确定"按钮,完成边界条件 BC-1 的定义。重复上述操作,"分析步"选择"Step-2","可用于所选分析步的类型"选择"位移/转角",如图 3-60c 所示,在弹出的"区域选择"对话框中选择定义好的集"Load";单击"继续"按钮,在弹出的"编辑边界条件"对话框中勾选"UR3",输入"0.4",如

a) 编辑"Fix"边界条件   b) 设置为"完全固定"   c) 编辑"Load"边界条件   d) 施加弯矩扭矩

图 3-60 定义边界条件

图 3-60d 所示；单击"确认"按钮，完成边界条件 BC-2 的定义。

2）定义载荷。在工具区单击"创建载荷"按钮，弹出"创建载荷"对话框，在"名称"后输入"Load-1"，"分析步"选择"Step-1"，"类别"选择"力学"，"可用于所选分析步的类型"选择"集中力"，如图 3-61a 所示；单击"继续"按钮，在弹出的"区域选择"对话框中选择定义好的集"Load"；单击"继续"按钮，在弹出的"编辑载荷"对话框中按图 3-61b 所示输入数据，单击"确定"按钮，完成载荷的定义。

a) 施加"集中力"　　　　b) 设置"集中力"大小

图 3-61　定义载荷

（8）划分网格　在 ABAQUS/CAE 环境栏选择网格模块。网格划分的具体操作参考第 3.1.1 节。

（9）提交分析作业　在 ABAQUS/CAE 环境栏，选择作业模块。单击工具区"创建作业"按钮，弹出"创建作业"对话框，在"名称"后输入"CFST-YN"；单击"继续"按钮，弹出"编辑作业"对话框；单击"并行"选项卡，勾选"使用多个处理器"，用户根据自身计算机处理器型号自行选择处理器个数；单击"确定"按钮，完成创建作业。单击工具栏"作业管理器"按钮，弹出"作业管理器"对话框；单击"提交"按钮，等待作业运行完成即可。

（10）后处理　等待作业运行完成后，在"作业管理器"对话框中单击"结果"按钮，自动进入可视化模块。

1）显示变形云图。图 3-62 为变形前的模型，单击工具区"在变形图上绘制云图"按钮，视图区显示变形后的模型，如图 3-63 所示。

图 3-62　变形前的模型

图 3-63　变形后的模型

2）显示 X-Y 图。单击工具区"创建 XY 数据"按钮 ，弹出"创建 XY 数据"对话框，"源"勾选"ODB 历程变量输出"；单击"继续"按钮，弹出"历程输出"对话框，选择 UR3 和 SOM3，如图 3-64 所示；单击"另存为"按钮，弹出"XY 数据另存为"对话框；单击"确定"按钮。再次单击工具区"创建 XY 数据"按钮，在"创建 XY 数据"对话框中勾选"操作 XY 数据"；单击"继续"按钮，弹出"操作 XY 数据"对话框，在"运操作符"选项组中选择"combine（X，X）"，在"XY 数据"选项组中分别双击"UR3"和"SOM3"所在行，单击"另存为"按钮，得到 XYData-1 曲线，即 CFST-YN 模型的扭矩-转角曲线。单击工具区"创建 XY 数据管理器"按钮，在弹出的"XY 数据管理器"对话框中选择"XYData-1"，单击右侧"绘制"按钮，生成该 CFST 轴压短柱的扭矩-转角曲线，如图 3-65 所示。

图 3-64 "历程输出"对话框

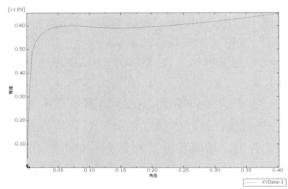

图 3-65 扭矩-转角曲线

3.2 钢-混凝土组合梁

3.2.1 受弯与受剪

（1）问题描述 工字钢-混凝土组合简支梁，基本参数见表 3-1。图 3-66 所示为受弯组合梁加载示意图，两端简支，对称加载。

表 3-1 工字钢-混凝土组合简支梁基本参数

L/m	w_c/mm	h_c/mm	w_s/mm	h_s/mm	d_s/mm	l_s/mm	f_{cu}/MPa	f_s/MPa	栓钉布置
12.0	2200	150	400	500	19	70	40	345	双排

注：L 为跨度，w_c、h_c 分别为混凝土板宽度、厚度，h_s、w_s 分别为钢梁高度、翼缘宽度，d_s、l_s 分别为栓钉直径、长度，f_{cu} 为混凝土强度，f_s 为钢材屈服强度。

（2）启动 ABAQUS/CAE 启动 ABAQUS/CAE 后，创建新模型数据库。

（3）创建部件

1）混凝土。单击左侧工具区中的 按钮，弹出"创建部件"对话框，如图 3-67 所示。在"名称"后输入"Concrete"，将"模型空间"设为三维，"形状"设为"实体"，"类型"选择"拉伸"，"大约尺寸"可根据需求调整，本例输入"2000"，单击"继续"按钮，

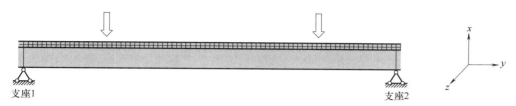

图 3-66　受弯组合梁加载示意图

进入二维绘图界面。

单击工具区直线工具  按钮，在提示区依次输入 X、Y 坐标（−1100，0）、（1100，0）、（1100，150）、（−1100，150），按中键确认，完成混凝土二维图形绘制，如图 3-68 所示。按中键确认进入"编辑基本拉伸"对话框，如图 3-69 所示，设置拉伸"深度"为"12200"（净跨 12000mm+两端伸出长度 100mm），单击"确定"按钮，完成混凝土板二维图形至三维模型的创建，如图 3-70 所示。

图 3-67　"创建部件"
对话框（混凝土）

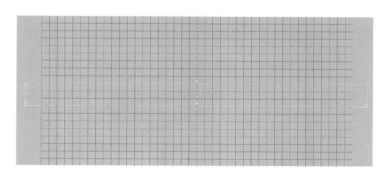

图 3-68　混凝土板二维模型

图 3-69　"编辑基本拉伸"对话框

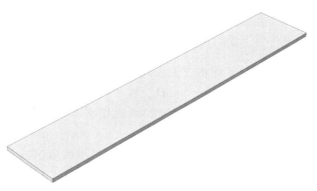

图 3-70　混凝土板三维模型

2）钢梁。单击左侧工具区中的 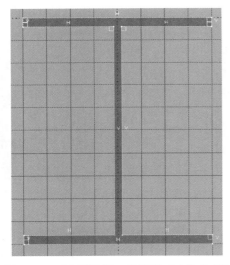 按钮，弹出"创建部件"对话框，在"名称"后输入"H"，将"模型空间"设为"三维"，"形状"设为"实体"，"类型"选择"拉伸"，"大约尺寸"可根据需求调整，本例输入"2000"，单击"继续"按钮，进入二维绘图界面。

单击工具区直线工具 按钮，在提示区依次输入 X、Y 坐标（200，0）、（200，−20）、（8，−20）、（8，−480）、（200，−480）、（200，−500）、（−200，−500）、（−200，−480）、（−8，−480）、（−8，−20）、（−200，−20）、（−200，0），连至坐标（200，0），完成钢梁的绘制，按中键，完成实体单元钢梁二维图形绘制，如图 3-71 所示。

若要绘制壳单元钢梁，单击左侧工具区中的 按钮，弹出"创建部件"对话框，在"名称"后输入"Steel beam"，将"模型空间"设为"三维"，"形状"设为"壳"，"类型"选择"拉伸"，"大约尺寸"可根据需求调整，本例输入"2000"，单击"继续"按钮，进入二维绘图界面。

单击工具区直线工具 按钮，在提示区依次输入 X、Y 坐标（200，0）、（−200，0）连成上翼缘，坐标（0，0）、（0，−500）连成腹板，坐标（200，−500）、（−200，−500）连成下翼缘，按中键，完成壳单元钢梁二维图形绘制，如图 3-72 所示。

按中键，进入"编辑基本拉伸"对话框，设置拉伸"深度"为"12200"（净跨12000mm+两端伸出长度100mm），单击"确定"按钮，完成钢梁二维图形至三维模型的创建，如图 3-73 和图 3-74 所示。

图 3-71　工字形钢梁二维模型（实体单元）

图 3-72　工字形钢梁二维模型（壳单元）

3）栓钉。单击左侧工具区中的 按钮，弹出"创建部件"对话框，如图 3-75 所示。在"名称"后输入"stud"，将"模型空间"设为"三维"，"形状"设为"实体"，"类型"选择"旋转"，"大约尺寸"可根据需求调整，本例输入"2000"，单击"继续"按钮，进入二维绘图界面。

单击工具区直线工具 ，在提示区依次输入 X、Y 坐标（0，0）、（9.5，0）、（9.5，70）、（0，70），（0，0），按中键，完成栓钉 1/2 旋转面绘制。根据提示按中键，弹出"编辑旋转"对话框，"角度"设为"360"，确定后形成完整栓钉部件，如图 3-76~图 3-78 所示。

图 3-73　工字形钢梁三维模型（实体单元）

图 3-74　工字形钢梁三维模型（壳单元）

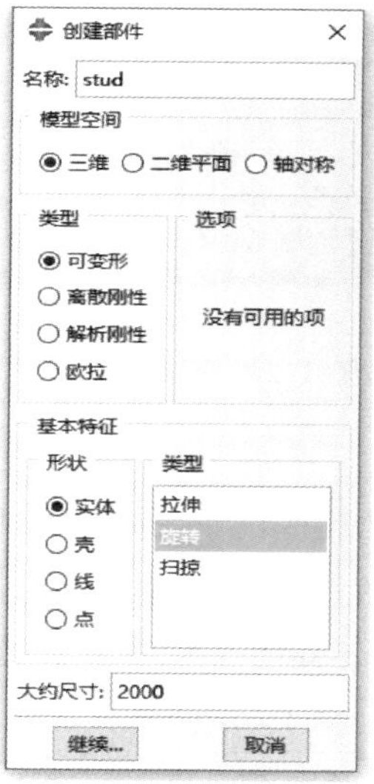

图 3-75　创建实体栓钉界面

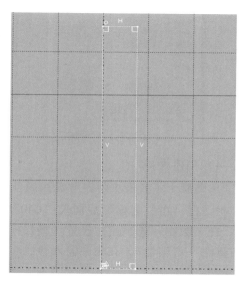

图 3-76　栓钉旋转面二维模型

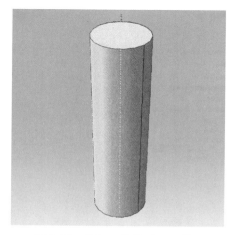

图 3-77　"编辑旋转"对话框（栓钉）

图 3-78　栓钉三维模型（实体）

若要建立梁单元栓钉，单击左侧工具区中的  按钮，弹出"创建部件"对话框，如图 3-79 所示。在"名称"后输入"stud"，将"模型空间"设为"三维"，"形状"设为"线"，"类型"选择"平面"，"大约尺寸""可根据需求调整，本例输入"2000"，单击"继续"按钮，进入二维绘图界面。单击工具区直线工具 按钮，在提示区依次输入 X、Y 坐标（100，0）、（100，70），（-100，0）、（-100，70），完成双排栓钉二维图形绘制，如图 3-80 所示。

图 3-79 创建梁单元栓钉界面　　　　　　图 3-80 栓钉二维图形（梁单元）

（4）创建材料

1）混凝土。在模块列表中选择属性模块，单击左侧工具区的 按钮，弹出"编辑材料"对话框。在"名称"后输入"C40"，单击"力学"，在下拉菜单中选中"弹性"→"弹性"，在"数据"选项组中设置"杨氏模量"及"泊松比"，如图 3-81 所示；选择"混凝土损伤塑性"→"塑性"，在表中输入塑性参数及设置，如图 3-82 所示，并且分别于"受压行

图 3-81 材料定义（弹性）

图 3-82 材料定义（塑性）

为""拉伸行为"选项卡中的"数据"选项组中输入对应的屈服应力-非弹性应变、开裂应变，如图 3-83 和图 3-84 所示。

2）钢梁与钢筋。在模块列表中选择属性功能模块单击左侧工具区的 按钮，弹出"编辑材料"对话框。在"名称"后输入"Q345"，单击"力学"，在下拉菜单中选中"弹性"→"弹性"，在"数据"选项组中设置"杨氏模量"和"泊松比"，如图 3-85 所示；选择"混凝土损伤塑性"→"塑性"，在表中输入塑性参数及设置，如图 3-86 所示。重复以上操作，建立纵筋、箍筋材料。

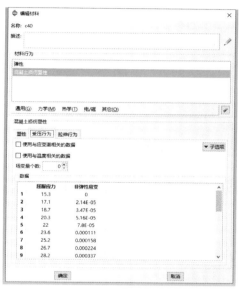

图 3-83　"受压行为"选项卡设置

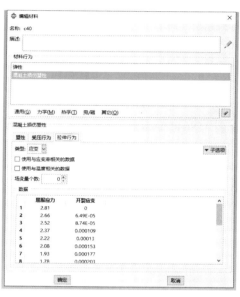

图 3-84　"拉伸行为"选项卡设置

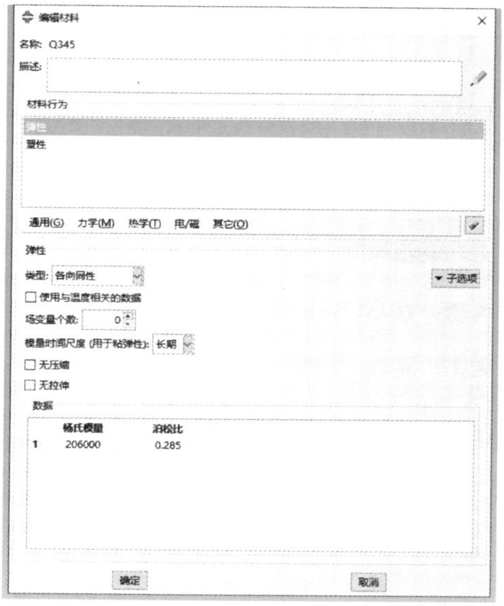

图 3-85　"弹性"选项组设置

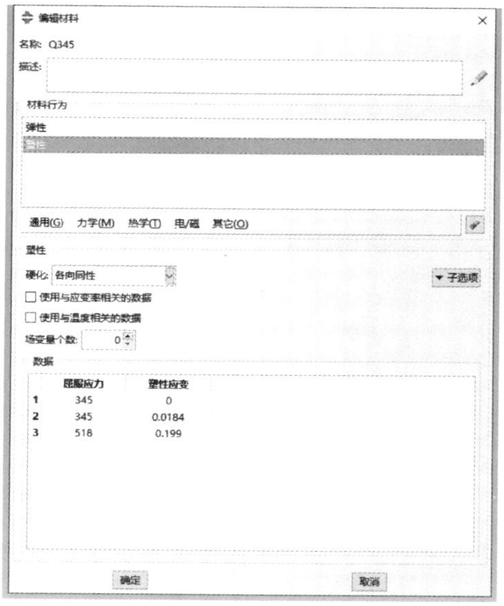

图 3-86　"塑性"选项组设置（钢梁和钢筋）

3）栓钉。所选本构关系为二折线本构，且设置的栓钉屈服强度为 350MPa，故在"塑性"选项组中输入相关参数及设置，如图 3-87 所示。

（5）创建截面属性

1）混凝土。单击左侧工具区的 按钮，弹出"创建截面"对话框，如图 3-88 所示。在"名称"后输入"Concrete"，将"类别"设为"实体"，"类型"设为"均质"。单击"继续"按钮，弹出"编辑截面"对话框，选择之前定义的混凝土材料"C40"，如图 3-89 所示。保持所有参数默认值不变，单击"确定"按钮，完成混凝土截面属性的定义。

2）钢梁。单击左侧工具区的 按钮，弹出"创建截面"对话框，如图 3-90 所示。在"名称"后输入"Steel beam"，将"类别"设为"实体"，"类型"设为"均质"。单击"继续"按钮，弹出

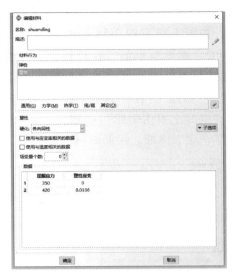

图 3-87 "塑性"选项组设置（栓钉）

"编辑截面"对话框，选择之前定义的钢梁材料"Q345"，如图 3-91 所示。保持所有参数默认值不变，单击"确定"按钮，完成钢梁截面属性的定义。

图 3-88 "创建截面"对话框（混凝土）

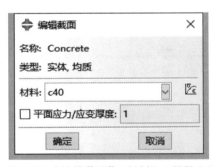

图 3-89 "编辑截面"对话框（混凝土）

图 3-90 "创建截面"对话框（实体钢梁）

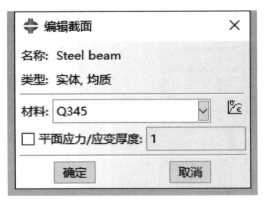

图 3-91 "编辑截面"对话框（实体钢梁）

若要钢梁为壳单元，重复以上操作，在"名称"后输入"yiyuanQ345"，代表翼缘截面，如图 3-92 所示。将"类别"设为"壳"，"类型"设为"均质"。单击"继续"按钮，弹出"编辑截面"对话框，选择之前定义的钢梁材料"Q345"，设置"壳的厚度"为"20"，"厚度积分点"为"9"，如图 3-93 所示。保持其余参数默认值不变，单击"确定"按钮，退出对话框，完成钢梁翼缘截面属性的定义。重复以上操作，在"名称"后输入"fubanQ345"，代表腹板截面，完成钢梁腹板截面属性的定义，如图 3-94 和图 3-95 所示。

图 3-92　"创建截面"对话框（翼缘）

图 3-93　"编辑截面"对话框（翼缘）

图 3-94　"创建截面"对话框（腹板）

图 3-95　"编辑截面"对话框（腹板）

3）钢筋。单击左侧工具区的 ![按钮] 按钮，弹出"创建截面"对话框，在"名称"后输入"zongjin"，将"类别"设为"梁"，"类型"设为"桁架"，如图 3-96 所示。单击"继续"按钮，弹出"编辑截面"对话框，选择之前定义的钢梁材料"zongjin"，"横截面面积"设为"65"，如图 3-97 所示；单击"确定"按钮，退出对话框，完成钢梁截面属性的定义。重复以上操作，完成箍筋截面的定义。

图 3-96 "创建截面"对话框（纵筋）　　　　图 3-97 "编辑截面"对话框（纵筋）

4）栓钉。单击左侧工具区的  按钮，弹出"创建截面"对话框，在"名称"后输入"shuanding"，将"类别"设为"实体"，"类型"设为"均质"，如图 3-98 所示。单击"继续"按钮，弹出"编辑截面"对话框，选择之前定义的钢梁材料"shuanding"，如图 3-99所示，保持所有参数默认值不变；单击"确定"按钮，退出对话框，完成实体栓钉截面属性的定义。

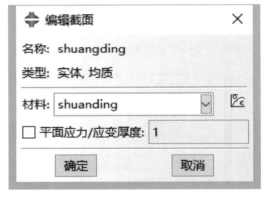

图 3-98 "创建截面"对话框（实体栓钉）　　　图 3-99 "编辑截面"对话框（实体栓钉）

若要栓钉为梁单元，重复以上操作，在"名称"后输入"shuanding"，将"类别"设为"梁"，"类型"设为梁，如图 3-100 所示。单击"继续"按钮，弹出"编辑梁方向"对话框，如图 3-101 所示，选择之前定义的栓钉材料"shuanding"，单击 ⊞ 按钮创建梁单元剖面，选择"形状"为"圆形"，如图 3-102 所示，设置剖面"名称"为"D19"，半径为"9.5"，保持其余参数默认值不变，如图 3-103 所示；单击"确定"按钮，退出对话框，完成栓钉梁单元截面属性定义。

（6）给部件赋予截面属性

1）混凝土。单击左侧工具区的 按钮，提示区显示"选择赋予截面属性的区域"，选择"Concrete"部件，按中键确认，弹出"编辑截面指派"对话框，在截面处选择"c40"，如图 3-104 所示，保持所有参数默认值不变，单击"确定"按钮，退出"编辑截面指派"对话框，完成对"Concrete"部件截面属性的定义，模型由白色变成绿色，如图 3-105 所示。

图 3-100　"创建截面"对话框（梁单元栓钉）

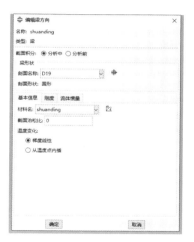

图 3-101　"编辑梁方向"对话框

图 3-102　"创建剖面"对话框（梁单元栓钉）

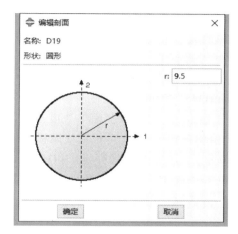

图 3-103　"编辑剖面"对话框（梁单元栓钉）

图 3-104　"编辑截面指派"对话框（混凝土）

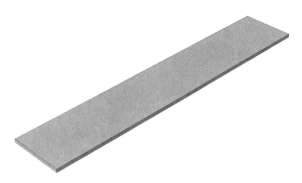

图 3-105　混凝土截面指派

2）钢梁。重复以上操作，完成对实体钢梁部件截面属性的定义，如图 3-106 和图 3-107 所示。

图 3-106 "编辑截面指派"对话框（钢梁）

图 3-107 钢梁截面指派

若要钢梁为壳单元，单击左侧工具区的
按钮，提示区显示"选择赋予截面属性
的区域"，分别选择部件"Steelbeam"中的
翼缘和腹板，按中键确认，弹出"编辑截
面指派"对话框，其中上翼缘、下翼缘、
腹板的"截面"分别设为"yiyuanQ345"
"yiyuanQ345""fubanQ345"，"壳偏移"指
定方向分别为"底部表面""顶部表面"
"指定值偏移比为 0"（可根据实际模型所需
效果调整），达到图 3-108 ~ 图 3-110 所示效
果，单击"确定"按钮，退出"编辑截面

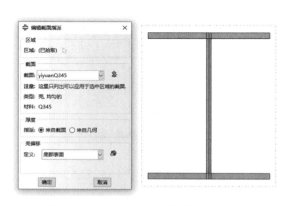

图 3-108 壳单元钢梁上翼缘截面指派

指派"对话框，完成对"Steelbeam"部件各部分截面属性的定义，模型由白色变成绿色。

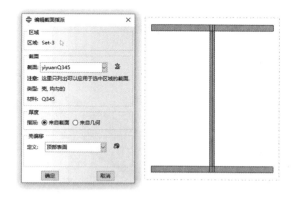

图 3-109 壳单元钢梁下翼缘截面指派

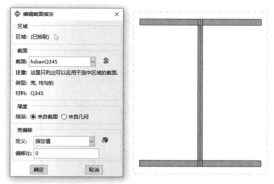

图 3-110 壳单元钢梁腹板截面指派

3）栓钉。对于实体栓钉，单击左侧工具区的 按钮，提示区显示"选择赋予截面属性
的区域"，选择"shuanding"部件，按中键确认，弹出"编辑截面指派"对话框，"截面"选
择"shuanding"，保持所有参数默认值不变，单击"确定"按钮，退出"编辑截面指派"对话
框，完成对"Concrete"部件截面属性的定义，模型由白色变成绿色，如图 3-111 所示。

对于梁单元栓钉，单击左侧工具区的 按钮，提示区显示"选择赋予截面属性的区域"，选择"shuanding"部件，按中键确认，弹出"编辑截面指派"对话框，"截面"设为"shuanding19"，保持所有参数默认值不变，单击"确定"按钮，退出"编辑截面指派"对话框，完成对"shuanding"部件截面属性的定义，如图 3-112 所示。单击左侧工具栏"指派梁方向"按钮 ，选中栓钉部件，按中键，弹出"请输入一个近似的 n1 方向"提示，保持默认数值，按中键，得到图 3-113 所示的方向指派，按中键完成梁方向指派。

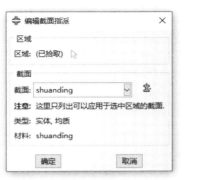

图 3-111　实体栓钉截面指派

图 3-112　梁单元栓钉截面方向指派

图 3-113　壳单元钢梁腹板截面指派

4）钢筋。单击左侧工具区的 按钮，提示区显示"选择赋予截面属性的区域"，选择"gujin""zongjin"部件，按中键确认，弹出"编辑截面指派"对话框，在"截面"处分别选择"gujin""zongjin"，如图 3-114 所示，保持所有参数默认值不变，单击"确定"按钮，退出"编辑截面指派"对话框，完成对钢筋部件截面属性的定义。

（7）定义装配件　在环境栏的模块列表中选择装配模块，将在部件模块中创建的混凝土板、钢梁、栓钉、钢筋部件装配起来。下面，以混凝土板为实体、钢梁为壳、栓钉为梁、

图 3-114　钢筋截面方向指派

钢筋为桁架进行组装。

1) 合并钢梁栓钉。单击左侧工具区的 按钮, 弹出"创建实例"对话框, 如图 3-115 所示, "部件"选择"H", "实例类型"为"独立", 保持所有参数默认值不变, 单击"确定"按钮, 完成工字钢的创建。重复以上操作, "部件"选择"shuanding", "实例类型"为"非独立", 如图 3-116 所示, 创建双排栓钉实例。

图 3-115　创建工字钢实例　　　　　　图 3-116　创建栓钉实例

为方便后续边界条件和施加荷载, 对工字钢进行分区, 在菜单栏中单击"工具"→"基准"→"平面"→"从主平面偏移", 如图 3-117 所示; 在下方偏移参考的主平面处选择"XY 平面", 输入偏移值"100", 于右支座处形成一个基准面; 随后选择"从平面偏移", 选中创建的基准面; 按中键, 确定箭头所指的偏移方向是否正确; 按中键, 输入偏移值"6000", 完成跨中基准面设置。重复以上操作, 完成左支座处基准面建立。在菜单栏中单击"工具"→"分区"→"平面"→"使用基准平面", 如图 3-118 所示, 选择工字钢装配件, 按中键, 分别用对应基准平面分区, 如图 3-119 所示。

单击工具栏"平移实例"按钮 , 选中双排栓钉; 按中键, 在下方窗口输入起始基准点 (0, 0, 0), 终止基准点 (0, 0, 100), 将栓钉移到支座位置, 如图 3-120 所示; 单击"线性阵列"按钮 , 选中双排栓钉; 按中键, 弹出"线性阵列"对话框, 将"方向 1"阵列"个数"设为"1", "偏移"设为"200", "方向 2"阵列"个数"设为"2", "偏移"设为"70", 如图 3-121 所示, 单击 按钮选择 Z 轴设定偏移方向; 按中键, 完成栓钉阵列。

图 3-117　创建基准

图 3-118　创建分区

图 3-119　工字钢分区

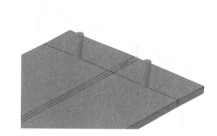

图 3-120　栓钉起始位置

小贴士：根据实际工程需要，可对工字钢适当设置加劲肋，加劲肋为壳单元，属性设置同工字钢腹板，图 3-122 为支座处两侧加劲肋示意图，加劲肋宽为 $1/2w_s$，高为 h_s，加劲肋厚度为 t_w（与钢梁腹板同厚度）。

单击"合并/切割实体"按钮 ⬤，弹出对话框，设置"部件名"为"gl"，"原始实体"为"删除"，如图 3-123 所示，选中全部实例，按中键确认，完成钢梁和栓钉的合并，如图 3-124 所示。

图 3-121　线性阵列

图 3-122　支座加劲肋

图 3-123 "合并/切割实体"对话框

图 3-124 合并后的钢梁与栓钉

2）合并钢筋网。单击左侧工具区的  按钮，弹出"创建实例"对话框，如图 3-125 所示，"部件"选择"gujin""zongjin"，"实例类型"为"非独立"，保持所有参数默认值不变，单击"确定"按钮，完成钢筋的导入。

单击左侧工具区"旋转工具" 按钮，提示区信息变为"选择旋转的部件"，选择"zongjin"部件，按中键确认。提示区信息变为"选择旋转轴的起始点或输入起始点的坐标"，选取 X 轴作为旋转轴，如图 3-126 所示，按中键确认，旋转角度设为"90"，完成箍筋旋转操作。

图 3-125 创建钢筋实例

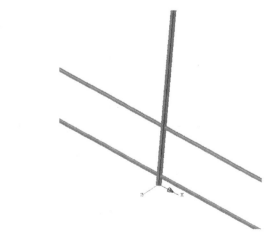

图 3-126 定义旋转轴

单击左侧工具区"平移实例工具" 按钮，提示区信息变为"选择平移的部件"，选择"zongjin"实例末端点为起始点，如图 3-127 所示，箍筋下边角点为终止点，如图 3-128 所示。

单击左侧工具区"线性阵列"按钮 ，选择"zongjin"实例，在"线性阵列"对话框中"方向 1"的"个数"设为"11"、"偏移"设为"210"，"方向 2"的个数设为"2"、"偏移"设为"110"，可以通过 按钮设置正确的偏移方向，如图 3-129 所示。阵列后纵筋网如图 3-130 所示。

　　单击左侧工具区"平移实例工具" 按钮，设置"gujin"实例沿 Z 轴偏移"75"。单击左侧工具区"线性阵列"按钮 ⣿，选择"gujin"实例，单击"线性阵列"对话框"方向1"选项组中的 按钮选择 Z 轴设定偏移方向，通过 按钮设置正确的偏移方向，设置"个数"为"121"、"偏移"为"100"。"方向2"的个数设为"1"，"偏移"设为"110"，如图 3-131 所示。阵列后箍筋网如图 3-132 所示。

图 3-127　平移纵筋起始点选取

图 3-128　平移纵筋终止点选取

图 3-129　纵筋线性阵列

图 3-130　纵筋网实例

图 3-131　箍筋线性阵列

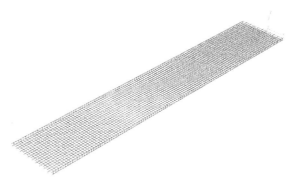

图 3-132　箍筋网实例

单击"合并/切割实体"按钮 ⬤，弹出对话框，设置"部件名"为"steel"，"原始实体"为"删除"，将建立好的钢筋网合并。

3）导入混凝土板。单击左侧工具区的 按钮，弹出"创建实例"对话框，"部件"选择"Concrete"，"实例类型"为"独立"，保持所有参数默认值不变，单击"确定"按钮，完成混凝土板的创建。

为方便后续施加荷载，对混凝土板进行分区，在菜单栏中选择"工具"→"基准"→"平面"→"从主平面偏移"，在下方偏移参考的主平面处选择"XY 平面"，输入偏移值"425"，于右端加载处形成一个基准面，随后选择"从平面偏移"，选中创建的基准面，按中键，确定箭头所指的偏移方向正确后，按中键，输入偏移值"11350"形成左端加载处基准面。在菜单栏中单击"工具"→"分区"→"平面"→"使用基准平面"，选择"Concrete"装配件按中键，分别用对应基准平面分区，得到图 3-133 所示混凝土板。图 3-134 所示为受弯梁装配。

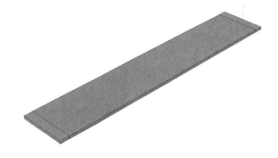

图 3-133　平移纵筋起始点选取

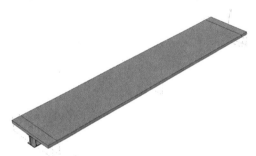

图 3-134　受弯梁装配

（8）定义分析步　在环境栏的模块列表中选择"分析步"模块。单击左侧工具区 按钮，弹出"创建分析步"对话框。"程序类型"选择"通用"，下拉菜单中选择"静力，通用"。单击"继续"按钮，弹出"编辑分析步"对话框，将"时间长度"改为"1"，如图 3-135 所示，单击"增量"选项卡，填入图 3-136 所示的数据，单击"确定"按钮，退出"编辑分析"对话框，完成分析步定义。

在菜单栏中单击"工具"→"集"→"创建"，弹出"创建集"对话框，分别建立跨中钢梁底部中点集"u"和支座底部集"v"，如图 3-137～图 3-140 所示。

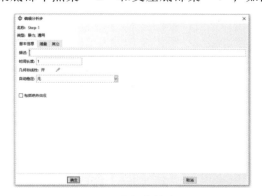

图 3-135　分析步基本信息

图 3-136　分析步增量设置

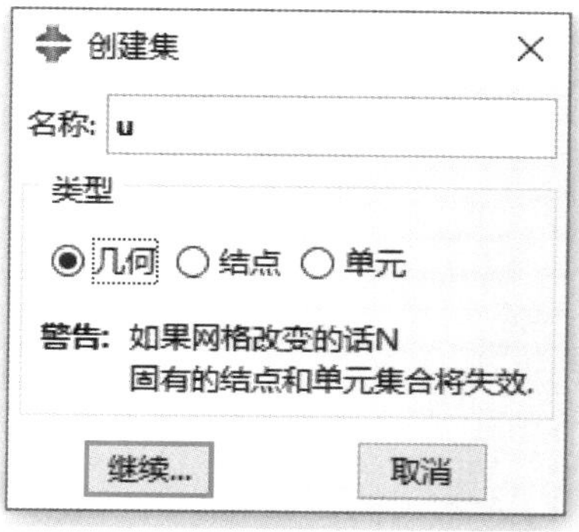

图 3-137　创建集（跨中）

图 3-138　跨中底部

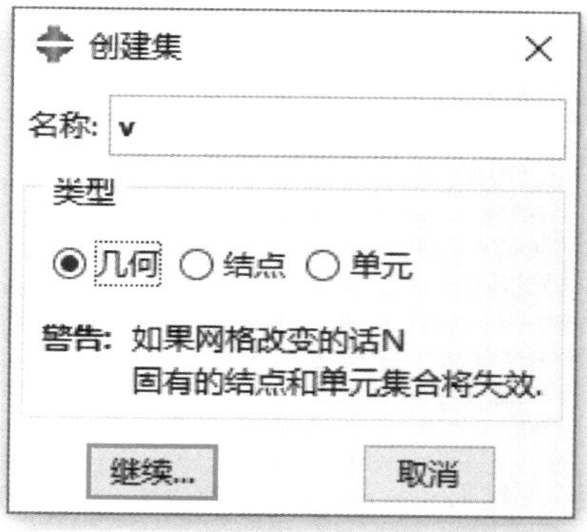

图 3-139　创建集（支座）

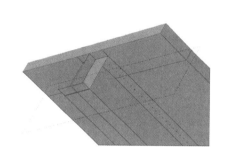

图 3-140　支座底部

单击工具区 按钮创建历程变量，弹出"编辑历程输出请求"对话框，分别命名为"u""v"，在"作用域"处选择"集"，分别选择集"u""v"，其中历程变量"u"的"输出变量"为"U2"（竖向挠度），"v"的"输出变量"为"RF2"（竖向反力），如图 3-141、图 3-142 所示。

（9）定义相互作用　在环境栏的模块列表中选择相互作用模块进行模型之间的相互作用关系定义。单击左侧工具区的 按钮，弹出"编辑相互作用"对话框，如图 3-143 所示，"主表面"选择钢梁上翼缘上表面，"次表面"选择混凝土板下表面，如图 3-144 所示。"类型"为"表面与表面接触"，"滑移公式"为"有限滑移"，"离散化方法"为"表面-表面"，"从结点/表面调整"为"只为调整到接触过盈"。单击下方右侧 按钮定义材料属性，单击"力学"→"切向行为"→"无摩擦"，单击"力学"→"法向行为"→"硬接触"，勾选"允许接触后分离"，如图 3-145、图 3-146 所示。

单击左侧工具区的 按钮，弹出"编辑约束"对话框，如图 3-147 所示，"类型"选择"内置区域"，提示区显示"选择内置的部分"，选中钢梁中的栓钉部件；按中键确认，提示区显示"选择主机区域的方法"，选择"选择区域"按钮，选择混凝土板，单击"确定"按钮，退出"编辑约束"对话框，完成栓钉与混凝土的约束定义，模型如图 3-148 所示。钢筋网与混凝土的约束方式同上，其中钢筋网为"内置区域"，混凝土板为"主机区域"。

图 3-141 创建集（跨中挠度）

图 3-142 创建集（支座反力）

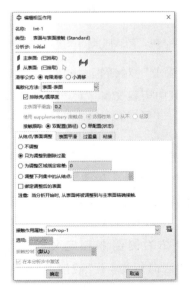

图 3-143 "编辑相互作用"对话框

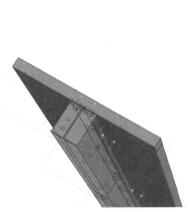

图 3-144 主、次表面

图 3-145 切向行为设置

（10）定义载荷和边界条件 在环境栏的模块列表中选择载荷模块，进行载荷及边界条件的定义。

1）定义边界条件。单击左侧工具区 ![按钮] 按钮，弹出"创建边界条件"对话框，将"分析步"设为"Initial"，"可用于所选分析步的类型"设为"位移/转角"，其余各项参数保持

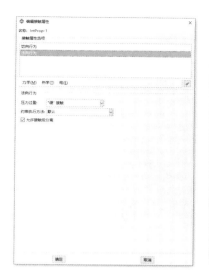

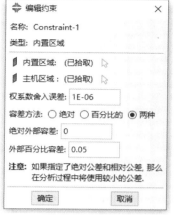

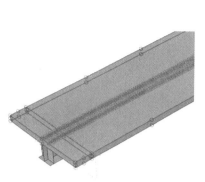

图 3-146　法向行为设置　　　图 3-147　"编辑约束"对话框　　　图 3-148　栓钉与混凝土约束

默认值，如图 3-149 所示；单击"继续"按钮，提示区提示用户选择要添加边界条件的区域，选中模型中钢梁一侧支座线；按中键确认，弹出"编辑边界条件"对话框，选中"U1""U2""U3"，如图 3-150 所示，即添加的边界条件为固定铰约束，如图 3-151 所示；单击"确定"按钮，退出对话框。重复以上操作，选中模型中钢梁另一侧支座线，按中键确认，在弹出的对话框中选中"U1""U2"，添加的边界条件为滑动铰约束，如图 3-152 所示。完成对简支组合梁的边界条件定义。

图 3-149　"创建边界条件"对话框　　　　图 3-150　"编辑边界条件"对话框

2）施加载荷　本例采用位移加载的方式施加载荷。单击左侧工具区 ⌷ 按钮，弹出"创建边界条件"对话框，"类型"选择"位移/转角"，保持所有参数默认值不变；单击"继续"按钮，选中模型两端受剪加载位置，弹出"编辑边界条件"对话框，选中"U2"

（竖向位移），输入"–250"，单击"确定"按钮，如图 3-153 所示，退出"编辑边界条件"对话框，完成加载规律的定义。图 3-154 所示为受弯组合梁模型加载。

图 3-151　创建边界条件

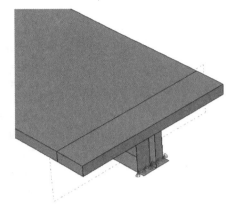

图 3-152　编辑边界条件

图 3-153　创建位移加载条件

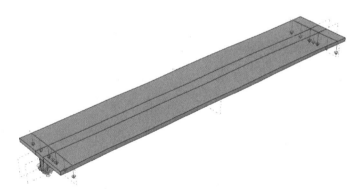

图 3-154　受弯组合梁模型加载

（11）网格划分　在环境栏的模块列表中选择网格模块，进行网格划分。

由于本例模型各部件装配时均为非独立部件，划分网格时需以部件为对象分开划分，选择上方"部件"，环境栏中的"模块"设为"网格"，"对象"设为"部件"→"c"，即对混凝土部件进行网格划分，如图 3-155 所示。单击左侧工具区 按钮，弹出"全局种子"对话框，如图 3-156 所示，在"近似全局尺寸"后面输入"100"，保持其余参数默认值不变；单击"应用"按钮，混凝土部件即按要求布满种子；单击"确定"按钮，退出对话框，完成网格种子布置。

单击左侧工具区中的 按钮，提示区提示"是否给部件划分网格"，单击"是"按钮，模型按照前面定义的种子自动划分网格，模型由绿色变为青色，如图 3-157 所示。重复以上操作，完成对钢梁（"近似全局尺寸"为"60"）、钢筋网（"近似全局尺寸"为"60"）的网格划分，如图 3-158、图 3-159 所示。

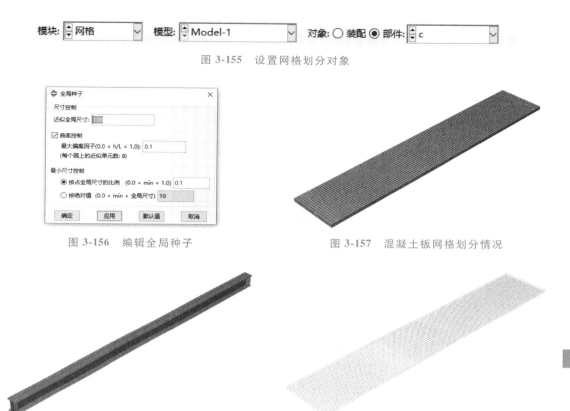

模块: 网格   模型: Model-1   对象: ○ 装配 ● 部件: c

图 3-155　设置网格划分对象

图 3-156　编辑全局种子

图 3-157　混凝土板网格划分情况

图 3-158　钢梁网格划分情况

图 3-159　钢筋网网格划分情况

（12）提交分析作业　在环境栏的模块列表中选择作业模块进行作业提交。

1）创建分析作业。单击左侧工具区中的 按钮，弹出"创建作业"对话框，如图 3-160 所示，在"名称"后输入"SSR1"。单击"继续"按钮，弹出"编辑作业"对话框，如图 3-161 所示，保持所有参数默认值不变；单击"确定"按钮，退出对话框，完成对模型分析作业的定义。

图 3-160　"创建作业"对话框

图 3-161　"编辑作业"对话框

2）提交分析。单击主菜单"作业"→"管理器"，弹出"作业管理器"对话框，如图 3-162 所示。单击"提交"按钮，可以看到对话框中的"状态"提示由"提交"变为"运算"，并最终显示为"完成"，单击对话框中的"结果"按钮，自动进入后处理模块。

（13）后处理

1）显示变形图。单击左侧工具区的 按钮，绘图区会显示出变形后的网格模型，如图 3-163 所示。

2）显示应力云图。单击左侧工具区的

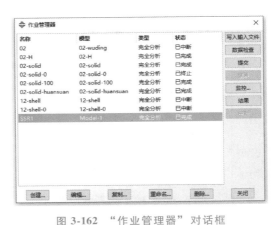

图 3-162　"作业管理器"对话框

按钮，显示出最后一个分析步结束时的 Mises 应力云图，如图 3-164 所示。

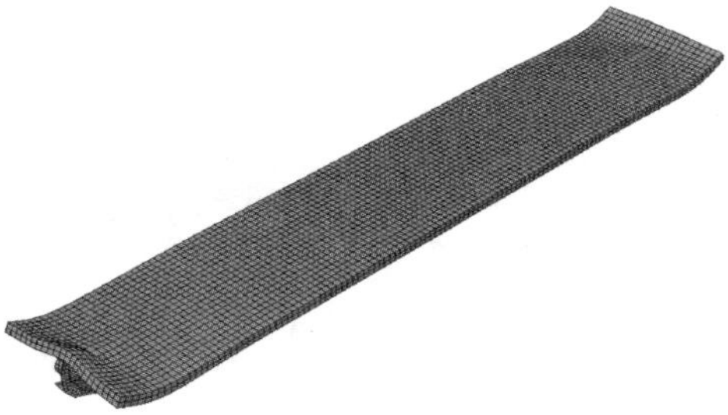

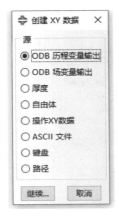

图 3-163　变形后的模型

图 3-164　结点应力云图

3）提取载荷-位移曲线。单击左侧工具区的 按钮，弹出"创建 XY 数据"对话框，如图 3-165 所示，"源"选择"ODB 历程变量输出"；单击"继续"按钮，弹出"历程输出"对话框，如图 3-166 所示，在列表选中所有"RF2"对应的点集，单击"另存为"按钮，命名为"v"，选择"保存操作"函数为"SUM（（XY，XY，…））"（求和函数）；单击"确定"按钮，完成支座反力数据保存，如图 3-167 所示。

图 3-165　创建 XY 数据

图 3-166　"历程输出"对话框（支座反力）

重复以上操作，在列表选中"U2"对应的点集，单击"另存为"按钮，命名为"u"，选择"保存操作"函数为"abs（XY）"（绝对值函数），如图 3-168 所示；单击"确定"按钮，完成跨中挠度数据保存。

单击左侧工具区中的 █ 按钮，弹出"创建 XY 数据"对话框，"源"选择"操作 XY 数据"，单击"继续"按钮，在右侧函数列表中选择"combine"，在括号内输入"'u'，'v'＊325/1000000"（力臂为 325mm，mm·N 化为 kN·m 时除以 1000000），如图 3-169 和图 3-170 所示。单击"另存为"按钮，在弹出的对话框中单击"绘制"按钮，得到弯矩-跨中挠度曲线，如图 3-171 所示。

图 3-167　创建 XY 数据（支座反力）

图 3-168　"XY 数据另存为"对话框（跨中挠度）

图 3-169　创建 XY 数据（跨中挠度）

图 3-170　操作 XY 数据

3.2.2　受扭

（1）问题描述　受扭组合梁各项参数同第 3.2.1 节，模型加载如图 3-172 所示，纯扭组合梁转动端采用千斤顶和转动球铰施加扭矩，上部混凝土板设置减滑垫层，下部钢梁为固定铰支座，固定端上、下支座均为滚动铰支座，以保证构件纵向自由运动，弯扭组合梁通过对跨中 1m 处两端同步施加集中荷载形成弯扭段。

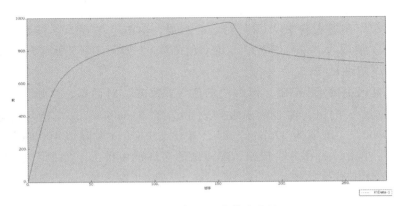

图 3-171 弯矩-跨中挠度曲线

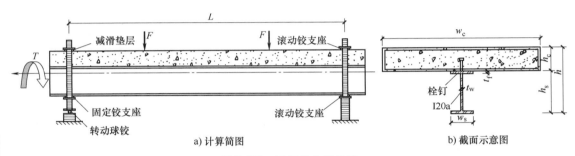

a) 计算简图   b) 截面示意图

图 3-172 受扭组合梁加载

（2）启动 ABAQUS/CAE 启动 ABAQUS/CAE 后，创建新模型数据库。

（3）创建部件 在第 3.2.1 节的基础上，建立施加集中力的刚性垫板和扭矩的加载板部件。

1）刚性垫板。单击左侧工具区的  按钮，弹出"创建部件"对话框，如图 3-173 所示。在"名称"后输入"DB"，将"模型空间"设为"三维"；"基本特征"选项组中的"形状"设为"实体"，"类型"选择"拉伸"；"大约尺寸"可根据需求调整，本例输入"2000"。单击"继续"按钮，进入二维绘图界面。

图 3-173 "创建部件"
对话框（刚性垫板）

单击工具区直线工具 按钮，在提示区依次输入 X、Y 坐标（1100，0）、（1100，20）、（-1100，20）、（-1100，0），完成刚性垫板二维截面绘制。按中键，进入"编辑基本拉伸"对话框，如图 3-174 所示，设置拉伸"深度"为"100"，如图 3-175所示；单击"确定"按钮，完成刚性垫板二维图形至三维模型的创建，如图 3-176 所示。

2）加载板。单击左侧工具区中的 按钮，弹出"创建部件"对话框，如图 3-177 所示。在"名称"后输入"jiaju"，将"模型空间"设为"三维"，"类型"设为"离散刚性"；"基本特征"选项组中的"形状"设为"实体"，"类型"选择"拉伸"；"大约尺寸"可根据需求调整，本例输入"2000"。单击"继续"按钮，进入二维绘图界面。

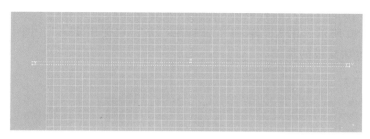

图 3-174　刚性垫板二维模型

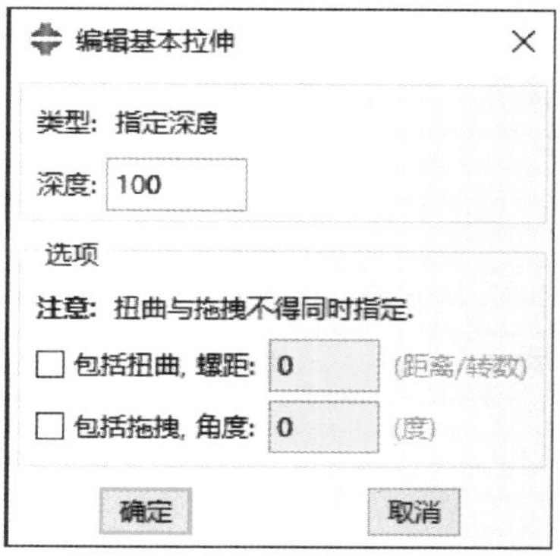

图 3-175　"编辑基本拉伸"对话框

图 3-176　刚性垫板三维模型

单击工具区直线工具 ✐ 按钮，在提示区依次输入 X、Y 坐标（1250，150）、（1250，−500）、（−1250，−500）、（−1250，150），（1300，200）、（1300，−550）、（−1300，−550）、（−1300，200），完成加载板二维截面绘制，如图 3-178 所示，设置拉伸"深度"为"400"，如图 3-179 所示，单击"确定"按钮完成加载板二维模型至三维模型的创建。

图 3-177　"创建部件"
对话框（加载板）

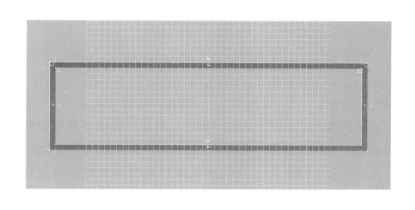

图 3-178　加载板二维模型

采用第 3.2.1 节的方法对加载板进行分区，单击菜单栏"工具"→"参考点"，建立刚体基准点，如图 3-180 所示。单击菜单栏"加工"→"壳"→"使用实体"，选中加载板部件，按中键确定，完成对加载板的加工。

图 3-179　"编辑基本拉伸"对话框

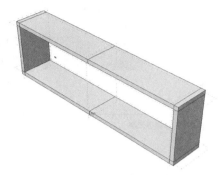

图 3-180　混凝土板三维模型

（4）创建材料及截面属性　混凝土、钢梁和钢筋本构关系的创建参考第 3.2.1 节。刚性垫板的材料特性参考第 3.1 节中刚性盖板，"名称"设为"DB"，材料编辑和截面指派如图 3-181 和图 3-182 所示。

图 3-181　"编辑材料"对话框

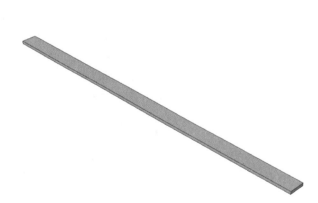

图 3-182　刚性垫板截面指派

（5）定义装配件　在第 3.2.1 节的基础上，单击左侧工具区的 按钮，弹出"创建实例"对话框，如图 3-183 所示，"部件"选择"jiaju"，"实例类型"设为"非独立"，保持所有参数默认值不变；单击"确定"按钮，完成加载板的创建。单击工具栏"平移实例"按钮 ，选中加载板，按中键，将加载板移至组合梁转动端支座位置，如图 3-184 所示。

（6）定义分析步　在环境栏的模块列表中选择"分析步"模块。单击左侧工具区 按钮，弹出"创建分析步"对话框。"程序类型"选择"通用"→"静力，通用"。单击"继续"按钮，弹出"编辑分析步"对话框，将"时间长度"改为"1"，如图 3-185 所示。单击"增量"选项卡，填入图 3-186 所示的数据，单击"确定"按钮，退出"编辑分析步"对话框，完成分析步定义。

图 3-183　创建加载板实例

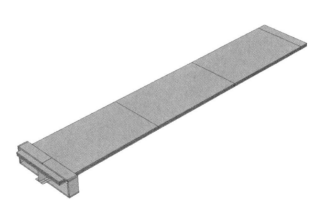

图 3-184　受扭组合梁装配

图 3-185　分析步基本信息

图 3-186　分析步增量设置

在菜单栏单击"工具"→"集"→"创建"，弹出"创建集"对话框，于加载板参考点位置建立集"t"，如图 3-187 和图 3-188 所示。

图 3-187　创建集（跨中）

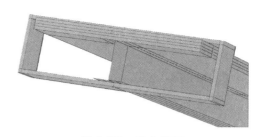

图 3-188　跨中底部

（7）定义相互作用　单击 按钮定义新的接触属性，单击"力学"→"切向行为"→"无摩擦"，单击"力学"→"法向行为"→"硬接触"，不勾选"允许接触后分离"，如图 3-189、图 3-190 所示。

钢梁与混凝土板接触属性同第 3.2.1 节，混凝土板与加载板、钢梁与加载板接触属性更改为本节定义的新接触属性，如图 3-191~图 3-193 所示。

图 3-189 "切向行为"设置

图 3-190 "法向行为"设置

图 3-191 混凝土板与加载板接触

图 3-192 钢梁与加载板接触

图 3-193 混凝土、钢梁与加载板相互作用设置

单击左侧工具区的  按钮，建立加载板与钢梁支座位置的绑定约束，保持默认设置，勾选"绑定转动自由度（可应用的话）"，如图 3-194 所示，主表面为加载板与钢梁接触面，从表面为钢梁支座分割线的结点区域，如图 3-195 所示。

（8）定义载荷和边界条件　在环境栏的 Module 列表中选择载荷模块，进行载荷及边界条件的定义。

1）定义边界条件。单击左侧工具区 按钮，弹出"创建边界条件"对话框，将"分

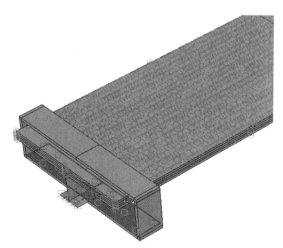

图 3-194　混凝土板与加载板接触　　　　　　　图 3-195　加载板与钢梁接触

析步"设为"Initial";单击"继续"按钮,提示区提示用户选择要添加边界条件的区域,选中模型中混凝土板、钢梁一侧支座线;按中键确认,弹出"编辑边界条件"对话框,选中"U1""U2",如图 3-196 所示,即添加固定端的滑动铰约束,如图 3-197 所示;单击"确定"按钮,退出对话框。重复以上操作,选中模型中加载板下端轴线,按中键确认,在弹出的对话框中选中"U1""U2""U3",模拟施加扭矩的球铰约束,如图 3-198 和图 3-199 所示,完成对受扭简支组合梁的边界条件定义。

2)定义载荷。单击左侧工具区 ![] 按钮,弹出"创建边界条件"对话框,将分析步设为"T";单击"继续"按钮,提示区提示用户选择要添加边界条件的区域,选中模型中加载板的参考点;按中键确认,弹出"编辑边界条件"对话框,设置"U1""U2""U3"均为"0","UR3"为"0.65"(可根据实际调整),如图 3-200 所示,得到施加扭矩的组合梁模型,如图 3-201 所示。

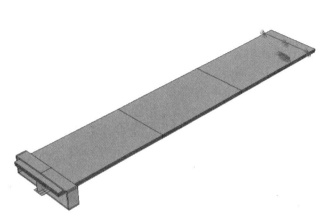

图 3-196　编辑固定端边界条件　　　　　　　图 3-197　固定端的滑动铰约束

图 3-198　编辑边界条件

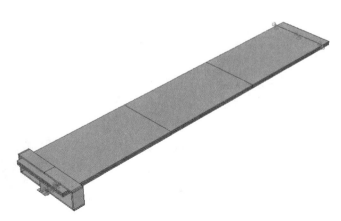

图 3-199　转动端约束

图 3-200　编辑转角位移

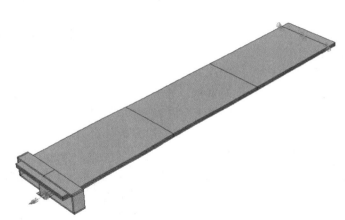

图 3-201　转角位移

（9）网格划分　网格划分参考第 3.2.1 节。

（10）提交分析作业

1）创建分析作业。单击左侧工具区的 ▇ 按钮，弹出"创建工作"对话框，输入相应名称。单击"继续"按钮，弹出"编辑作业"对话框，如图 3-202 所示，保持所有参数默认值不变，单击"确定"按钮，退出对话框，完成对模型分析作业的定义。

2）提交分析。单击主菜单"作业"→"管理器"，弹出"作业管理器"对话框，如图 3-203 所示。单击"提交"按钮，可以看到对话框中的"状态"提示由"提交"变为"运算"并最终显示为"完成"，单击对话框中的"结果"按钮，自动进入后处理模块。

（11）后处理　变形云图和应力云图同第 3.2.1 节，提取载荷-位移曲线时，单击左侧工具区中的 ▤ 按钮，弹出"创建 XY 数据"对话框，选择"ODB 历程变量输出"；单击"继续"按钮，弹出"历程输出"对话框，在列表选中所有"UM3"对应的点集；单击"另存为"按钮，选择"保存操作"函数为"abs（XY）"（绝对值函数）；单击"确定"按钮，完成转角位移数据保存，如图 3-204 所示。

图 3-202　"编辑作业"对话框　　　　　　图 3-203　编辑作业

重复以上操作，在列表选中 "RM3" 对应的点集，单击 "另存为" 按钮，命名为 "rm3"，选择操作函数为 "abs（XY）"（绝对值函数），如图 3-205 所示，单击 "确定" 按钮，完成跨中挠度数据保存。

单击左侧工具区中的  按钮，弹出 "创建 XY 数据" 对话框，选择 "操作 XY 数据"，单击 "继续" 按钮，在右侧 "运算操作符" 选项组的函数列表中选择 "combine（X，X）"，在括号内输入 ""ur"/3.14 * 180/12,"rm3"/1000000"（转角位移默认单位 rad，化为°/m；mm・N 化为 kN・m，故除以 1000000），单击 "另存为" 按钮，在弹出的对话框中单击 "绘制" 按钮，得到扭矩-扭率曲线，如图 3-206 所示。

图 3-204　提取转角位移

图 3-205　提取扭矩

3.2.3　弯扭

（1）问题描述　弯扭组合梁模型建立方法基本同第 3.2.1 节和第 3.2.2 节，本节对分析步、相互作用、后处理的操作改动与更新进行补充阐述。

（2）分析步　对于先弯后扭的加载方式，先建立弯矩工况 "M"，再建立扭矩工况

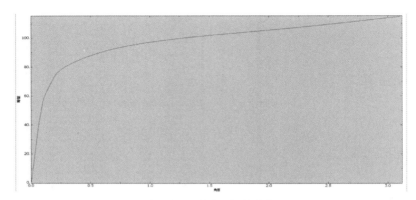

图 3-206　扭矩-扭率曲线

"T"，如图 3-207 所示，先扭后弯的
方式则相反，同时弯扭可用同一个
分析步。

（3）相互作用　分别于弯扭段
两端设置刚性垫板，并与各自正上
方参考点耦合（参考点距离适当即
可），如图 3-208 所示。刚性垫板下
表面与下部混凝土板上表面绑定

图 3-207　弯扭组合梁的分析步设置

（垫板下表面为主表面，混凝土上表面为从表面），如图 3-209 所示。

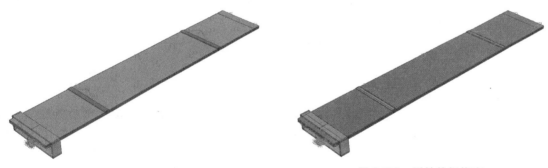

图 3-208　刚性垫板耦合　　　　　　　　　　　图 3-209　刚性垫板绑定

（4）载荷及边界条件　以先弯后扭模式为例，单击左侧工具区 ⬛ 按钮，弹出"创建载
荷"对话框，将分析步设为 M，且可传递至分析步"T"，如图 3-210 所示，"载荷类型"设
为"集中力"，输入数值，拾取两个参考点，单击"继续"按钮，如图 3-211 所示。完成对
简支组合梁的边界条件定义。

分别对相应的分析步设置边界条件，可根据需要单击"边界条件管理器"对话框右侧
按钮进行移动、传递、激活、取消激活的操作，如图 3-212 所示。

（5）后处理　扭矩数据提取同第 3.2.2 节，得到扭矩-扭率曲线，如图 3-213 所示。弯
矩的集中力将由原来的反力（RF2）改为力（CF2），取两点力（CF2）的平均值作为集中
力，反算得到相应的弯矩，提取出弯矩-跨中挠度曲线，如图 3-214 所示。

图 3-210　分步设置载荷

图 3-211　输入竖向集中力

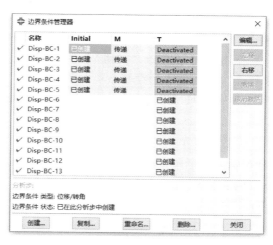

图 3-212　边界条件设置

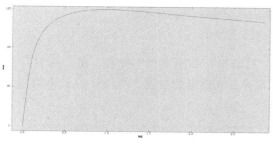

图 3-213　扭矩-扭率曲线

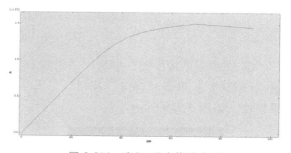

图 3-214　弯矩-跨中挠度曲线

3.3　钢-混凝土组合箱梁

3.3.1　纯扭

（1）问题描述　混凝土翼板宽 $b_c = 700\text{mm}$，高 $h_c = 110\text{mm}$，混凝土强度等级为 C40，栓

钉按 $\phi13\times90\text{-}120\text{mm}$ 布置，纵筋按 $12\Phi6@110\text{mm}$ 布置，箍筋按 $\Phi6@100$ 布置，钢筋屈服强度为 345MPa，钢箱梁上下翼缘板厚 $t_w=10\text{mm}$，上翼缘宽 $w_s=2\times60\text{mm}$，钢梁宽 $w_s=250\text{mm}$，腹板厚 $t_e=8\text{mm}$，钢梁高 $h_s=200\text{mm}$，钢材屈服强度为 345MPa，模型名称：XL-1。

图 3-215　"重命名模型"对话框

（2）启动 ABAQUS/CAE　启动 ABAQUS/CAE 后，创建新模型数据库。

（3）创建部件　左侧工具栏中右击"Model-1"，选择"重命名"，在弹出的"重命名模型"对话框中输入"XL-1"，如图 3-215 所示，单击"确定"按钮。

1）创建混凝土部件。

① 单击左侧工具区中的"创建部件"按钮，出现"创建部件"对话框，如图 3-216 所示。在"名称"后输入"C-YB"，"模型空间"选择"三维"，"类型"选择"可变形"；"基本特征"选项组中的"形状"选择"实体"，"类型"选择"拉伸"；"大约尺寸"输入"1500"。单击"继续"按钮，进入二维绘图界面。

图 3-216　"创建部件"对话框

② 在工具区单击"创建线：矩形（四条线）"按钮，在提示区输入矩形角点坐标（-350，-55）；按中键确认，在提示区输入矩形对角点坐标（350，55）；按中键确认，得到一个长 700mm、宽 110mm 的矩形。按中键，完成宽 700mm、高 110mm 的混凝土翼板二维模型的创建，如图 3-217 所示。

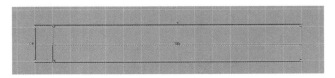

图 3-217　混凝土翼板二维模型

③ 在绘图区按中键，弹出"编辑基本拉伸"对话框，如图 3-218 所示，在"深度"后输入"3300"；单击"确定"按钮，完成混凝土翼板三维模型的创建，视图区显示出对应三维模型，如图 3-219 所示。

图 3-218　"编辑基本拉伸"对话框

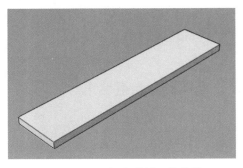

图 3-219　混凝土翼板三维模型

④ 单击左侧工具区"创建基准平面：从已有平面偏移"按钮 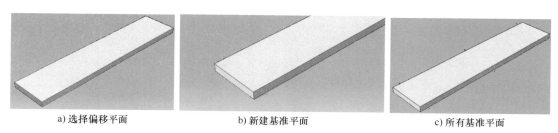，选择图 3-220a 中平面，在提示区单击"输入大小"，选择偏移方向为模型内部，在提示区输入偏移大小"150"，按回车键，完成基准平面创建，如图 3-220b 所示。重复上述操作步骤，创建图 3-220c 所示的所有基准平面。

a) 选择偏移平面　　　　　　　　　b) 新建基准平面　　　　　　　　　c) 所有基准平面

图 3-220　创建混凝土翼板基准平面

⑤ 长按左侧工具区"拆分几何元素：定义切割平面"按钮 ，选择第二个"拆分几何元素：使用基准平面 "；单击选择第一条新建基准平面，按中键创建分区，如图 3-221a 所示。重复上述操作步骤，框选整个模型，然后选择基准平面，最后按中键创建分区。拆分后的混凝土翼板如图 3-221b 所示。

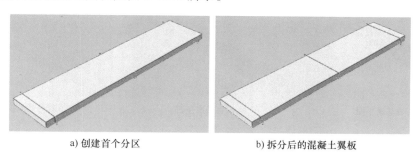

a) 创建首个分区　　　　　　　　　　　b) 拆分后的混凝土翼板

图 3-221　拆分混凝土翼板

2）创建钢箱梁部件。

① 单击左侧工具区中的"创建部件"按钮 ，出现"创建部件"对话框，在"名称"后输入"G-XL"，"模型空间"选择"三维"，"类型"选择"可变形"；"基本特征"选项组中的"形状"选择"壳"，"类型"选择"拉伸"；"大约尺寸"输入"1000"。单击"继续"按钮，进入二维绘图界面。

② 在工具区单击"创建线：首尾相接"按钮 ，在提示区输入坐标（0，0），按中键确认；在提示区输入坐标（60，0），按中键确认，再次按中键确认；在提示区输入坐标（30，0），按中键确认；在提示区输入坐标（30，−200），按中键确认；再次鼠标中键确认；在提示区输入坐标（280，−200），按中键确认；在提示区输入坐标（280，0），按中键确认，再次按中键确认；在提示区输入坐标（250，0），按中键确认，在提示区输入坐标（310，0），按中键确认，再次按中键确认，完成钢箱梁二维模型的创建，如图 3-222 所示。

③ 在绘图区按中键，弹出"编辑基本拉伸"对话框，在"深度"后输入"3300"，单

击"确定"按钮，完成钢筋梁三维模型的创建，视图区显示出对应三维模型，如图 3-223 所示。

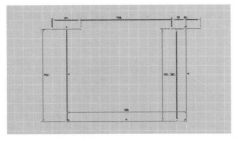

图 3-222　钢箱梁二维模型

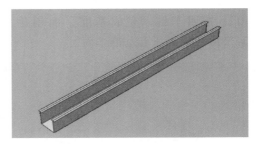

图 3-223　钢箱梁三维模型

④ 长按左侧工具区"创建基准平面：从已有平面偏移"按钮 ，选择第一个"创建基准平面：从主平面偏移 "；在提示区选择"XY 平面"，按中键确认，在提示区输入偏移量"150"，按回车键完成基准平面创建，如图 3-224a 所示。重复上述操作步骤，创建图 3-224b 所示基准平面。

⑤ 参考前文所述混凝土翼板创建分区方式为钢箱梁创建分区，如图 3-224c 所示。

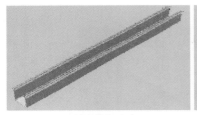
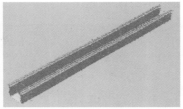

　　　a) 新建基准平面　　　　　　　　b) 所有基准平面　　　　　　　　c) 拆分后的钢箱梁

图 3-224　创建钢箱梁基准平面并拆分

3）创建箍筋（纵筋）部件。

① 单击左侧工具区中的"创建部件"按钮 ，出现"创建部件"对话框。在"名称"后输入"gujin（zongjin）"，"模型空间"选择"三维"，"类型"选择"可变形"；"基本特征"选项组中的"形状"选择"线"，"类型"选择"平面"；"大约尺寸"输入"1000"。单击"继续"按钮，进入二维绘图界面。

② 箍筋（2-1）：在工具区单击"创建线：矩形（四条线）"按钮 ，在提示区输入矩形角点坐标（0，0），按中键确认；在提示区输入矩形对角点坐标（660，80），按中键确认，得到一个长 660mm、宽 80mm 的矩形。重复两次按中键，完成宽 660mm，高 80mm 的箍筋模型的创建，如图 3-225 所示。

③ 纵筋（2-2）：在工具区单击"创建线：首尾相接"按钮 ，在提示区输入坐标（0，0），按中键确认；在提示区输入坐标（3270，0），按中键确认，得到一个长 3270mm 的线段；重复两次按中键，完成长 3270mm 的纵筋模型的创建，如图 3-226 所示。

4）创建栓钉部件。

① 单击左侧工具区中的"创建部件"按钮 ，出现"创建部件"对话框。在"名称"

后输入"SD","模型空间"选择"三维","类型"选择"可变形";"基本特征"选项组中的"形状"选择"线","类型"选择"平面";"大约尺寸"输入"200"。单击"继续"按钮,进入二维绘图界面。

图 3-225　箍筋模型

图 3-226　纵筋模型

② 在工具区单击"创建线:首尾相接"按钮 ✎,在提示区输入坐标(0,0),按中键确认,在提示区输入坐标(0,80),按中键确认,在提示区输入坐标(0,90),按中键确认,再次按中键确认,完成栓钉二维图形的绘制,如图 3-227a 所示;重复两次按中键确认,生成栓钉模型,如图 3-227b 所示。

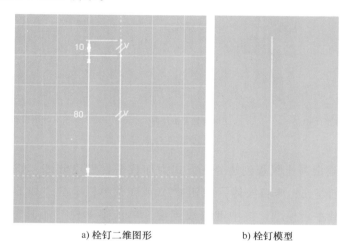

a) 栓钉二维图形　　　　　　　b) 栓钉模型

图 3-227　栓钉建模过程

5) 创建混凝土部件。

① 单击左侧工具区中的"创建部件"按钮 ▣,弹出"创建部件"对话框。在"名称"后输入"JZPT","模型空间"选择"三维","类型"选择"离散刚性";"基本特征"选项组中的"形状"选择"实体","类型"选择"拉伸","大约尺寸"输入"2000",单击"继续"按钮,进入二维绘图界面。

② 在工具区单击"创建线:矩形(四条线)按钮 ▭,在提示区输入矩形角点坐标(0,0),按中键确认;在提示区输入矩形对角点坐标(1000,310),按中键确认,得到一个长 1000mm、宽 310mm 的矩形。按中键,在左侧工具区单击"偏移曲线"按钮 ⌒,框选整个矩形,按中键确认;在提示区输入偏移距离"50",按中键;选择偏移方向为矩形外侧,按中键,完成加载平台二维模型的创建,如图 3-228 所示。

③ 在绘图区按中键,弹出"编辑基本拉伸"对话框,在"深度"后输入"100",单击"确定"按钮,完成加载平台三维模型的创建,视图区显示出对应三维模型,如图 3-229所示。

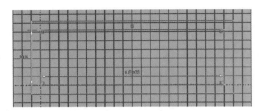

图 3-228　加载平台二维模型

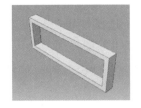

图 3-229　加载平台三维模型

④ 单击左侧工具区"创建基准平面：从已有平面偏移"按钮 ⊢⊣，选择图 3-230a 中平面，在提示区单击"选择点"（图 3-230a 中已标出），完成基准平面创建，如图 3-230b 所示。重复上述操作步骤，创建图 3-230c 所示的所有基准平面。

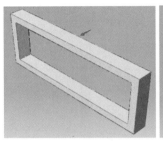

a) 选择偏移平面和点

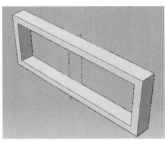

b) 新建基准平面

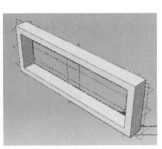

c) 所有基准平面

图 3-230　创建加载平台基准平面（一）

⑤ 参考前文所述混凝土翼板创建分区方式为加载平台创建分区，如图 3-231a 所示。单击左侧工具区的"创建壳：来自实体"按钮 ，（或在菜单栏单击"加工"→"壳"→"使用实体"），框选整个加载平台模型，按中键完成创建。单击菜单栏"工具"→"参考点"，单击图 3-231b 中的点，完成参考点设置。单击菜单栏"工具"→"集"→"创建"，弹出"创建集"对话框，如图 3-231c 所示，输入"名称"为"T"，选择设置的参考点，按中键确认，完成集合的创建。

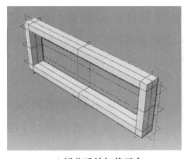

a) 拆分后的加载平台

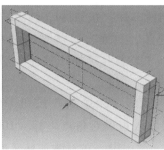

b) 设置参考点

c)"创建集"对话框

图 3-231　创建加载平台基准平面（二）

（4）创建材料和截面属性　创建材料及截面属性相关内容可参考第 3.2 节，以下仅对指派截面做介绍。

1）指派混凝土板截面。在环境栏中的"部件"下拉列表选中"C-YB"，单击"指派截面"按钮 $\blacksquare$ ，提示区显示"选择要指派截面的区域"，框选混凝土板部件，弹出"编辑截面指派"对话框，"截面"选择"concrete"，单击"确定"按钮，完成混凝土板截面的指派，如图 3-232a 所示。

2）指派钢箱梁截面。在环境栏中"部件"下拉列表选中"G-XL"，单击"指派截面"按钮 $\blacksquare$ ，提示区显示"选择要指派截面的区域"，按住〈shift〉键，依次单击选中钢箱梁底板部件，按中键确认，弹出"编辑截面指派"对话框，"截面"选择"GL-DB"，"壳偏移定义"下拉列表中选择"顶部表面"，单击"确定"按钮，完成钢梁下底板截面的指派，如图 3-232b 所示。参照上述操作，依次完成钢梁上翼缘的截面指派（图 3-232c）和腹板的截面指派（图 3-232d）。

3）指派箍筋（纵筋）截面。在环境栏"部件"下拉列表选中"gujin（zongjin）"，单击"指派截面"按钮 $\blacksquare$ ，提示区显示"选择要指派截面的区域"，框选箍筋（纵筋）部件，弹出"编辑截面指派"对话框，"截面"选择"gujin（zongjin）"，单击"确定"按钮，完成箍筋（纵筋）截面的指派，如图 3-232e 所示。

4）指派栓钉截面。在环境栏"部件"下拉列表选中"SD"，单击"指派截面"按钮 $\blacksquare$ ，提示区显示"选择要指派截面的区域"，单击选中栓钉下半部件，弹出"编辑截面指派"对话框，如图 3-232f 所示，"截面"选择"SD-13"，单击"确定"按钮，完成栓钉下半部件截面的指派。重复上述操作，为栓钉上半部件指派"SD-22"截面。

5）单击左侧工具区"指派梁方向"按钮 $\blacksquare$ ，框选整个栓钉部件，按中键确认提示区默认选择的 n1 方向，重复按中键确认，为栓钉指派梁方向完成。

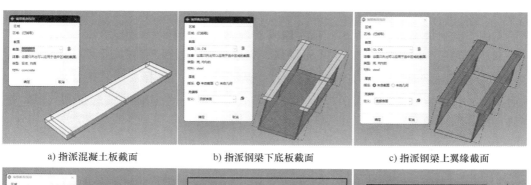

a) 指派混凝土板截面　　　b) 指派钢梁下底板截面　　　c) 指派钢梁上翼缘截面

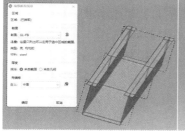  

d) 指派钢梁腹板截面　　　e) 指派箍筋截面　　　f) 指派栓钉下半部件截面

图 3-232　为部件指派截面

（5）定义装配件　在 ABAQUS/CAE 环境栏选择装配模块。

1）生成装配部件。在工具区单击 按钮，弹出"创建实例"对话框，在部件中选中"C-YB""G-XL""gujin""zongjin""JZPT"，"实例类型"选择"独立（网格在实例上）"，勾选"从其他的实例自动偏移"，单击"确定"按钮，生成部件实例，如图 3-233 所示。

图 3-233　生成装配部件实例

2）装配钢筋网架。

① 依次单击菜单栏中的"视图"→"装配件显示选项"，弹出"装配件显示选项"对话框，单击"实例"选项卡，只勾选"gangjin-1""gujin-1"，如图 3-234a 所示，单击"确定"按钮，此时工作窗口只显示箍筋和纵筋的装配部件。

② 单击左侧工具区"旋转实例"按钮，提示区提示"选择待旋转的实例"，单击选中纵筋实例，按中键确认，在提示区依次输入旋转轴起点坐标（0，0，0）、终点坐标（0，1，0）和旋转角度90°，根据提示按中键确认，完成旋转，如图 3-234b 所示。

③ 单击左侧工具区"平移实例"按钮，提示区提示"选择要平移的实例"，单击选中纵筋实例，按中键确认。按图 3-234c 和图 3-234d 所示选择平移向量的起点和终点，按中键确认，完成纵筋的平移。

④ 如图 3-234e 所示，单击左侧工具区"线性阵列"按钮，提示区提示"选择用于形成图案的实例"，单击选中纵筋实例，按中键确认，弹出"线性阵列"对话框，按图 3-234f 所示输入参数，偏移方向自行调整，单击"确定"按钮，生成如图 3-234g 所示图形。参考上述线性阵列步骤，完成对箍筋的线性阵列，完成后图形如图 3-234h 所示。

⑤ 单击左侧工具区"合并/切割实体"按钮，弹出"合并/切割实体"对话框，在"部件名"后输入"gjwj"，"原始实体"设为"删除"，如图 3-234i 所示，单击"继续"按钮，提示区提示"选择待合并的实例"，框选整个钢筋网架实例，按中键确认，完成钢架网架的合并。

3）装配栓钉和钢箱梁。

① 依次单击菜单栏中的"视图"→"装配件显示选项"，弹出"装配件显示选项"对话框，单击"实例"选项卡，只勾选"G-XL-1""SD-1"，单击"确定"按钮，此时工作窗口只显示栓钉和钢箱梁的装配部件。

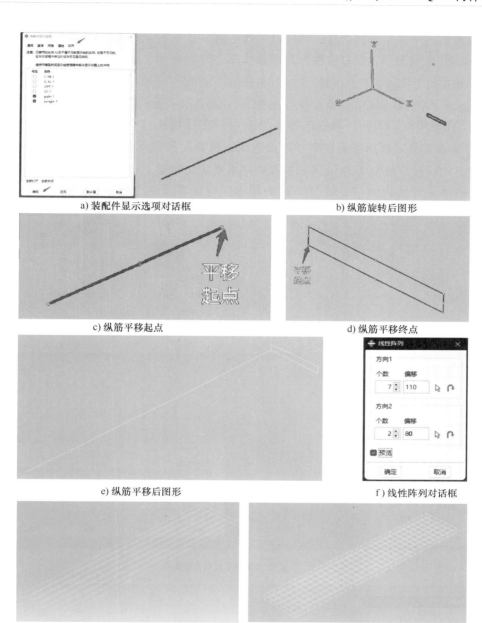

a) 装配件显示选项对话框

b) 纵筋旋转后图形

c) 纵筋平移起点

d) 纵筋平移终点

e) 纵筋平移后图形

f) 线性阵列对话框

g) 对纵筋线性阵列

h) 对箍筋线性阵列

i)"合并/切割实体"对话框

图 3-234　装配钢筋网架

② 参考前述平移实例的步骤，将栓钉平移至图 3-235a 所示位置，对栓钉进行线性阵列，得到图 3-235b 所示图形，栓钉线性阵列参数如图 3-235c 所示，偏移方向请读者自行调整。

③ 单击左侧工具区"合并/切割实体"按钮 ⊗，弹出"合并/切割实体"对话框，在"部件名"后输入"XL-SD-HB"，其余步骤与前述合并钢筋骨架一致，完成钢箱梁与栓钉的合并。

④ 在 ABAQUS/CAE 的环境栏选择属性模块。在环境栏"部件"下拉列表选中"XL-SD-HB"，单击工具区截面指派右侧"截面指派管理器"按钮 ，弹出"截面指派管理器"对话框，按图 3-235d 所示操作顺序重新定义钢梁下底板壳偏移。重复上述操作，重新定义钢梁上底板壳偏移，如图 3-235e 所示。请读者选中"XL-SD-HB"部件中所有栓

a) 栓钉平移位置　　　　　　　b) 对栓钉线性阵列　　　　　　　c) 栓钉线性阵列参数

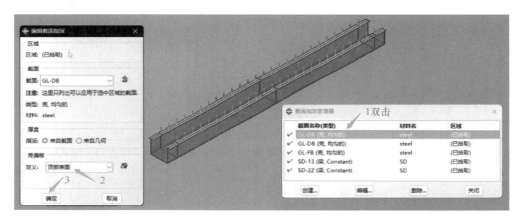

d) 定义钢梁下底板壳偏移

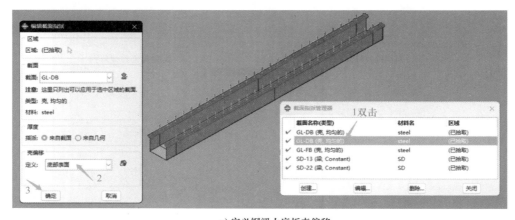

e) 定义钢梁上底板壳偏移

图 3-235　装配栓钉和钢箱梁

钉，并指派梁截面方向。

4）装配所有实例。

① 在 ABAQUS/CAE 的环境栏选择装配模块。依次单击菜单栏中的 "视图"→"装配件显示选项"，弹出 "装配件显示选项" 对话框，单击 "实例" 选项卡，只勾选 "C-YB-1" "gjwj-1"，单击 "确定" 按钮，此时工作窗口只显示混凝土翼板和钢筋网架的装配部件。

② 参考前述平移实例的步骤，将钢筋网架平移至图 3-236a 所示位置（平移量依据钢筋保护层厚度而定），按中键确定，完成钢筋网架的平移。在 "装配件显示选项" 对话框中勾选所有部件实例，参考上述平移操作，将 "JZPT" "XL-SD-HB" 的装配件平移至如图 3-236b

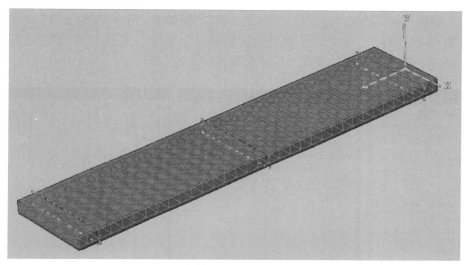

a) 钢筋网架平移位置

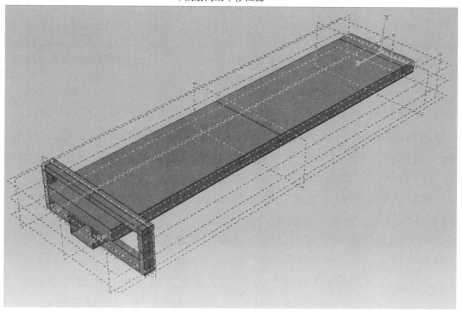

b) JZPT和XL-SD-HB部件实例平移位置

图 3-236　装配所有实例

所示位置。

（6）设置分析步　在 ABAQUS/CAE 的环境栏选择分析步模块。

1）创建分析步。在工具区单击"创建分析步"按钮 ●▸┥，弹出"创建分析步"对话框，如图 3-237a 所示，在"名称"后输入"Step-1"，"程序类型"选择"通用"→"静力，通用"；单击"继续"按钮，弹出"编辑分析步"对话框，"几何非线性"选择"开"；单击"增量"选项卡，输入如图 3-237b 所示数据，单击"确定"按钮。

2）创建历程输出。在工具区单击"创建历程输出"按钮 ，弹出"创建历程"对话框，在"名称"后输入"T"；单击"继续"按钮，弹出"编辑历程输出请求"对话框，"作用域"选择"集"→"JZPT-1，T"，"输出变量"选中"作用力/反作用力"→"RF，反作用力和力矩"→"RM3"，选中"位移/速度/加速度"→"U，平移和转动"→"UR3"，如图 3-237c 所示，单击"确定"按钮，完成历程输出设置。

a)"创建分析步"对话框　　b)"编辑分析步"对话框　　c)"编辑历程输出请求"对话框

图 3-237　创建分析步和历程输出

（7）定义相互作用和约束　在 ABAQUS/CAE 的环境栏选择相互作用模块。

1）创建相互作用属性。在工具区单击"创建相互作用属性"按钮 ，弹出"创建相互作用属性"对话框，"类型"选择"接触"；单击"继续"按钮，弹出"编辑接触属性"对话框，单击"力学"→"切向行为"，"摩擦公式"选择"无摩擦"，单击"力学"→"法向行为"，保持默认选项，单击"确定"按钮完成 IntProp-1 接触属性设置；再次单击"确定"按钮完成相互作用设置。重复上述操作，在"力学"→"法向行为"中取消勾选"允许接触后分离"，单击"确定"按钮完成 IntProp-2 接触属性设置。

2）创建相互作用。

① 在工具区单击"创建相互作用"按钮 ，弹出"创建相互作用"对话框，"可用于所选分析步类型"选择"表面与表面接触"；单击"继续"按钮，提示区显示"选择主表面"，在"装配件显示选项"中仅勾选"XL-SD-HB-1"，选择图 3-238a 所示钢梁上翼缘上表面，按中键确认；提示区显示"选择壳的一侧或另一面"，单击选择与混凝土翼板接触的一

侧，提示区显示"选择从表面类型"，单击 表面 按钮，在"装配件显示选项"中同时勾选"XL-SD-HB-1"和"C-YB-1"，选择混凝土板与钢梁接触的一侧表面，按中键确认，弹出"编辑相互作用"对话框，在"从结点/表面调整"中选择"只为调整到删除过盈"，接触作用属性选择 IntProp-1，单击"确定"按钮完成相互作用创建，如图 3-238b 所示。

　② 参考上述操作步骤，分别为加载平台和混凝土板之间、加载平台和箱梁之间创建相互作用属性，主表面均为加载平台上的接触面，从表面依次选择混凝土翼板上表面和钢梁下表面，接触作用属性均选择 IntProp-2，如图 3-238c 和图 3-238d 所示。

a) 选择主表面　　　　　　　　　　　　b) 创建钢梁与混凝土板间相互作用

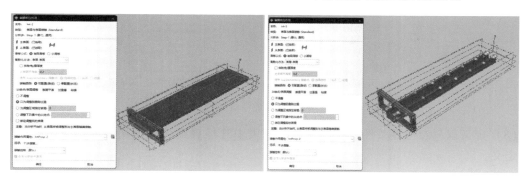

c) 创建加载平台与混凝土板间相互作用　　　　d) 创建加载平台与钢梁间相互作用

图 3-238　创建相互作用

3）创建约束。

① 左侧工具区单击"创建约束"按钮 ，弹出"编辑约束作用"对话框，如图 3-239a 所示，"类型"选择"内置区域"；单击"继续"按钮，提示区显示"选择内置的部分"，选中钢梁中的栓钉部件；按中键确认，提示区显示"选择主机区域的方法"；单击"选择区域"按钮 选择区域 ，选择混凝土板；单击"完成"按钮，弹出"编辑约束"对话框，如图 3-239b 所示，保持默认设置不变；单击"确定"按钮，退出"编辑约束"对话框，完成栓钉与混凝土的约束定义，模型如图 3-239c 所示。钢筋网与混凝土的约束方式同上，其中钢筋网为"内置区域"，混凝土板为"主机区域"。

② 左侧工具区单击"创建约束"按钮 ，弹出"编辑约束作用"对话框，"类型"选择"绑定"；单击"继续"按钮，提示区显示"选择主表面类型"；单击 表面 按钮，选中

加载平台与钢梁下表面接触面；按中键确认，提示区显示"选择从表面类型"；单击 结点区域 按钮，选择图 3-239d 所示区域；按中键确认，弹出"编辑约束"对话框，如图 3-239e 所示，保持默认设置不变；单击"确定"按钮，退出"编辑约束"对话框，完成加载平台与钢梁约束定义。

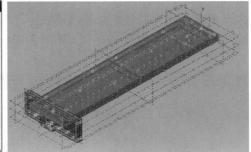

a)"创建约束"对话框　　b)"编辑约束"对话框　　　　c) 栓钉内置于混凝土中

d) 在钢梁中选择从表面　　　　　e)"编辑约束(绑定)"对话框

图 3-239　创建约束作用

（8）定义载荷和边界条件　在环境栏的列表中选择载荷功能模块，进行载荷及边界条件的定义。

1）定义边界条件。单击左侧工具区"创建边界条件"按钮 ，弹出"创建边界条件"对话框，将分析步设为"Initial"，"可用于所选分析步的类型"设为"位移/转角"，其余各项参数保持默认值，如图 3-240a 所示；单击"确定"按钮，提示区提示，选择要添加边界条件的区域，选中模型中钢梁和混凝土板一侧的支座线，如图 3-240b 所示；按中键确认，弹出"编辑边界条件"对话框，选中"U1""U2""U3"，如图 3-240c 所示，即添加的边界条件为滑动铰约束；单击"确定"按钮，退出对话框。重复以上操作，选中模型中加载平台下端中线，如图 3-240d 所示，按中键确认，在弹出的对话框中选中"U1""U2""U3"，即添加的边界条件为固定铰约束，完成对简支组合箱梁的边界条件定义，如图 3-240e 所示。

2）施加荷载。本例采用位移加载的方式施加载荷。单击左侧工具区"创建边界条件"按钮 ，弹出"创建边界条件"对话框，将分析步设为 Initial，选择"位移/转角"，保持所有参数默认值不变；单击"继续"按钮，选中模型中加载平台上的参考点 RP，弹出"编辑边界条件"对话框，选中"U1""U2""U3""UR3"，在"UR3"后输入"0.7"；单击"确定"按钮，退出"编辑边界条件"对话框，完成加载规律的定义。

a)"创建边界条件"对话框

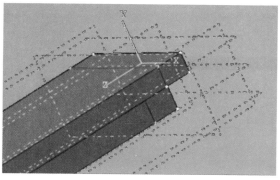

b) 选择添加边界条件的区域(一)

c)"编辑边界条件"对话框

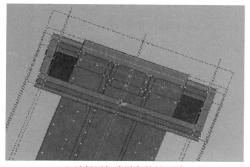

d) 选择添加边界条件的区域(二)

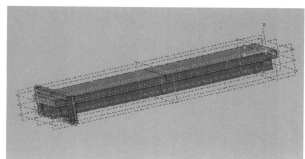

e) 为简支组合箱梁创建边界条件区域

图 3-240　定义组合箱梁边界条件

（9）网格划分　在环境栏的模块列表中，选择网格模块，进行网格划分。

1）由于本例模型各部件装配时均为非独立部件，划分网格时需以部件为对象分开划分，选择上方"部件"，环境栏中的"模块"设为"部件"→"C-YB"，即对混凝土板部件进行网格划分，如图 3-241 所示。单击左侧工具区的"种子部件"按钮 ，弹出"全局种子"对话框，如图 3-242a 所示，在"近似全局尺寸"后面输入"70"，保持其余参数默认值不变；单击"应用"按钮，混凝土部件已经按要求布满种子；单击"确定"按钮，退出对话框，完成网格种子布置。

2）单击左侧工具区的"为部件划分网格"按钮 ，提示区提示"是否给部件划分网格"；单击"是"按钮，模型按照前面定义的种子自动划分网格，模型由绿色变为青色，如图 3-242b 所示。重复以上操作，完成对加载平台（JZPT，"近似全局尺寸"为"50"）、钢梁（XL-SD-HB，"近似全局尺寸"为"60"）、钢筋网（gjwj，"近似全局尺寸"为"50"）的网格划分，如图 3-242c ~ 图 3-242f 所示。给钢筋网划分网格后，单击左侧工具区"指派单元类型"按钮 ，选择整个钢筋网架模型；按中键确定，弹出"单元类型"对话框，在"族"选项中选择"桁架"；单击"确定"按钮，退出对话框，完成对钢筋网架的单元类型指派。

（10）提交分析作业　在环境栏的模块列表中，选择作业模块进行作业提交。

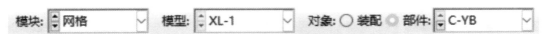

图 3-241 设置网格划分对象

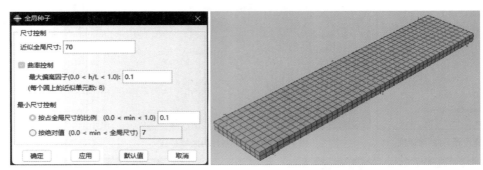

a)"全局种子"对话框   b) 混凝土板网格划分情况

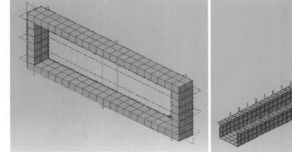 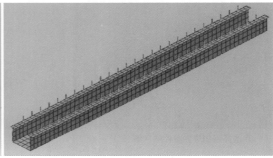

c) 加载平台网格划分情况   d) 钢梁网格划分情况

e) 钢筋网架网格划分情况   f)"单元类型"对话框

图 3-242 为部件划分网格

1）创建分析作业。单击左侧工具区的"创建作业"按钮 ，弹出"创建作业"对话框，如图 3-243a 所示，在"名称"后输入"XL-1"；单击"继续"按钮，弹出"编辑作业"对话框，如图 3-243b 所示，保持所有参数默认值不变；单击"确定"按钮，退出对话框，完成对模型分析作业的定义。

2）提交分析。选择主菜单"作业"→"管理器"，弹出"作业管理器"对话框，如图 3-243c 所示；单击"提交"按钮，可以看到对话框中的"状态"提示由"提交"变为"运行中"，并最终显示为"完成"；待运行完成后，单击对话框中的"结果"按钮，自动进入后处理模块。

a)"创建作业"对话框　　b)"编辑作业"对话框　　　　　　c)"作业管理器"对话框

图 3-243　创建并提交分析作业

（11）后处理

1）显示变形图。单击左侧工具区的"绘制变形图"按钮 ，绘图区会显示出变形后的网格模型，如图 3-244a 所示。

2）显示应力云图。单击左侧工具区的"在变形图上绘制云图"按钮 ，显示出最后一个分析步结束时的结点应力云图，如图 3-244b 所示。

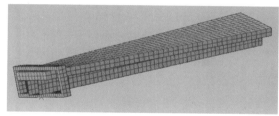 

a)变形后的网格模型　　　　　　　　　　　　b)结点应力云图

图 3-244　显示变形图

3）提取荷载-位移曲线。

① 单击左侧工具区的 按钮，弹出"创建 XY 数据"对话框，如图 3-245a 所示，"源"选择"ODB 历程变量输出"；单击"继续"按钮，弹出"历程输出"对话框，如图 3-245b 所示，在列表中选择"RM3"对应的数据；单击"另存为"按钮，命名为"T"，选择"保存操作"函数为"abs（XY）"（绝对值函数）；单击"确定"按钮，完成加载点反力数据保存，如图 3-245c 所示。

② 重复以上操作，在列表选中"UR3"对应的点集；单击"另存为"按钮，命名为"θ"，选择操作函数为"abs（XY）"（绝对值函数），如图 3-245d 所示；单击"确定"按钮，完成加载点转角数据保存。

③ 单击左侧工具区的 按钮，弹出"创建 XY 数据"对话框，如图 3-245e 所示，选择"操作 XY 数据"；单击"继续"按钮，在上方输入""θ"/3.14 * 180/3000"（扭率单位化为°/m），将数据另存为 XYDate1，在上方输入""T"/1000000"（扭矩单位化为 kN·m），将数据另存为 XYDate2，如图 3-245f 所示，在右侧函数列表中选择"combine（X，Y）"，在括号内输入""θ"，"T""，单击"绘制"按钮，得到扭矩-扭率曲线，如图 3-245g 所示。

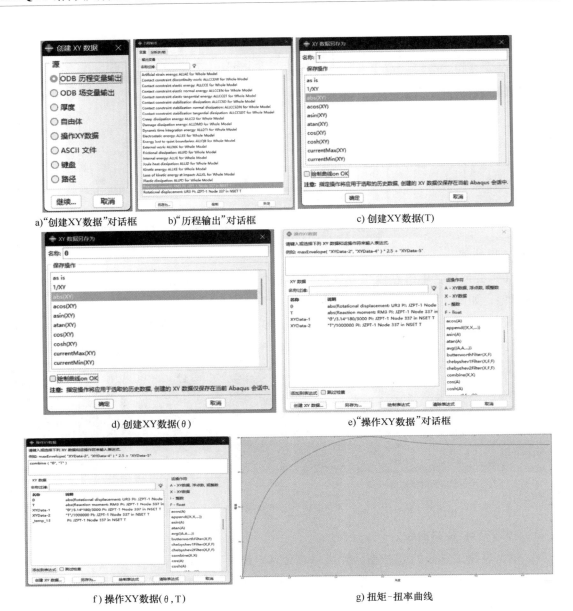

a) "创建 XY 数据" 对话框　　b) "历程输出" 对话框　　　　　c) 创建XY数据(T)

d) 创建XY数据(θ)　　　　　　　e) "操作XY数据" 对话框

f) 操作XY数据(θ,T)　　　　　　　　g) 扭矩-扭率曲线

图 3-245　绘制扭矩-扭率曲线

3.3.2　弯扭

（1）问题描述　弯扭组合箱梁模型建立方法基本同第 3.3.1 节，现对分析步、相互作用、后处理的操作改动与更新进行补充阐述。

（2）分析步　对于先弯后扭的加载方式，先建立弯矩工况 "M"，再建立扭矩工况 "T"，如图 3-246 所示。先扭后弯的方式则相反，同时弯扭可用同一个分析步。

（3）相互作用　分别于弯扭段两端设置刚性盖板，并与各自正上方参考点耦合（参考点距离适中即可），如图 3-247 所示。刚性盖板下表面与下部混凝土板上表面绑定（盖板下表面为主表面，混凝土上表面为从表面），如图 3-248 所示。

图 3-246　弯扭组合箱梁模型分析步设置

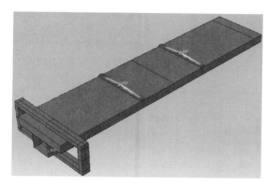

图 3-247　刚性盖板耦合

图 3-248　刚性盖板绑定

（4）创建历程输出　在弯矩工况"M"下依次创建刚性盖板参考点处集中力"CF1""CF2"的历程输出请求，并选择传递至扭矩工况"T"；在扭矩工况"T"下创建加载平台参考点处扭矩"T"的历程输出请求，如图 3-249 所示。

图 3-249　创建历程输出

（5）载荷及边界条件　以先弯后扭模式为例，单击左侧工具区的 ⬚ 按钮，弹出"创建载荷"对话框，将分析步设为"M"，且可传递至分析步"T"，如图 3-250 所示，"载荷类型"为"集中力"，输入数值，拾取两个参考点，单击"继续"按钮，如图 3-251 所示。完成对简支组合梁的边界条件定义。

分别对相应的分析步设置边界条件，可根据需要单击边界条件对话框右侧按钮进行移动、传递、激活、取消激活的操作，如图 3-252 所示。

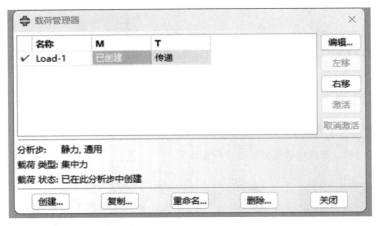

图 3-250 分步设置载荷

图 3-251 输入竖向集中力

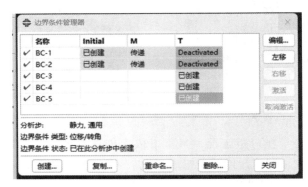

图 3-252 边界条件设置

（6）后处理 扭矩数据提取同第 3.3.1 节，得到扭矩-扭率曲线如图 3-253 所示。弯矩的集中力将由原来的反力（RF2）改为力（CF2），取两点力（CF2）的平均值作为集中力，反算得到相应的弯矩，提取出弯矩-跨中挠度曲线，如图 3-254 所示。

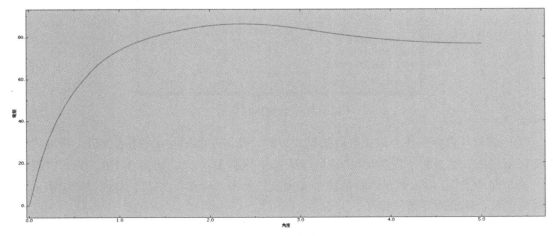

图 3-253 扭矩-扭率曲线

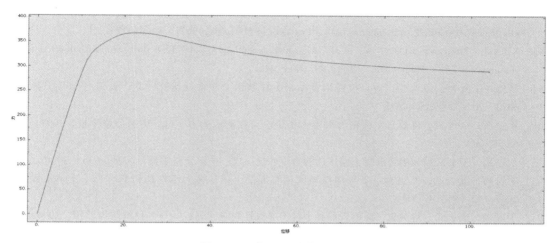

图 3-254　弯矩-跨中挠度曲线

参 考 文 献

［1］　丁发兴. 钢管混凝土轴压约束原理［M］. 北京：科学出版社，2023.

［2］　DING F X, CAO Z Y, FEI L Y, et al. Practical design equations of the axial compressive capacity of circular CFST stub columns based on finite element model analysis incorporating constitutive models for high-strength materials［J］. Case Studies in Construction Materials, 2022, 16：e1115.

［3］　丁发兴，周林超，余志武，等. 钢管混凝土轴压短柱非线性有限元分析［J］. 中国科技论文在线，2009, 4（7）：472-479.

［4］　DING F X, ZHU J, CHENG S, et al. Comparative study of stirrup-confined circular concrete-filled steel tubular stub columns under axial loading［J］. Thin-Walled Structures, 2018, 123：294-304.

［5］　DING F X, LUO L, ZHU J, et al. Mechanical behavior of stirrup-confined rectangular CFT stub columns under axial compression［J］. Thin-Walled Structures, 2018, 124：136-50.

［6］　DING F X, DING X Z, LIU X M, et al. Mechanical behavior of elliptical concrete-filled steel tubular stub columns under axial loading［J］. Steel and Composite Structures, 2017, 25（3）：375-88.

［7］　ZHANG T, DING F X, WANG L, et al. Behavior of polygonal concrete-filled steel tubular stub columns under axial loading［J］. Steel and Composite Structures, 2018, 28（5）：573-88.

［8］　DING F X, FANG C, BAI Y, et al. Mechanical performance of stirrup-confined concrete-filled steel tubular stub columns under axial loading［J］. Journal of Constructional Steel Research, 2014, 98：146-57.

［9］　LU D R, WANG W J, DING F X, et al. The impact of stirrups on the composite action of concrete-filled steel tubular stub columns under axial loading［J］. Structures, 2021, 30：786-802.

［10］　SADAT S I, DING F X, FEI L Y, et al. Unified prediction models for mechanical properties and stress-strain relationship of dune sand concrete［J］. Computers and Concrete, 2023, 32（6）：595-606.

［11］　SADAT S I, DING F X, FEI L Y, et al. Axial compression behavior and reliable design approach of rectangular dune sand concrete-filled steel tube stub columns［J］. Developments in the Built Environment 2024；18：100437.

［12］　丁发兴，张鹏，周林超，等. 钢管轻骨料混凝土轴压短柱非线性有限元分析［J］. 哈尔滨工业大学学报，2010, 42（S1）：21-25.

[13] LIU Y C, FEI L Y, DING F X, et al. Numerical study on confinement effect and efficiency of concentrically loaded RACFRST stub columns [J]. Frontiers in Materials, 2021, 8: 630774.

[14] XU Y L, FEI L Y, DING F X, et al. Analytical modelling of LACFCST stub columns subjected to axial compression [J]. Mathematics, 2021, 9 (9): 948.

[15] 夏松, 丁发兴, 卫心怡, 等. 拉筋钢管混凝土柱轴压力学性能研究 [J]. 铁道科学与工程学报, 2023, 20 (7): 2604-2615.

[16] 丁发兴, 余志武, 蒋丽忠. 圆钢管混凝土轴压中长柱的承载力 [J]. 中国公路学报, 2007, (4): 65-70.

[17] 余志武, 丁发兴. 圆钢管混凝土偏压柱的力学性能 [J]. 中国公路学报, 2008, (1): 40-46.

[18] 丁发兴, 余志武, 欧进萍. 不等端弯矩圆钢管混凝土偏压柱力学性能研究 [J]. 土木工程学报, 2009, 42 (9): 47-53.

[19] 丁发兴, 余志武, 蒋丽忠. 圆钢管混凝土结构非线性有限元分析 [J]. 建筑结构学报, 2006, (4): 110-115.

[20] 廖常斌, 丁发兴, 刘怡岑, 等. 高轴压比拉筋圆钢管混凝土柱界面滑移行为与抗震性能研究 [J]. 钢结构 (中英文), 2024, 39 (1): 41-52.

[21] DING F X, SHENG S J, YU Y J, et al. Mechanical behaviors of concrete-filled rectangular steel tubular under pure torsion [J]. Steel and Composite Structures, 2019, 31 (3): 291-301.

[22] DING F X, FU Q, WEN B, et al. Behavior of circular concrete-filled steel tubular columns under pure torsion [J]. Steel and Composite Structures, 2018, 26 (4): 501-11.

[23] WANG E, DING F X, WANG L, et al. Analytical study on the composite behavior of rectangular CFST columns under combined compression and torsion [J]. Case Studies in Construction Materials, 2022, 16.

[24] GONG Y, DING F X, WANG L, et al. Finite Model Analysis and Practical Design Equations of Circular Concrete-Filled Steel Tube Columns Subjected to Compression-Torsion Load [J]. Materials, 2021, 14 (19).

[25] DING F X, DING H, HE C, et al. Method for flexural stiffness of steel-concrete composite beams based on stiffness combination coefficients [J]. Computers and Concrete, 2022, 29 (3): 127-44.

[26] 丁发兴, 王恩, 吕飞, 等. 考虑组合作用的钢-混凝土组合梁抗剪承载力 [J]. 工程力学, 2021, 38 (7): 86-98.

[27] 刘劲, 丁发兴, 蒋丽忠, 等. 负弯矩荷载下钢-混凝土组合梁抗弯刚度研究 [J]. 铁道科学与工程学报, 2019, 16 (9): 2281-9.

[28] ZHU Z H, ZHANG L, BAI Y, et al. Mechanical performance of shear studs and application in steel-concrete composite beams [J]. Journal of Central South University, 2016, 23 (10): 2676-2687.

[29] LIU J, DING F X, LIU X M, et al. Study on flexural capacity of simply supported steel-concrete composite beam [J]. Steel and Composite Structures, 2016, 21 (4): 829-47.

[30] ZHANG J K, LIU P, HE C, et al. Torsional behavior of I-steel-concrete composite beam considering the composite effects [J]. Structural Concrete, 2022, 23 (2): 1151-1175.

[31] 张经科. 工字钢-混凝土组合梁受扭力学性能研究 [D]. 长沙: 中南大学, 2022.

[32] 束舒东. 钢-混凝土组合箱梁受扭力学性能研究 [D]. 长沙: 中南大学, 2024.

第 4 章
ABAQUS 结构抗震分析

组合结构具有良好的抗震性能。本章介绍钢管混凝土墩柱、组合节点、钢管混凝土柱-组合梁平面框架及高层空间框架的有限元建模方法。

4.1 钢管混凝土墩柱

4.1.1 拟静力分析

（1）问题描述　本例以本章文献［1］进行的部分填充方钢管混凝土桥墩拟静力试验为对象，方钢管混凝土桥墩缩尺比为 $1:4$，其中钢管的屈服强度 f_y 为 391MPa，混凝土轴心抗压强度 f_c 为 23.5MPa。钢管的边长 D 为 450mm，高度 h 为 2400mm，壁厚 t 为 6mm，混凝土填充高度为 900mm。

（2）启动 ABAQUS/CAE　启动 ABAQUS/CAE 后，创建新模型数据库。

（3）创建部件

1）创建混凝土部件。单击左侧工具区的 按钮，弹出"创建部件"对话框，如图 4-1 所示。在"名称"后输入"con1"，"模型空间"设为"三维"，"类型"设为"可变形"；"基本特征"选项组中"形状"设为"实体"，"类型"设为"拉伸"。单击"继续"按钮，进入绘图界面。单击左侧工具栏的 按钮，创建混凝土部件。在提示区输入矩形的起始角点（219，219）后按回车键，输入矩形的对角点（-219，-219），按〈Esc〉键退出绘制工具，完成二维部件的创建。在绘图区单击中键，弹出"编辑基本拉伸"对话框，在"深度"后输入"90"，单击"确定"按钮，完成混凝土部件的创建，如图 4-2 所示。重复以上步骤，再创建一个"深度"为 810 的混凝土部件，命名为"con2"，如图 4-3 所示。

2）创建钢管部件。单击左侧工具区的 按钮，弹出"创建部件"对话框，如图 4-4 所示。在"名称"后输入"steel"，"模型空间"设为"三维"，"类型"设为"可变形"；"基本特征"选项组中的"形状"设为"壳"，"类型"设为"拉伸"。单击"继续"按钮，进入绘图界面。单击左侧工具栏的 按钮，创建钢管部件。在提示区分别输入（-219，219）、（219，

图 4-1　创建混凝土
部件对话框

219）、（219，-219）、（-219，-219）、（-219，219）、（-73，164）、（-73，219）、（73，

164)、（73，219）、（164，73）、（219，73）、（164，−73）、（219，−73）、（73，−164）、（73，−219）、（−73，−164）、（−73，−219）、（−164，−73）、（−219，−73）、（−164，73）和（−219，73），按〈Esc〉键退出绘制工具，完成二维部件的创建。在绘图区单击中键，弹出"编辑基本拉伸"对话框，在"深度"后输入"2101"，完成混凝土部件的创建，如图 4-5 所示。

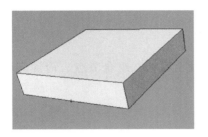

图 4-2　创建混凝土"con1"部件

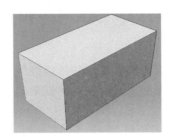

图 4-3　创建混凝土"con2"部件

图 4-4　创建钢管部件对话框

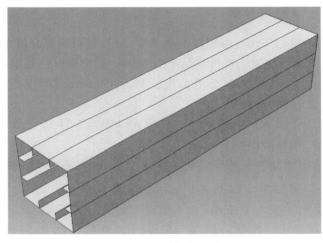

图 4-5　创建钢管部件

3）创建隔板部件。单击左侧工具区的 按钮，弹出"创建部件"对话框，如图 4-6 所示。在"名称"后输入"geban"，"模型空间"设为"三维"，"类型"设为"可变形"；"基本特征"选项组中"形状"设为"壳"，"类型"设为"平面"。单击"继续"按钮，进入绘图界面。单击左侧工具栏的 按钮，创建钢管部件。在提示区输入矩形的起始角点（219，219）后按回车键，输入矩形的对角点（−219，−219），按〈Esc〉键退出绘制工具。单击左侧工具栏的 按钮，在提示区输入矩形的起始角点（109.5，109.5）后按回车键，输入矩形的对角点（−109.5，−109.5）；单击左侧工具栏的 按钮，圆角半径为 20，对边长为 219 的正方形进行倒角，如图 4-7 所示。在绘图区单击中键，在弹出的"编辑基本拉伸"对话框中单击"确定"按钮，完成隔板部件的创建，如图 4-8 所示。

（4）创建材料和截面属性

1）单击左侧工具区的 按钮，弹出"编辑材料"对话框。在"名称"后输入"con"，单击"通用"→"密度"，输入"2.5e-9"。单击"力学"→"弹性"，"杨氏模量"输入"30941.38"，"泊松比"输入"0.2"。单击"力学""塑性"→"混凝土损伤塑性"，设置"膨胀角"为"40"，"偏心率"为"0.1"，"fb0/fc0"为 1.33，"K"为 0.67，"粘性参数"为"0.05"，受压行为和受拉行为根据丁发兴提出的参数确定性的三轴参数确定性混凝土三轴塑性-损伤模型本构关系进行输入，混凝土压缩损伤参数采用 GOTO 提出的损伤参数，如图 4-9 所示。

图 4-6　创建隔板部件对话框

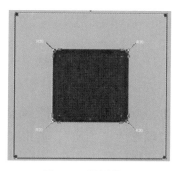

图 4-7　隔板草图

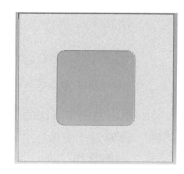

图 4-8　隔板部件

图 4-9　混凝土材料属性

2）单击左侧工具区的按钮，弹出"编辑材料"对话框。在"名称"后输入"steel"，单击"通用"→"密度"，输入"7.85e-9"。单击"力学"→"弹性"，"杨氏模量"输入"206000"，"泊松比"输入"0.286"。单击"力学"→"塑性"，如图 4-10 所示，"硬化"选择"组合"，"零塑性应变处的屈服应力"输入"391"，"随动硬化参数 C1"设为

"7500"，"Gamma1"设为"50"，"子选项"选择"循环硬化"，设置韧性损伤参数，如图 4-11 所示。

图 4-10　钢材塑性参数设置　　　　　　　图 4-11　钢材循环硬化参数设置

3）单击左侧工具区的 按钮，弹出"创建截面"对话框，在"名称"后输入"con"，"类别"设置为"实体"，"类型"设置为"均质"；单击"继续"按钮，弹出"编辑截面"对话框，材料选择"con"，其余参数保持默认设置，如图 4-12 所示。

4）单击左侧工具区的 按钮，弹出"创建截面"对话框，在"名称"后输入"steel"，"类别"设置为"壳"，"类型"设置为"均质"，单击"继续"按钮，弹出"编辑截面"对话框，"壳的厚度"设置为"6"，"材料"选择"steel"，其余参数保持默认设置，如图 4-13 所示。

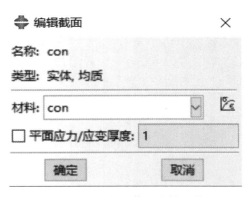

图 4-12　混凝土截面属性设置

图 4-13　钢材截面属性设置

5）选择部件"con1"，单击左侧工具区的 按钮，在提示区创建集合输入"con1"，单击选中混凝土部件，弹出"编辑截面指派"对话框，部件选择"con"，单击"确定"按钮。

6）选择部件"con2"，单击左侧工具区的 按钮，在提示区创建集合输入"con2"，单击选中混凝土部件，弹出"编辑截面指派"对话框，部件选择"con"，单击"确定"按钮。

7）选择部件"steel"，单击左侧工具区的 按钮，在提示区创建集合输入"steel"，单击选中外部钢管，弹出"编辑截面指派"对话框，选择"steel"，"壳偏移定义"为"底部表面"，单击"确定"按钮。

8）选择部件"geban"，单击左侧工具区的 按钮，在提示区创建集合输入"geban"，单击选中隔板，弹出"编辑截面指派"对话框，选择"steel"，"壳偏移定义"为"底部表面"，单击"确定"按钮。

（5）定义装配件

1）选择装配模块，单击左侧工具区的 按钮，弹出"创建实例"对话框，保持所有参数默认值不变，选择"con1"，单击"确定"按钮。

2）单击"创建实例"对话框，保持所有参数默认值不变，选择"con2"，单击"确定"按钮，退出创建对话框。单击左侧工具栏的 按钮，选中"con2"部件，然后将"con2"部件平移到"con1"部件的上表面。

3）单击左侧工具区的 按钮，弹出"创建实例"对话框，保持所有参数默认值不变，选择"steel"，单击"确定"按钮。

4）单击左侧工具区的 按钮，弹出"创建实例"对话框，保持所有参数默认值不变，选择"geban"，单击"确定"按钮。单击左侧工具栏的 按钮，选中"geban"部件，沿高度方向平移"225"。单击"创建显示组"按钮 ，选择"con1-1.con1"和"con2-1.con2"，单击"删除"按钮，如图 4-14 所示。

5）单击左侧工具栏的 按钮，选中"geban"部件，沿高度方向平移 225。单击左侧工具栏的 按钮，选中"geban"部件，沿高度方向线性阵列，如图 4-15 所示。单击左侧工具栏的 按钮，合并"steel"和"geban"部件，保持默认参数设置，如图 4-16 所示，合并成"Part-1"部件，如图 4-17 所示。

图 4-14　隐藏部件

图 4-15　线性阵列

图 4-16　合并部件

（6）设置分析步

1）选择分析步模块，单击左侧工具区的 ◆▪ 按钮，弹出"创建分析步"对话框，在"名称"后输入"zhouya"，"程序类型"项选择"通用"→"静力，通用"；单击"继续"按钮，弹出"编辑分析步"对话框，将"时间长度"改为"1e-10"，打开几何非线性。单击"增量"选项卡，"类型"选择"自动"计算方式，将"最大增量步数"设置为"100000"，将"增量步大小"的最小值、初始值及最大值分别修改为"1e-10""1e-10""1e-5"，保持剩余参数默认值不变，单击"确定"按钮，退出"编辑分析步"对话框。

图 4-17 "Part-1"部件

2）单击左侧工具区的 ◆▪ 按钮，弹出"创建分析步"对话框，在"名称"后输入"nijingli"，"程序类型"项选择"通用"→"静力，通用"，单击"继续"按钮，弹出"编辑分析步"对话框，将"时间长度"改为"49"。单击"增量"选项卡，选择"自动"计算方式，将"最大增量步数"设置为100000，将"增量步大小"的最小值、初始值及最大值分别修改为"0.01""1e-10""0.02"，保持剩余参数默认值不变，单击"确定"按钮，退出"编辑分析步"对话框。

（7）定义界面接触

1）选择相互作用模块，单击左侧工具区的 ▦ 按钮，弹出"创建相互作用"对话框，在"名称"后输入"s-c"，"类型"选为"接触"，单击"力学"→"切向行为"→"罚"，"摩擦系数"设为"0.2"，单击"力学"→"法向行为"→"硬接触"，勾选"允许接触后分离"。

2）选择相互作用功能模块，单击左侧工具区的 ▦ 按钮，弹出"创建相互作用"对话框，在"名称"后输入"s-c"，"类型"选为"接触"，单击"力学"→"切向行为"→"罚"，"摩擦系数"设为"1"，单击"力学"→"法向行为"→"硬接触"，勾选"允许接触后分离"。

3）单击左侧工具区的 ▦ 按钮，弹出"创建相互作用"对话框，"可用于所选分析步类型"选择"表面与表面接触"，单击"继续"按钮，主表面选择钢管内表面，从表面选择"con1"和"con2"部件的外表面后，弹出"编辑相互作用"对话框，如图 4-18 所示。

4）单击左侧工具区的 ▦ 按钮，弹出"创建相互作用"对话框，在"可用于所选分析步类型"选择"表面与表面接触"，单击"继续"按钮，主表面选择"con1"部件的上表面，从表面选择"con2"部件的下表面后，弹出"编辑相互作用"对话框，如图 4-19 所示。

5）单击左侧工具区的 ◁ 按钮，弹出"创建约束"对话框，"类型"选择"内置区域"，根据提示区提示，选择"geban"为"内置区域"，单击"确定"按钮。"主机区域"的选择方法为整个模型。在弹出的"编辑约束"对话框中保持默认参数不变，单击"确定"按钮退出"编辑约束"对话框。

图 4-18　钢管与混凝土相互作用

图 4-19　混凝土与混凝土相互作用

6) 单击左侧工具区的 $\mathbf{x}^{RP}$ 按钮，在提示区输入（0，0，2400），按回车键创建 RP1 点。单击左侧工具区的 $\mathbf{x}^{RP}$ 按钮，在提示区输入（0，0，-200），按回车键创建 RP2 点。

7) 单击工具区的 按钮，弹出"创建约束"对话框，"名称"保持不变，"类型"选择"耦合"，单击"继续"按钮。根据提示区创建集合后输入"dingbu"，左键选中 RP1 点，单击"确定"按钮。选择约束区域类型选择表面，选中钢管的上表面后单击完成。

8) 单击工具区的 按钮，弹出"创建约束"对话框，名称保持不变，类型选择耦合，单击"继续"按钮，根据提示区创建集合后输入"dibu"，选中 RP2 点，单击完成。选择约束区域类型选择表面，选中钢管的下表面后单击完成。同样操作，选中混凝土"con1"的下表面后单击完成。

（8）定义边界条件

1) 选择载荷功能模块，单击左侧工具区的 按钮，弹出"创建载荷"对话框，"名称"保持默认，"分析步"选择"zhouya"，"类别"为"力学"，"可用于所选分析步的类型"选择"集中力"，单击"继续"按钮，根据提示区的为荷载选择点的选择集，单击顶部，单击"继续"按钮，弹出"编辑荷载"对话框，在"CF3"后输入"-648000"，如图 4-20 所示。

2) 单击左侧工具区的 按钮，弹出"创建边界条件"对话框，"分析步"设为"Initial"，"类别"为"力学"，"可用于所选分析步的类型"选择"对称/反对称/完全固定"，单击"继续"按钮，根据提示区选择集合"dibu"，单击完成，如图 4-21 所示。

3) 单击左侧工具区的 按钮，弹出"创建边界条件"对话框，"分析步"选择"nijingli"，"类别"为"力学"，"可用于所选分析步的类型"选择"位移/转角"，选择"dingbu"集，弹出"创建边界条件"对话框，选择"U1"并将其值设为"1"。单击 按钮，"名称"为"nijingli"，"类型"为"表"，单击"继续"按钮，输入试验幅值，如图 4-22 所示。

图 4-20　编辑载荷

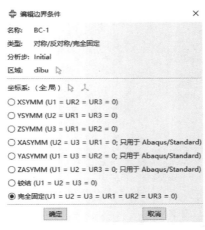

图 4-21　编辑边界条件

图 4-22　幅值

（9）划分网格　选择网格模块，选择"con1"部件，单击左侧工具区的 按钮，弹出"全局种子"对话框，"近似全局尺寸"设为"50"，其他保持默认参数不变，单击"确定"按钮，退出"全局种子"对话框。单击左侧工具区的 按钮，在视图区全选模型，单击中键确认，完成"con1"部件的网格划分。其余部件与上述部件类似，不再阐述。

（10）提交分析作业　选择作业功能模块，单击左侧工具区的 按钮，弹出"创建作业"对话框，单击"继续"按钮，弹出"编辑作业"对话框，保持默认参数不变，单击"继续"按钮，退出"编辑作业"对话框。单击左侧工具区的 按钮，弹出"作业管理器"对话框，单击"提交"按钮。

结果对比如图 4-23 所示。

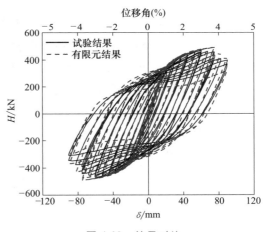

图 4-23　结果对比

4.1.2　拟动力分析

（1）问题描述　本例以本章文献 [1] 的部分填充方钢管混凝土桥墩拟静力试验为对象，方钢管混凝土桥墩缩尺比为 $1:4$，其中钢管的屈服强度 f_y 为 391 MPa，混凝土轴心抗压强度 f_c 为 23.5 MPa。钢管的边长 D 为 450 mm，高度 h 为 2400 mm，壁厚 t 为 6 mm，混凝土填充高度为 900 mm。

（2）启动 ABAQUS/CAE　启动 ABAQUS/CAE 后，创建新模型数据库。

（3）创建部件

1）创建混凝土部件。单击左侧工具区的  按钮，弹出"创建部件"对话框，如图 4-24 所示。在"名称"后输入"con1"，"模型空间"设为"三维"，"类型"为"可变形"；"基本特征"选项组的"形状"设为"实体"，"类型"设为"拉伸"。单击"继续"按钮，进入绘图界面。单击左侧工具栏的 按钮，创建混凝土部件。在提示区输入矩形的起始角点（219，219）后按回车键，输入矩形的对角点（-219，-219），按〈Esc〉键退出绘制工具，完成二维部件的创建。在绘图区单击中键，在弹出的对话框中将"深度"设为"90"，单击"确定"按钮，完成混凝土部件的创建，如图 4-25 所示。重复以上步骤，再创建一个"深度"为 810 的混凝土部件，命名为"con2"，如图 4-26 所示。

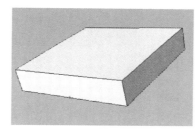

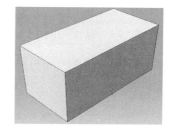

图 4-24　创建混凝土部件对话框　　图 4-25　创建混凝土 con1　　图 4-26　创建混凝土 con2

2）创建钢管部件。单击左侧工具区的 按钮，弹出"创建部件"对话框，如图 4-27 所示。在"名称"后输入"steel"，"模型空间"设为"三维"，"类型"设为"可变形"；"基本特征"选项组的"形状"设为"壳"，"类型"设为"拉伸"。单击"继续"按钮，进入绘图界面。单击左侧工具栏的 按钮，创建钢管部件。在提示区分别输入（-219，219）、（219，219）、（219，-219）、（-219，-219）、（-219，219）、（-73，164）、（-73，219）、（73，164）、（73，219）、（164，73）、（219，73）、（164，-73）、（219，-73）、（73，-164）、（73，-219）、（-73，-164）、（-73，-219）、（-164，-73）、（-219，-73）、（-164，73）和（-219，73），按〈Esc〉键退出绘制工具，完成二维部件的创建。在绘图区单击中键，在弹出的对话框中将"深度"设为"2101"，单击"确定"按钮，完成混凝土部件的创建，如图 4-28 所示。

3）创建隔板部件。单击左侧工具区的 按钮，弹出"创建部件"对话框，如图 4-29 所示。在"名称"后输入"geban"，"模型空间"设为"三维"，"类型"设为"可变形"；"基本特征"选项组的"形状"设为"壳"，"类型"设为"平面"。单击"继续"按钮，进入绘图界面。单击左侧工具栏的 按钮，创建钢管部件。在提示区输入矩形的起始角点（219，219）后按回车键，输入矩形的对角点（-219，-219），按〈Esc〉键退出绘制工具。

继续单击左侧工具栏的  按钮，在提示区输入矩形的起始角点（109.5，109.5）后按回车键，输入矩形的对角点（−109.5，−109.5），单击左侧工具栏的 按钮，圆角半径为 20，对边长为 219 的正方形进行倒角，如图 4-30 所示。在绘图区单击中键，在弹出的对话框中单击"确定"按钮，完成隔板部件的创建，如图 4-31 所示。

图 4-27　创建钢管部件对话框

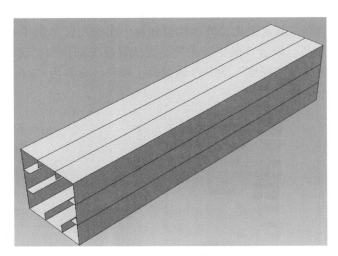

图 4-28　创建钢管部件

图 4-29　创建隔板部件

图 4-30　隔板草图

图 4-31　隔板部件

（4）创建材料和截面属性

1）单击左侧工具区的 按钮，弹出"编辑材料"对话框。在"名称"中输入"con"，单击"通用"→"密度"，输入"2.5e-9"。单击"力学"→"弹性"，"杨氏模量"输入"30941.38"，"泊松比"输入"0.2"。单击"力学"→"塑性"→"混凝土损伤塑性"，设置"膨胀角"为"40"，"偏心率"为"0.1"，"fb0/fc0"为"1.33"，"K"为"0.67"，"粘性参数"设置为"0.0005"，受压行为和受拉行为根据本书第 1 章推荐的本构关系进行输入，混凝土压缩损伤参数采用 GOTO 提出的损伤参数，如图 4-32 所示。值得注意的是，拟动力分析中需要考虑阻尼系数。

2）单击左侧工具区的 按钮，弹出"编辑材料"对话框。在"名称"后输入 steel，

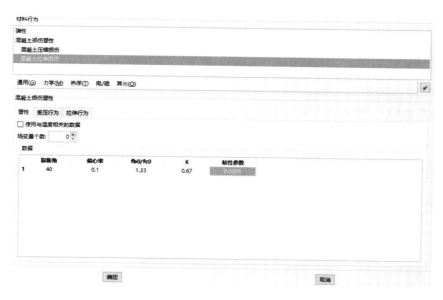

图 4-32　混凝土材料属性

单击"通用"→"密度"，输入"7.85e-9"。单击"力学"→"弹性"，"杨氏模量"输入"206000"，"泊松比"输入"0.286"。单击"力学"→"塑性"，如图 4-33 所示，"硬化"选择"组合"，"零塑性应变处的屈服应力"输入"391"，"随动硬化参数 C1"为"7500"，"Gamma 1"为"50"，"子选项"选择"循环硬化"，同时输入韧性损伤参数，参数设置如图 4-34 所示。

图 4-33　钢材塑性参数

图 4-34　钢材循环硬化参数

3）单击左侧工具区的 $\blacksquare$ 按钮，弹出"创建截面"对话框，在"名称"后输入"con"，"类别"设置为"实体"，"类型"设置为"均质"，单击"继续"按钮，弹出"编辑截面"对话框，"材料"选择"con"，其余参数保持默认，如图 4-35 所示。

4）单击左侧工具区的 $\blacksquare$ 按钮，弹出"创建截面"对话框，在"名称"后输入"steel"，"类别"设置为"壳"，"类型"设置为"均质"，单击"继续"按钮，弹出"编辑截面"对话框，"壳的厚度"设置为"6"，"材料"选择"steel"，其余参数保持默认，如图 4-36 所示。

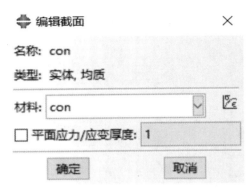

图 4-35　混凝土截面属性设置

图 4-36　钢材截面属性设置

5）选择部件"con1"，单击左侧工具区的 ▦ 按钮，在提示区创建集合输入"con1"，单击选中混凝土部件，弹出"编辑截面指派"对话框，部件选择"con"，单击"确定"按钮。

6）选择部件"con2"，单击左侧工具区的 ▦ 按钮，在提示区创建集合输入"con2"，单击选中混凝土部件，弹出"编辑截面指派"对话框，部件选择"con"，单击"确定"按钮。

7）选择部件"steel"，单击左侧工具区的 ▦ 按钮，在提示区创建集合输入"steel"，单击选中外部钢管，弹出"编辑截面指派"对话框，选择"steel"，"壳偏移定义"为"底部表面"，单击"确定"按钮。

8）选择部件"geban"，单击左侧工具区的 ▦ 按钮，在提示区创建集合输入"geban"，单击选中隔板，弹出"编辑截面指派"对话框，选择"steel"，"壳偏移定义"为"底部表面"，单击"确定"按钮。

（5）定义装配件

1）选择装配模块。单击左侧工具区的 ▦ 按钮，弹出"创建实例"对话框，保持所有参数默认值不变，选择"con1"，单击"确定"按钮。

2）单击"创建实例"对话框，保持所有参数默认值不变，选择"con2"，单击"确定"按钮，退出对话框。单击左侧工具栏的 ▦ 按钮，选中"con2"部件，然后将"con2"部件平移到"con1"部件的上表面。

3）单击左侧工具区的 ▦ 按钮，弹出"创建实例"对话框，保持所有参数默认值不变，选择"steel"，单击"确定"按钮。

4）单击左侧工具区的 ▦ 按钮，弹出"创建实例"对话框，保持所有参数默认值不变，选择"geban"，单击"确定"按钮。单击左侧工具栏的 ▦ 按钮，选中"geban"部件，沿高度方向平移 225。单击"创建显示组"按钮 ▦，选择"con1-1.con1"和"con2-1.con2"，单击"删除"按钮，如图 4-37 所示。

5）单击左侧工具栏的 ▦ 按钮，选中"geban"部件，沿高度方向平移 225mm。单击左侧工具栏的 ▦ 按钮，选中"geban"部件，沿高度方向线性阵列，如图 4-38 所示。单击左

侧工具栏的  按钮，合并"steel"和"geban"部件，保持默认参数，如图 4-38 所示，合并成"Part-1"部件，如图 4-39 所示。

图 4-37　隐藏部件

图 4-38　线性阵列

图 4-39　合并部件

（6）设置分析步

1）选择分析步模块，单击左侧工具区的 ●→■ 按钮，弹出"创建分析步"对话框，"程序类型"项选择"通用"→"静力，通用"；单击"继续"按钮，弹出"编辑分析步"对话框，将"时间长度"改为"1e-10"，打开几何非线性。单击"增量"选项卡，"类型"选择"自动"计算方式，将"最大增量步数"设置为"100000"，将"增量步大小"的最小值、初始值、最大值分别修改为"1e-15""1e-10""1e-5"，保持剩余参数默认值不变；单击"确定"按钮，退出"编辑分析步"对话框。

图 4-40　Part-1 部件

2）单击左侧工具区的 ●→■ 按钮，弹出"创建分析步"对话框，"程序类型"项选择"通用"→"动力，隐式"。单击"继续"按钮，弹出"编辑分析步"对话框，将"时间长度"改为"30"。单击"增量"选项卡，选择"自动"计算方式，将"最大增量步数"设置为"100000"，"增量步大小"的最小值、初始值、最大值分别为"1e-15""0.02""0.02"，单击"确定"按钮，退出"编辑分析步"对话框。

（7）定义界面接触

1）选择相互作用模块，单击左侧工具区的 ▦ 按钮，弹出"创建相互作用"对话框，在"名称"后输入"s-c"，"类型"选为"接触"，单击"力学"→"切向行为"→"罚"，"摩擦系数"为"0.2"，单击"力学"→"法向行为"→"硬接触"，勾选"允许接触后分离"。

2）选择相互作用功能模块，单击左侧工具区的 ▦ 按钮，弹出"创建相互作用"对话框，在"名称"后输入"s-c"，"类型"选为"接触"，单击"力学"→"切向行为"→"罚"，

"摩擦系数"为"1",单击"力学"→"法向行为"→"硬接触",勾选"允许接触后分离"。

3）单击左侧工具区的 🔲 按钮,弹出"创建相互作用"对话框,"可用于所选分析步类型",选择"表面与表面接触",单击"继续"按钮,主表面选择钢管内表面,从表面选择"con1"和"con2"部件的外表面后,弹出"编辑相互作用"对话框,如图4-41所示。

4）单击左侧工具区的 🔲 按钮,弹出"创建相互作用"对话框,"可用于所选分析步类型",选择"表面与表面接触",单击"继续"按钮,主表面选择"con1"部件的上表面,从表面选择"con2"部件的下表面后,弹出"编辑相互作用"对话框,如图4-42所示。

图 4-41 钢管与混凝土相互作用

图 4-42 混凝土与混凝土相互作用

5）单击左侧工具区的 🔷 按钮,弹出"创建约束"对话框,"类型"选择"内置区域",根据提示区提示,选择"geban"为"内置"区域,单击完成按钮。"主机"区域的选择方法为整个模型。在弹出的"编辑约束"对话框中保持默认参数不变,单击"确定"按钮退出"编辑约束"对话框。

6）单击左侧工具区的 $\mathbf{x}^{RP}$ 按钮,在提示区输入（0,0,2400）,按回车键创建RP1点。单击"特殊设置"菜单,选择"惯性"选项,选择"管理器",单击"创建",选择"点质量/惯性",单击"继续"按钮,在RP1施加点质量,选择"各向同性",输入"1058"。单击左侧工具区的 $\mathbf{x}^{RP}$ 按钮,在提示区输入（0,0,-200）,按回车键创建RP2点。

7）单击工具区的 🔷 按钮,弹出"创建约束"对话框,"名称"保持不变,"类型"选择"耦合",单击"继续"按钮,根据提示区提示创建集合后输入"dingbu",选中RP1点,单击完成。选择约束区域类型选择表面,选中钢管的上表面后单击完成。

8）单击工具区的 🔷 按钮,弹出"创建约束"对话框,"名称"保持不变,"类型"选择"耦合",单击"继续",根据提示区创建集合后输入"dibu",选中RP2点,单击完成。选择约束区域类型选择表面,选中钢管的下表面后单击完成。同样操作,选中混凝土

"con1"部件的下表面后单击完成。

（8）定义边界条件

1）选择载荷功能模块，单击左侧工具区的  按钮，弹出"创建载荷"对话框，"名称"保持默认，"分析步"选择"Step-1"，"类别"为"力学"，"可用于所选分析步的类型"选择"重力"，单击"继续"按钮，在"分量 3"后输入"-9800"，如图 4-43 所示。

2）单击左侧工具区的 按钮，弹出"创建载荷"对话框，"名称"保持默认，"分析步"选择"Step-2"，"类别"为"力学"，"可用于所选分析步的类型"选择"重力"，单击"继续"按钮，在"分量 1"后输入"1"，并在"幅值"后输入地震动数据，如图 4-44 所示。

3）单击左侧工具区的 按钮，弹出"创建边界条件"对话框，"分析步"设为"Initial"，"类别"为"力学"，"可用于所选分析步的类型"选择"对称/反对称/完全固定"，单击"继续"按钮，根据提示区选择"dibu"，单击完成，如图 4-45 所示。

图 4-43　施加重力

图 4-44　施加地震动

图 4-45　边界条件

（9）划分网格　选择网格功能模块，选择"con1"部件，单击左侧工具区的 按钮，弹出"全局种子"对话框，"近似全局尺寸"为"50"，其他保持默认参数不变，单击"确定"按钮，退出"全局种子"对话框。单击左侧工具区的 按钮，根据提示区提示单击"是"按钮，划分网格。其余部件与上述部件类似，不再阐述。

（10）提交分析作业　选择作业模块，单击左侧工具区的 按钮，弹出"创建作业"对话框，单击"继续"按钮，弹出"编辑作业"对话框，保持默认参数不变；单击"继续"按钮，退出"编辑作业"对话框。单击左侧工具区的 按钮，弹出"作业管理器"对话框，单击"提交"按钮。结果对比如图 4-46 所示。

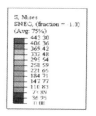
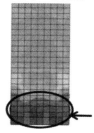
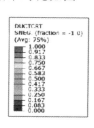

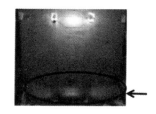

图 4-46　结果对比

4.2 组合节点

4.2.1 钢管混凝土-组合梁焊接加强环节点拟静力分析

（1）问题描述 一个方钢管混凝土柱-组合梁加强环节点，具体尺寸如图 4-47 所示，在梁端施加通过位移控制的往复荷载，荷载随时间变化规律如图 4-48 所示，利用 ABAQUS 有限元软件对其进行应力分析。

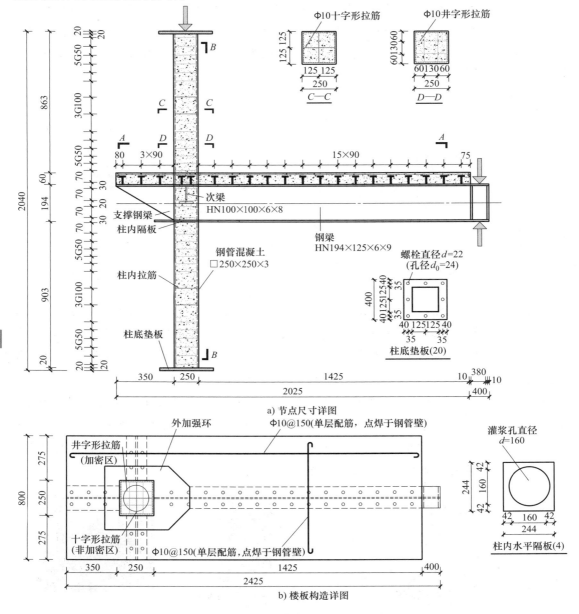

a) 节点尺寸详图

b) 楼板构造详图

图 4-47　节点尺寸详图

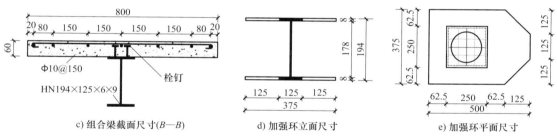

c) 组合梁截面尺寸(B—B)　　　d) 加强环立面尺寸　　　e) 加强环平面尺寸

图 4-47　节点尺寸详图（续）

（2）启动 ABAQUS/CAE　启动 ABAQUS/CAE 后，选择采用 Standard/Explicit 模型。

（3）创建部件　在 ABAQUS/CAE 环境栏模块列表中选择部件模块，进入部件编辑。

1）创建钢管部件。

① 单击左侧工具区的 按钮，弹出"创建部件"对话框，如图 4-49 所示。在"名称"后输入"wai-gangguan"，将"模型空间"设为"三维"；"基本特征"选项组的"形状"设为"实体"，"类型"设为"拉伸"；"大约尺寸"设为"400"。单击"继续"按钮，进入二维绘图界面。单击左侧工具区的

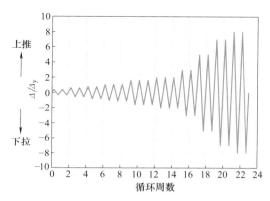

图 4-48　加载规律图

按钮，在提示区依次输入 X、Y 坐标（125，−125）、（−125，125），按中键或按回车键确认，得到外矩形。相同的方法，依次输入坐标（121，−121）、（−121，121），得到内矩形，按中键确认，完成二维图绘制。完成二维图绘制后弹出"编辑基本拉伸"对话框，如图 4-50 所示，在"深度"后输入"2715"，单击"确定"按钮，此时绘图区显示出钢管的三维模型，如图 4-51 所示。

145

图 4.49　"创建部件"对话框

图 4-50　"编辑基本拉伸"对话框

图 4-51　钢管的三维模型

② 为了方便后续设置相互作用接触面、网格划分，需要在部件模块里对外钢管部件进行分割。在外钢管部件界面，长按 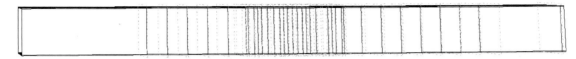 按钮，单击 按钮，从已有平面创建基准面。选择钢管与 Z 轴正向相反一端的底面，在底部提示区选择 "输入大小"，箭头所指方向设为钢管内，若默认箭头方向向外，就选择 "翻转"，偏移大小输入 "606"，就得到了第一个基准面，软件用黄线方框表示。接着单击 按钮，选择刚刚生成的第一个基准面，依次以前一个基准面为已有平面创建下一个基准面，沿 Z 轴正方向，偏移大小依次为 100、100、100、100、89、11、30、19、19、30、31、30、19、19、25、24、25、19、19、30、31、30、19、19、30、11、89、100、100、100、100、100、100、421，单击中键依次确认。以上操作都会记录在左侧模型树里，用户可以根据需要进行修改或删除。基准面创建完成后，长按按钮，单击按钮，使用基准平面拆分几何元素，根据提示区依次选择要拆分的钢管部分和基准面就可以完成分割。重复该操作，完成上述基准面处的拆分，如图 4-52 所示。

图 4-52 基准面切割

③ 创建垂直钢管底面的分割。与上述相同操作。单击 按钮，从已有平面创建基准面。选择钢管与 YZ 平面平行的一面，在底部提示区选择 "输入大小"，箭头所指方向设为 X 轴正方向，若默认箭头方向向外，就选择 "翻转"，偏移大小输入 4，就得到了第一个基准面。接着单击 按钮，选择刚刚生成的第一个基准面，依次以前一个基准面为已有平面创建下一个基准面，沿 X 轴正方向，偏移大小依次为 21、41、19、19、42、19、19、41、21，单击中键依次确认。基准面创建完成后，长按按钮，单击按钮，使用基准平面拆分几何元素，根据提示区提示，依次选择要拆分的钢管部分和基准面就可以完成分割。最后单击 按钮，选择钢管与 XZ 平面平行的一面，在底部提示区选择 "输入大小"，箭头所指方向设为 Y 轴正方向，偏移大小依次为 4、242，重复该操作，完成上述基准面处的拆分，如图 4-53 所示。

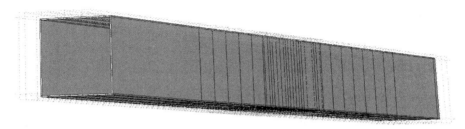

图 4-53 钢管拆分

④ 进行栓钉开孔。在 XZ 平面的中部，按照前面划分的切割面，在中间开孔。长按 "创建切削" 按钮，单击 "创建圆孔" 按钮，选择孔的类型为通过所有，选择钢梁翼缘平面，箭头方向任意。当系统提示选择第一条边和第二条边时，分别选择单个螺栓所在矩

形的任意垂直的两条边，距离为 19，孔径为 28，依次得到上下翼缘共 16 个栓钉孔，如图 4-54 所示。

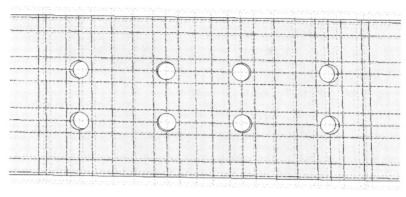

图 4-54　栓钉开孔

2）创建外钢管部件。

① 类似于上面钢管部件，单击左侧工具区的 按钮，弹出"创建部件"对话框，如图 4-55 所示。在"名称"后输入"wai-gangguan490"，将"模型空间"设为"三维"；"基本特征"选项组的"形状"设为"实体"，"类型"设为"拉伸"；"大约尺寸"设为"400"。单击"继续"按钮，进入二维绘图界面。单击左侧工具区的 按钮，在提示区依次输入 X、Y 坐标（125，-125）、（-125，125），按中键或按回车键确认，得到外矩形。采用相同的方法，依次输入坐标（122，-122）、（-122，122），得到内矩形，按中键确认，完成二维图绘制。完成二维图绘制后，弹出"编辑基本拉伸"对话框，如图 4-56 所示，在"深度"后输入"2000"，单击"确定"按钮，此时绘图区显示出钢管的三维模型，如图 4-57 所示。

图 4-55　"创建部件"对话框

图 4-56　"编辑基本拉伸"对话框

② 为了方便后续设置相互作用接触面、网格划分，需要在部件模块里对外钢管部件进行分割。在外钢管部件界面，长按 按钮，单击 按钮，从已有平面创建基准面。选择钢管与 Z 轴正向相反一端的底面，如图 4-58a 所示，在底部提示区选择"输入大小"，箭头所指方向设为钢管内，若默认箭头方向向外，就选择"翻转"，偏移大小输入"20"，就得到了第一个基准面，如图 4-58b 所示，

图 4-57　钢管的三维模型

软件用黄线方框表示。单击 按钮，选择刚刚生成的第一个基准面，依次以前一个基准面为已有平面创建下一个基准面，沿 Z 轴正方向，偏移大小依次为 50、50、50、50、50、100、100、100、50、50、50、50、50、70、13、9、8、70、20、70、8、9、13、47、23、50、50、50、50、50、100、100、100、50、50、50、50、50，单击中键依次确认。再选择钢管与 X 轴正向相反一端的底面，如图 4-59a 所示，在底部提示区选择"输入大小"，箭头所指方向设为钢管内，若默认箭头方向向外，就选择"翻转"，偏移大小输入"3"，就得到了第一个基准面。单击 按钮，选择刚刚生成的第一个基准面，依次以前一个基准面为已有平面创建下一个基准面，沿 X 轴正方向，偏移大小依次为 22、41、19、19、42、19、19、41、

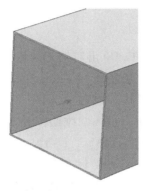

a) 与Z轴正向相反一端的底面　　　　b) 基准面偏移之后

图 4-58　基准面划分

22，单击中键依次确认。基准面创建完成后，长按 按钮，单击 按钮，使用基准平面拆

a) 与X轴正向相反一端的底面

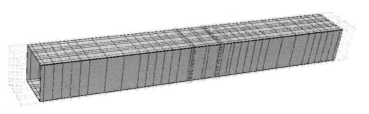

b) 基准面划分与切割

图 4-59　基准面切割

分几何元素。根据提示区提示，依次选择要拆分的钢管部分和基准面就可以完成分割。重复该操作，完成上述基准面处的拆分，如图 4-59b 所示。

3) 创建混凝土柱部件。步骤与创建外钢管部件基本相同。部件"名称"设为"hunningtu-zhu"，"模型空间"设为"三维"；"基本特征"选项组的"形状"设为"实体"；"类型"设为"拉伸"；"大约尺寸"设为"400"。绘制二维图形时，只绘制一个矩形，坐标分别为（117，-127）、（-127，117），绘制完成后单击中键确认，拉伸"深度"设为"2000"。最后得到的混凝土柱三维模型如图 4-60 所示。

4) 创建混凝土板部件。步骤同混凝土柱操作。部件"名称"设为"hunningtu-ban"，"模型空间"设为"三维"；"基本特征"选项组的"形状"设为"实体"，"类型"设为"拉伸"；

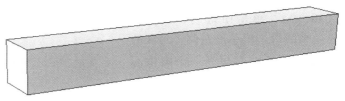

图 4-60　混凝土柱三维模型

"大约尺寸"设为"2000"。绘制二维图形时只绘制一个矩形，坐标分别为（864，400）、（-1161，-400），绘制完成后中键确定。拉伸"深度"设为"60"。单击 按钮，从已有平面创建基准面。选择钢管与 X 轴正向相反一端的底面，在底部提示区选择"输入大小"，箭头所指方向设为 X 轴正向，若默认箭头方向向外，就选择"翻转"，偏移大小输入 334，就得到了第一个基准面。接着单击 按钮，选择刚刚生成的第一个基准面，依次以前一个基准面为已有平面创建下一个基准面，沿 Z 轴正方向，偏移大小依次为 16、250、16，单击中键依次确认。采用同样的操作，单击 按钮，从 XZ 平面向 Y 轴正向偏移 275，再依次向 Y 轴正向偏移 62.5、125、62.5。基准面创建完成后，长按 按钮，单击 按钮，使用基准平面拆分几何元素。根据提示区提示，依次选择要拆分的钢管部分和基准面，就可以完成分割。重复该操作，完成上述基准面处的拆分。随后将中间矩形用右侧的 按钮进行删除。最后得到的混凝土板三维模型如图 4-61 所示。

5) 创建拉筋部件。单击左侧工具区的 按钮创建部件（图 4-62a）。部件"名称"设为"lajin"，"模型空间"设为"三维"；"基本特征"选项组的"形状"设为"线"，"类型"为"平面"，"大约尺寸"设为

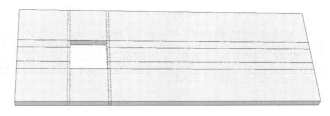

图 4-61　混凝土板三维模型

"400"。绘制二维图形时单击 按钮，输入坐标（283，-172）、（283，72），单击中键确认；输入坐标（383，-172）、（383，72），单击中键确认；输入坐标（211，-100）、（455，-100），单击中键确定；最后输入坐标（211，0）、（455，0），单击中键两次确认，最后得到的拉筋三维模型如图 4-62b 所示。

6) 创建梁端部件。

① 单击左侧工具区的 按钮创建部件。部件"名称"设为"liangduan-erban"，"模型

149

空间"设为"三维";"基本特征"选项组中的"形状"设为"实体","类型"设为"拉伸";"大约尺寸"设为"400"。

② 绘制二维图形时，先单击左侧工具区的 ⊙ 按钮，圆心坐标为 (0，0)，单击中键确认，再输入坐标 (10，0)，单击中键确认，得到中心一个圆形。再单击左侧工具区的 按钮，圆弧中心与上一个圆中心一致，随后输入坐标 (52，0)、(−52，0)，单击中键确认，如图 4-63 所示。

a) 创建拉筋部件　　　　b) 拉筋模型

图 4-62　拉筋三维模型

③ 单击左侧工具区的 ✿ 按钮，连接圆弧左端点，输入坐标 (−52，80)，单击中键确认，直线向右继续输入坐标 (52，80)，单击中键确认，将右侧端点与圆弧端点相连，单击中键确认，在弹出的对话框中，拉伸"深度"设为"20"。梁端二维图如图 4-63 所示。

④ 单击 按钮，从已有平面创建基准面。选择钢管与 Y 轴垂直的一面，沿 Y 轴负向，在底部提示区选择"输入大小"，若默认箭头方向向外，就选择"翻转"，偏移大小输入 60，就得到了第一个基准面。接着单击 按钮，选择刚刚生成的第一个基准面，依次以前一个基准面为已有平面创建下一个基准面，沿 Y 轴负向，偏移大小依次为 20、20，单击中键依次确认。

⑤ 采用同样的操作，选择钢管与 X 轴垂直的一面，沿 X 轴正向，在底部提示区选择"输入大小"，若默认箭头方向向外，选择"翻转"，偏移大小输入 32，就得到了第一个基准面。再依次向 X 轴正向偏移 20、20。

⑥ 基准面创建完成后，长按 按钮，单击 按钮，使用基准平面拆分几何元素。根据提示区提示，依次选择要拆分的钢管部分和基准面就可以完成分割。重复该操作，完成上述基准面处的拆分，如图 4-64 所示。

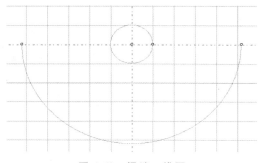

图 4-63　梁端二维图

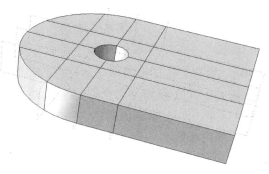

图 4-64　梁端三维模型

7）创建盖板部件。单击左侧工具区的 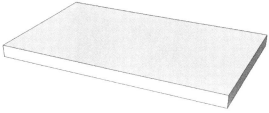 按钮创建部件。部件"名称"设为"liang-gaiban"，"模型空间"设为"三维"；"基本特征"选项组中的"形状"设为"实体"，"类型"设为"拉伸"；"大约尺寸"设为"400"。绘制二维图形时，只绘制一个矩形，坐标分别为（200，5）、（0，-325），绘制完成后单击中键确认。拉伸"深度"输入"20"，最后得到的盖板三维模型如图 4-65 所示。

图 4-65　盖板三维模型

8）创建柱底部件。步骤与梁端部件大致相同。

① 单击左侧工具区的 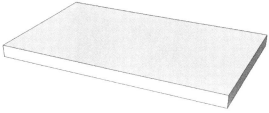 按钮，创建部件。部件"名称"设为"zhudi-erban"，"模型空间"设为"三维"；"基本特征"选项组中的"形状"设为"实体"，"类型"设为"拉伸"；"大约尺寸"设为"400"。

② 绘制二维图形时，先单击左侧工具区的 ⊙ 按钮，圆心坐标为（0，0），单击中键确认，再输入坐标（10，0），单击中键确认，得到中心一个圆形。再单击左侧工具区的按钮，圆弧中心与上一个圆中心一致，随后输入坐标（46，0）、（-46，0），单击中键确认。

③ 单击左侧工具区的 按钮，连接圆弧左端点，输入坐标（-52，90），单击中键确认，直线向右继续输入坐标（52，90），单击中键确认，将右侧端点与圆弧端点相连，单击中键确认，在弹出的对话框中，拉伸"深度"输入"20"。

④ 单击 按钮，从已有平面创建基准面。选择钢管与 Y 轴垂直的一面，沿 Y 轴负向，在底部提示区选择"输入大小"，若默认箭头方向向外，选择"翻转"，偏移大小输入 70，就得到了第一个基准面。接着单击左侧工具区的 按钮，选择刚刚生成的第一个基准面，依次以前一个基准面为已有平面创建下一个基准面，沿 Y 轴负向，偏移大小依次为 20、20，单击中键依次确认。

⑤ 长按左侧工具区的 按钮，单击 按钮，依次在模型中选取三个点，如图 4-66 所示，单击中键确认，生成的第一个基准面。再长按左侧工具区的 按钮，单击 按钮，选择刚刚生成的第一个基准面，依次以前一个基准面为已有平面创建下一个基准面，沿着 X 轴左右两边各偏移 20。

⑥ 基准面创建完成后，长按 按钮，单击 按钮，使用基准平面拆分几何元素。根据提示区提示，依次选择要拆分的钢管部分和基准面就可以完成分割。重复该操作，完成上述基准面处的拆分，最后得到的柱底三维切割模型如图 4-67 所示。

9）创建柱隔板部件。

① 单击左侧工具区的 按钮，创建部件。部件"名称"设为"zhu-geban"，"模型空间"设为"三维"；"基本特征"选项组中的"形状"设为"实体"，"类型"设为"拉伸"；"大约尺寸"设为"400"。

② 绘制二维图形时，先绘制一个矩形，坐标分别为（-122，122）、（122，-122），绘制完成后单击中键确认。然后单击 ⊙ 按钮，输入圆心坐标（0，0），向外拉伸再输入坐标

图 4-66　柱底选择三个点

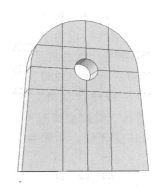

图 4-67　柱底三维切割模型

（50，0），双击中键确认，在弹出的对话框中，拉伸"深度"输入"4"。

③ 单击 按钮，从已有平面创建基准面。选择钢管与 Y 轴正向相反一端的底面，如图 4-68 所示，在底部提示区选择"输入大小"，箭头所指方向设为 Y 轴正向，若默认箭头方向向外，就选择"翻转"，偏移大小输入 122，得到第一个基准面。采用同样的操作，沿着 X 轴正向偏移 122，单击中键确认。

④ 基准面创建完成后，长按 按钮，单击 按钮，使用基准平面拆分几何元素。根据提示区提示，依次选择要拆分的钢管部分和基准面就可以完成分割。重复该操作，完成上述基准面处的拆分。最后得到的柱隔板三维模型如图 4-69 所示。

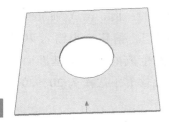
a) 沿Y轴正向偏移

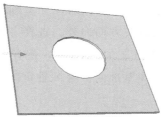
b) 沿X轴正向偏移

图 4-68　柱隔板基准面偏移

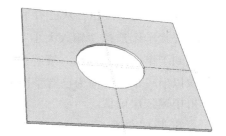

图 4-69　柱隔板三维模型

10）创建栓钉部件。单击左侧工具区 按钮，创建部件（图 4-70）。部件"名称"设为"shuanding"，"模型空间"设为"三维"；"形状"设为"线"，"类型"设为"平面"；"大约尺寸"设为"200"。绘制二维图形时，单击 按钮，坐标分别为（-35，0）、（35，0），双击中键确认，最后得到的拉筋三维模型。

11）创建栓钉实体部件。

① 单击左侧工具区的 按钮，创建部件（图 4-71a）。部件"名称"设为"shuanding-shiti"，"模型空间"设为"三维"；"基本特征"选项组中的"形状"设为"实体"，"类型"设为"旋转"；"大约尺寸"设为"200"。绘制二维图形时，单击 按钮，坐标分别为（-11，0）、（0，0）、（0，-40）、（-6.5，-40）、（-6.5，-8）、（-11，-8）、（-11，0），单击中键确认。旋转"角度"设为 360°（图 4-71b）。最后得到的栓钉实体三维模型如图 4-71c 所示。

a) 创建栓钉实体部件　　　　　　　b) 旋转二维模型　　　　　　c) 栓钉模型

图 4-70　创建栓钉部件　　　　　　　　　图 4-71　栓钉实体三维模型

② 长按左侧工具区 ![icon] 按钮，单击 ![icon] 按钮，依次在模型中选取三个点，如图 4-72a 所示，单击中键确认，生成第一个基准面。然后长按 ![icon] 按钮，单击 ![icon] 按钮，使用基准平面拆分几何元素，拆分后如图 4-72b 所示。接下来再单击 ![icon] 按钮，依次在模型中选取三个点，如图 4-72c 所示，单击中键确认，生成第二个基准面；在底面圆环处，再选取三个点，如图 4-72d 所示，单击中键确认，生成第三个基准面。最后单击 ![icon] 按钮，使用基准平面拆分几何元素，如图 4-72e 所示。

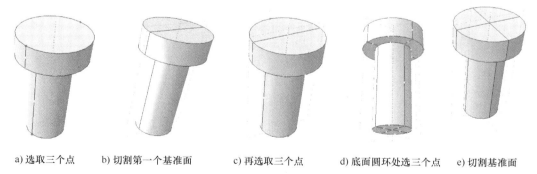

a) 选取三个点　　b) 切割第一个基准面　　c) 再选取三个点　　d) 底面圆环处选三个点　　e) 切割基准面

图 4-72　栓钉实体切割模型（一）

③ 长按左侧工具区的 ![icon] 按钮，单击 ![icon] 按钮，选择上部模型，如图 4-73a 所示，单击中键确认。在下部选择随机一个侧面，如图 4-73b 所示，单击中键确认，即在上部切割完成，栓钉实体切割模型绘制完成，如图 4-73c 所示。

12）创建钢梁-壳部件。单击左侧工具区的 ![icon] 按钮，创建部件（图 4-74a）部件"名

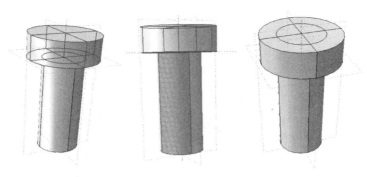

a) 框选栓钉上部分　　　　b) 选取垂直的任一面　　　　c) 切割模型

图 4-73　栓钉实体切割模型（二）

称"设为"gangliang-qiao"，"模型空间"设为"三维"；"基本特征"选项组中的"形状"设为"壳"，"类型"设为"拉伸"；"大约尺寸"设为"400"。绘制二维图形时，单击 ⚊ 按钮，坐标分别为（-75，0）、（0，0）、（75，0），单击中键确认；再从（0，0）向下输入坐标（0，-300），单击中键确认；再输入（-75，-300）、（0，-300）、（75，-300），单击中键确认。拉伸"深度"设为"1609"。最后得到的钢梁-壳三维模型如图 4-74b 所示。

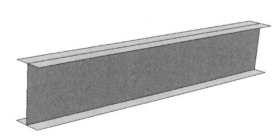

a) 创建钢梁-壳部件　　　　　　　　　　b) 钢梁-壳模型

图 4-74　钢梁-壳三维模型

13）创建钢梁-实体部件。

① 单击左侧工具区的 按钮，创建部件（图 4-75a）部件"名称"设为"gangliang-shiti"，"模型空间"设为"三维"；"基本特征"选项组中的"形状"设为"实体"，"类型"设为"拉伸"，"大约尺寸"设为"400"。绘制二维图形时，单击 ⚊ 按钮，坐标分别为（350，21.5）、（225，21.5）、（225，12.5）、（284.5，12.5）、（225，-163.5）、（225，-172.5）、（350，-172.5）、（350，-163.5）、（290.5，-163.5）、（290.5，12.5）、（350，12.5）、（350，21.5），单击中键确定。拉伸"深度"设为"1437.5"。最后得到钢梁-实体三维模型。

② 单击  按钮，从已有平面创建基准面。选择钢管与 Z 轴正向相反一端的底面，在底部提示区选择"输入大小"，箭头所指方向设为 Z 轴正向，若默认箭头方向向外，就选择"翻转"，偏移大小输入 2.5，得到第一个基准面。接着单击选择刚刚生成的第一个基准面，依次以前一个基准面为已有平面创建下一个基准面，沿 Z 轴正向，偏移大小依次为 90、90、90、90、90、90、90、90、90、90、90、90、90，单击中键依次确认。采用同样的操作，沿着 X 轴正向偏移 25，单击中键确认，接着单击选择刚刚生成的第一个基准面，依次以前一个基准面为已有平面创建下一个基准面，沿 X 轴正向，偏移大小依次为 34.5、6、34.5，单击中键依次确认。

③ 基准面创建完成后，长按  按钮，单击 ，使用基准平面拆分几何元素。根据提示区提示，依次选择要拆分的钢管部分和基准面就可以完成分割。重复该操作，完成上述基准面处的拆分，如图 4-75 所示。

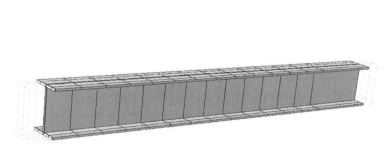

a) 创建钢梁 - 实体部件　　　　　　　　　　　　b) 钢梁 - 实体模型

图 4-75　钢梁-实体三维模型

14）创建钢梁-实体-端-厚 1 部件。

① 单击左侧工具区的  按钮创建部件。部件"名称"设为"gangliang-shiti-duan-hou1"，"模型空间"设为"三维"；"基本特征"选项组中的"形状"设为"实体"，"类型"设为"拉伸"；"大约尺寸"设为"400"。绘制二维图形时，单击  按钮，坐标分别为（350，28.5）、（225，19.5），单击中键确认。拉伸"深度"设为"287.5"。最后得到钢梁-实体-端-厚 1 三维模型。

② 单击  按钮，从已有平面创建基准面。选择钢管与 X 轴正向相反一端的底面，在底部提示区选择"输入大小"，箭头所指方向设为 X 轴正向，若默认箭头方向向外，就选择"翻转"，偏移大小输入 25，得到第一个基准面。接着单击选择刚刚生成的第一个基准面，以其为已有平面创建下一个基准面，沿 X 轴正向，偏移大小为 75，单击中键确认。

③ 基准面创建完成后，单击 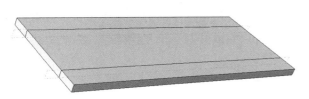 按钮，使用基准平面拆分几何元素。根据提示区提示，依次选择要拆分的钢管部分和基准面就可以完成分割，如图 4-76 所示。

15）创建钢梁-实体-端-厚 2 部件。单击左侧工具区的 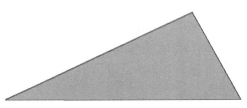 按钮，创建部件。部件"名称"设为"gangliang-shiti-duan-hou2"，"模型空间"设为"三维"；"基本特征"选项组中的"形状"设为"实体"，"类型"设为"拉伸"；"大约尺寸"设为"600"。绘制二维图形时，单击 按钮，坐标分别为（225，28.5）、（225，−147.5）、（575，28.5）。拉伸"深度"设为"6"。最后得到的钢梁-实体-端-厚 2 三维模型如图 4-77 所示。

图 4-76　钢梁-实体-端-厚 1 三维模型　　　　图 4-77　钢梁-实体-端-厚 2 三维模型

16）创建钢梁-实体-端 2-侧 1 部件。

① 单击左侧工具区 按钮，创建部件。部件"名称"设为"gangliang-shiti-duan2-ce1"，"模型空间"设为"三维"；"基本特征"选项组中的"形状"设为"实体"，"类型"设为"拉伸"；"大约尺寸"设为"400"。绘制二维图形时，单击 按钮，坐标分别为（350，28.5）、（225，19.5）。拉伸"深度"设为"212.5"。最后得到钢梁-实体-端 2-侧 1 三维模型。

② 单击 按钮，从已有平面创建基准面。选择钢管与 X 轴正向相反一端的底面，在底部提示区选择"输入大小"，箭头所指方向设为 X 轴正向，若默认箭头方向向外，就选择"翻转"，偏移大小为 25，得到第一个基准面。接着单击选择刚刚生成的第一个基准面，以其为已有平面创建下一个基准面，沿 X 轴正向，偏移大小为 75。

③ 基准面创建完成后，单击 按钮，使用基准平面拆分几何元素，根据提示区提示，依次选择要拆分的钢管部分和基准面就可以完成分割，如图 4-78 所示。

17）创建钢梁-实体-端 2-侧 1-1 部件。

① 单击左侧工具区 按钮，创建部件。部件"名称"设为"gangliang-shiti-duan2-ce1-1"，"模型空间"设为"三维"；"基本特征"选项组中的"形状"设为"实体"，"类型"设为"拉伸"，"大约尺寸"设为"400"。绘制二维图形时，单击 按钮，坐标分别为（350，28.5）、（225，19.5）。拉伸"深度"

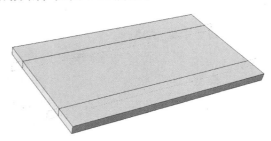

图 4-78　钢梁-实体-端 2-侧 1 三维模型

设为"275"。最后得到钢梁-实体-端 2-侧 1-1 三维模型。

② 单击 按钮，从已有平面创建基准面。选择钢管与 X 轴正向相反一端的底面，在底部提示区选择"输入大小"，箭头所指方向设为 X 轴正向，若默认箭头方向向外，就选择

"翻转"，偏移大小为 25，得到第一个基准面。接着单击选择刚刚生成的第一个基准面，以其为已有平面创建下一个基准面，沿 X 轴正向，偏移大小为 75。

③ 基准面创建完成后，单击 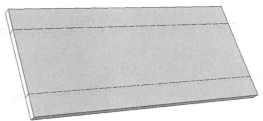 按钮，使用基准平面拆分几何元素。根据提示区提示，依次选择要拆分的钢管部分和基准面就可以完成分割，如图 4-79 所示。

图 4-79　钢梁-实体-端 2-侧 1-1 三维模型

18）创建钢梁-实体-端 2-侧 2 部件。

① 单击左侧工具区的 按钮，创建部件。部件"名称"设为"gangliang-shiti-duan2-ce2"，"模型空间"设为"三维"；"基本特征"选项组中的"形状"设为"实体"，"类型"设为"拉伸"；"大约尺寸"设为"400"。绘制二维图形时，单击 按钮，坐标分别为（350，28.5）、（266，22.5），拉伸"深度"设为"275"。最后得到钢梁-实体-端 2-侧 2 三维模型。

② 单击 按钮，从已有平面创建基准面。选择钢管与 X 轴正向相反一端的底面，在底部提示区选择"输入大小"，箭头所指方向设为 X 轴正向，若默认箭头方向向外，就选择"翻转"，偏移大小为 25，得到第一个基准面。接着单击选择刚刚生成的第一个基准面，以其为已有平面创建下一个基准面，沿 X 轴正向，偏移大小为 34。

③ 基准面创建完成后，单击 按钮，使用基准平面拆分几何元素，根据提示区提示，依次选择要拆分的钢管部分和基准面就可以完成分割，如图 4-80 所示。

19）创建加强环-H 部件。单击左侧工具区的 按钮，创建部件。部件"名称"设为"jiaqianghuan-H"，"模型空间"设为"三维"；"基本特征"选项组中的"形状"设为"实体"，"类型"设为"拉伸"；"大约尺寸"设为"400"。绘制二维图形时，单击 按钮，坐标分别为（187.5，−74）、（0，−250）。拉伸"深度"设为"6"。最后得到加强环-H 三维模型，如图 4-81 所示。

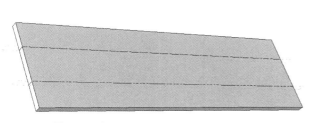

图 4-80　钢梁-实体-端 2-侧 2 三维模型

图 4-81　加强环-H 三维模型

20）创建加强环-Y 部件。单击左侧工具区的 按钮，创建部件。部件"名称"设为"jiaqianghuan-Y"，"模型空间"设为"三维"；"基本特征"选项组中的"形状"设为"实体"，"类型"设为"拉伸"；"大约尺寸"设为"400"。绘制二维图形时，单击 按钮，坐标分别为（0，−250）、（375，−250）、（500，−125）、（500，0）、（375，125）、（0，

125）、（0，－250），单击中键确认；再单击 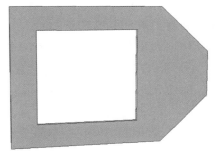 按钮，坐标分别为 （62.5，－187.5）、
（312.5，62.5），单击中键确定。拉伸"深度"设为"9"。最后得到加强环-Y 三维模型，
如图 4-82 所示。

21）创建钢筋网部件。单击左侧工具区的 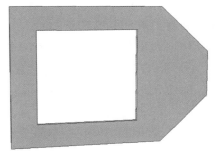 按
钮，创建部件。部件"名称"设为"gangjinwang"，
"模型空间"设为"三维"；"基本特征"选项组中的
"形状"设为"线"，"类型"设为"平面"；"大约尺
寸"设为"3000"。绘制二维图形时，单击 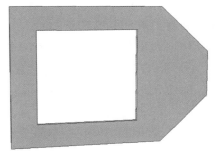 按钮，
坐标分别为 （－1250，825）、（－1100，825）、（－950，
825）、（－800，825）、（－650，825）、（－500，825）、
（－350，825）、（－200，825）、（－50，825）、（100，
825）、（250，825）、（400，825）、（400，825）、

图 4-82 加强环-Y 三维模型

（550，825）、（700，825）、（700，750）、（700，600）、（700，450）、（700，300）、（700，
150）、（700，75）、（550，75）、（400，75）、（250，75）、（100，75）、（－50，75）、
（－200，75）、（－350，75）、（－50，75）、（－500，75）、（－650，75）、（－800，75）、
（－950，75）、（－1100，75）、（－1250，75）、（－1250，150）、（－1250，300）、（－1250，
450）、（－1250，600）、（－1250，750）、（－1250，825），单击中键确认；然后将图中两端点
两两相连，如图 4-83 所示，双击中键确认；得到钢筋网模型。

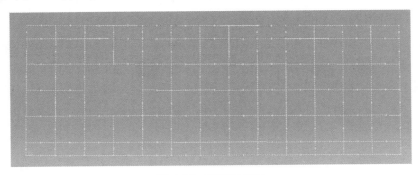

图 4-83 钢筋网模型

（4）创建材料和截面属性

1）创建材料。

① 混凝土本构关系。单击"创建材料"按钮 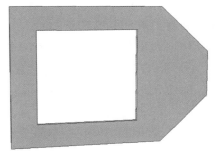，首先创建混凝土-板，命名为"hun-
ningtu-ban"。在"创建材料"对话框中选择"力学"→"弹性"→"弹性"，"杨氏模量"输入
"35500"，泊松比"0.2"，如图 4-84a 所示。这里因为建立部件采用的单位是 mm，所以杨
氏模量的值按照单位为 MPa（N/mm^2）输入。再选择"力学"→"塑性"→"混凝土损伤塑
性"，"膨胀角"输入"40"，"偏心率"输入"0.1"，"fb0/fc0"输入"1.277"，"K"输入
"0.6667"，"粘性参数"输入"0.0005"，如图 4-84b 所示。

"受压行为"选项卡中输入表 4-1 中前两列数据，"拉伸行为"选项卡中输入表 4-1 中第 3、4
列数据。混凝土-柱的创建方法、数据相同，可以直接复制材料属性，命名为"hunningtu-zhu"。

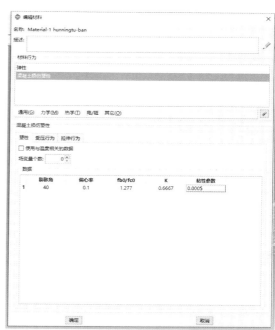

a) 弹性材料　　　　　　　　　　　b) 混凝土损伤塑性

图 4-84　定义混凝土材料属性

表 4-1　混凝土材料参数

屈服应力	非弹性应变	屈服应力	开裂应变
19.1	0	2.01	0
32.2	0.001	0.66	0.00035
39.3	0.0026	0.419	0.000647
37.1	0.004	0.319	0.000937
17.9	0.01	0.226	0.001513
9.1	0.03	0.18	0.002087
1	0.07	0.13	0.003327

② 钢材本构关系。

a. 建立钢筋网的材料属性，命名为"gangjinwang"。"弹性"中的"杨氏模量"输入"171000"，"泊松比"输入"0.3"。选择"力学"→"塑性"→"塑性"，在"硬化"处选择"组合"，数据类型为"参数"，"发射应力数"为"1"，在"零塑性应变处的屈服应力"中输入"310"，"随动硬化参数 C1"中输入"3450"，"Gamma1"中输入"50"，如图 4-85所示。

b. 建立钢梁腹板的材料属性，命名为"gangliang-fuban"。"弹性"中"杨氏模量"输入"184500"，"泊松比"输入"0.3"。选择"力学"→"塑性"→"塑性"，在"硬化"处选择"组合"，数据类型为"参数"，"发射应力数"为"1"，在"零塑性应变处的屈服应力"中输入"312.12"，"随动硬化参数 C1"中输入"3450"，"Gamma1"中输入"50"。

c. 建立钢梁翼缘的材料属性，命名为"gangliang-yiyuan"。"弹性"中"杨氏模量"输入"189000"，泊松比输入"0.3"。选择"力学"→"塑性"→"塑性"，在"硬化"处选择"组合"，数据类型为"参数"，"发射应力数"为"1"，在"零塑性应变处的屈服应力"中输入"335.88"，"随动硬化参数 C1"中输入"3450"，"Gamma1"中输入"50"。

d. 建立钢管的材料属性，命名为"gangguan"。"弹性"中"杨氏模量"输入"171000"，"泊松比"输入"0.3"。选择"力学"→"塑性"→"塑性"，在"硬化"处选择"组合"，数据类型为"参数"，"发射应力数"为"1"，在"零塑性应变处的屈服应力"中输入"332.1"，"随动硬化参数 C1"中输入"3450"，"Gamma1"中输入"50"。

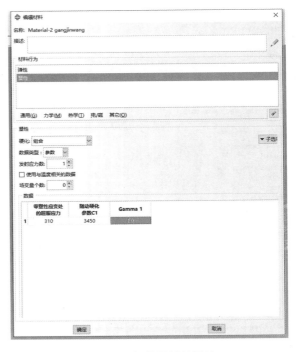

图 4-85　钢筋网材料属性

e. 建立栓钉的材料属性，命名为"shuanding"。"弹性"中"杨氏模量"输入"217600"，"泊松比"输入0.3。选择"力学"→"塑性"→"塑性"，在"硬化"处选择"各向同性"，其他数据默认不变，"场变量个数"为0，在"屈服应力"中分别输入"680""900"，"塑性应变"中分别输入"0""0.046"。

f. 建立螺栓的材料属性，命名为"luoshuan"。"弹性"中"杨氏模量"输入"217600"，"泊松比"输入"0.3"。选择"力学"→"塑性"→"塑性"，在"硬化"处选择"各向同性"，其他数据默认不变，"场变量个数"为0，在"屈服应力"中分别输入"940""1040"，"塑性应变"中分别输入"0""0.046"。

g. 建立拉筋的材料属性，命名为"lajin"。"弹性"中"杨氏模量"输入"171000"，"泊松比"输入"0.3"。选择"力学"→"塑性"→"塑性"，在"硬化"处选择"组合"，数据类型为"参数"，"发射应力数"为"1"，在"零塑性应变处的屈服应力"中输入"310"，"随动硬化参数 C1"中输入"3450"，"Gamma1"中输入"50"。

h. 建立刚性板的材料属性，命名为"gangxingban"。"弹性"中"杨氏模量"输入"1000000000"，"泊松比"输入"0.0001"。

2）创建截面属性。

① 单击工具区的"创建截面"按钮 ，命名为"hunningtu-ban"，"类别"选择"实体"，"类型"选择"均质"；"材料"选择之前定义的"hunningtu-ban"，如图 4-86 所示。其余部件混凝土-柱、钢梁-腹板、钢梁-翼缘、钢管、螺栓、刚性板、栓钉-实体的操作相同，创建截面后选择对应的材料。

② 单击工具区的"创建截面"按钮 ，命名为"gangjinwang"，"类别"选择"梁"，

"类型"选择"桁架";"材料"选择之前定义的"gangjinwang","横截面面积"为"50.24",如图 4-87 所示。其余部件拉筋的操作相同,"横截面面积"为"12.56",创建截面后选择对应的材料。

a) 创建截面　　　　b) 编辑截面　　　　　　　a) 创建截面　　　　b) 编辑截面

图 4-86　创建混凝土板截面　　　　　　　图 4-87　创建钢筋网截面

③ 单击工具区的"创建截面"按钮 ，命名为"shuanding","类别"选择"梁","类型"也选择"梁";"材料"选择之前定义的"shuanding",其余选项不变,如图 4-88 所示。

a) 创建截面　　　　　　　　　　b) 编辑梁方向

图 4-88　创建栓钉截面

④ 单击工具区的"创建截面"按钮 ，命名为"gangliang-yiyuan","类别"选择"壳","类型"选择"均质";"材料"选择之前定义的"gangliang-yiyuan","壳的厚度"

为"9",如图 4-89 所示。钢梁腹板的操作相同,"材料"选择之前定义的"gangliang-fu-ban","壳的厚度"为"6.5",加劲肋的"材料"选择"gangliang-fuban","壳的厚度"为"8",创建截面后选择对应的材料。

a) 创建钢梁翼缘截面

b) 编辑截面

图 4-89   创建钢筋网截面

3）赋予部件截面属性。在环境栏的部件里选择螺栓,单击工具区中的"指派截面"按钮 ，然后根据提示区提示,在绘图区左键框选整个模型,按中键确认,在对话框中"截面"选择"gangguan"(图 4-90a);单击"确定"按钮,此时钢管部件颜色变为青色,如图 4-90b 所示。采用同样的方法完成其余部件的截面赋予,注意钢梁翼缘和腹板的截面属性不同,应分别赋予。钢管垫板采用外加强环板的截面属性。

a) 截面指派

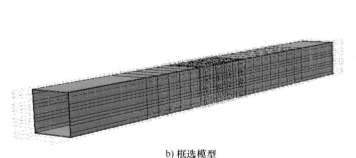

b) 框选模型

图 4-90   赋予截面属性

（5）定义装配件   进入装配模块,如图 4-91a 所示。

1）合并钢梁。

① 单击"创建实例"按钮 ，弹出"创建实例"对话框(图 4-91b),"部件"选择"gangliang-shiti-duan-hou1""gangliang-shiti-duan-hou2","实例类型"为"非独立",这样后

期划分网格可以统一在部件上进行。

a) 进入装配模块　　　　　　　　　　　　b) 创建实例　　　　　　　　　c) 导出实例

图 4-91　创建钢梁合并实例（一）

② 单击 按钮，将"gangliang-shiti-duan-hou1"沿 X 轴旋转 90°，先选择模型，单击中键确认，再选择 X 轴，单击中键确认（图 4-92a）。然后将"gangliang-shiti-duan-hou2"沿 X 轴旋转 90°，操作同上，单击中键确认，（图 4-92b），再选择此三角形沿着 Z 轴旋转，首先单击 按钮后，选择三角形，在下方输入坐标第一个点（0，0，0），单击中键确认，输入坐标第二个点（0，0，1），单击中键确认，最后输入 90°，单击中键确认（图 4-92c）。对"gangliang-shiti-duan-hou1"设置基准面，先在左侧模型树里将这两个部件设为独立（图 4-92d），接着选择图 4-92d 所示一侧，沿着 X 轴正向分别偏移 59.5，6，单击中键确认（图 4-92e）。随后单击 按钮切割模型，切割完成后单击 按钮平移模型，选择三角形的长边的顶点，如图 4-92f、g 所示。

③ 单击"创建实例"按钮 ，弹出"创建实例"对话框，同时选择"gangliang-shiti-duan2-ce1""gangliang-shiti-duan2-ce1-1""gangliang-shiti-duan2-ce2"，"实例类型"为"非独立"（图 4-93a）。将"gangliang-shiti-duan2-ce1-1"和"gangliang-shiti-duan2-ce2"部件在左侧模型树里通过右键菜单隐藏。对部件"gangliang-shiti-duan2-ce1"，单击 按钮，沿 X 轴旋转 90°（图 4-93b）。对部件"gangliang-shiti-duan2-ce1"设置基准面，选择图 4-93c 所示一侧，沿着 Y 轴正向分别偏移 59.5，6，单击中键确认，在左侧模型树里将这两个部件设为"独立"，随后单击 按钮切割模型，切割完成后将部件"gangliang-shiti-duan2-ce2"通过右键菜单显示，单击 按钮沿 Y 轴旋转 90°，随后选择一点进行平移（图 4-93d）。最后将部件"gangliang-shiti-duan2-ce1-1"通过右键菜单显示，采用同样的操作，先沿 X 轴旋转 90°（图 4-94a），单击中键确认，再选择此三角形沿着 Z 轴旋转 90°，单击中键确认。对部件"gangliang-shiti-duan2-ce1-1"设置基准面，选择图示一侧，沿着 Y 轴正向分别偏移 59.5，6，单击中键确认，单击 按钮切割模型，随后选择一点进行平移（图 4-94b）。

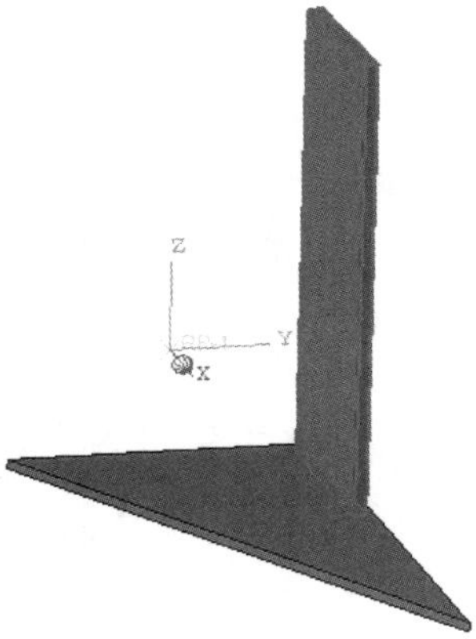

a) 方形部件沿X轴旋转 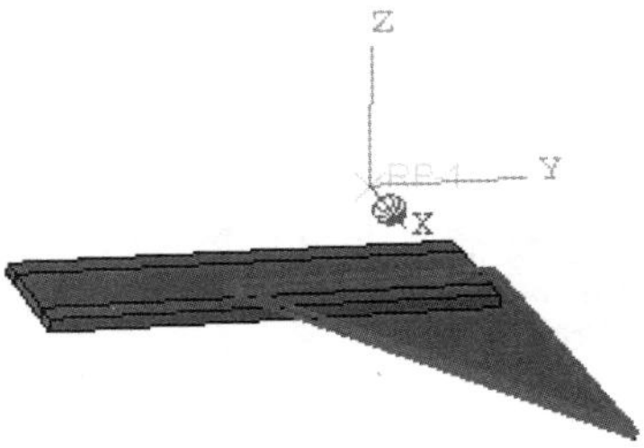   b) 三角形部件沿X轴旋转 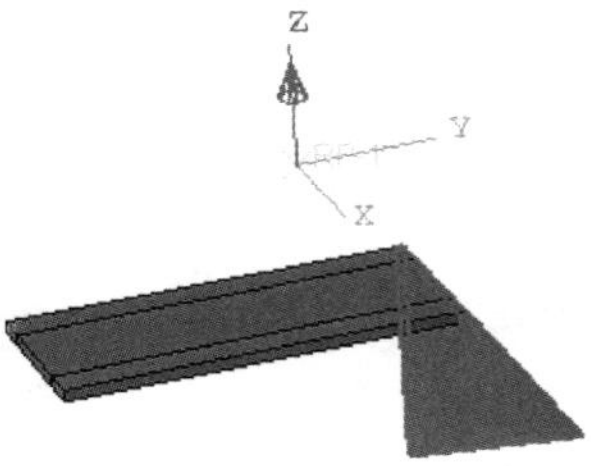   c) 三角形部件沿Z轴旋转

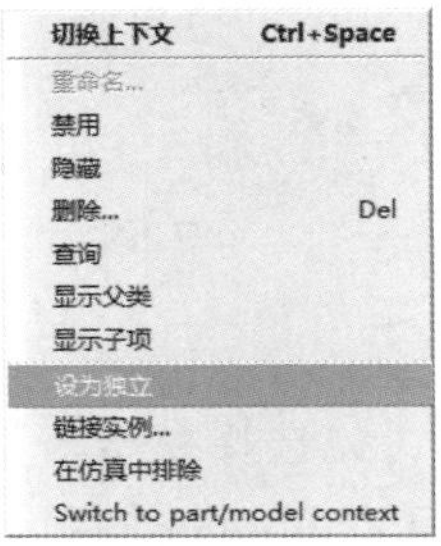

d) 右键编辑状态    e) 沿X轴正向偏移    f) 平移三角形实例

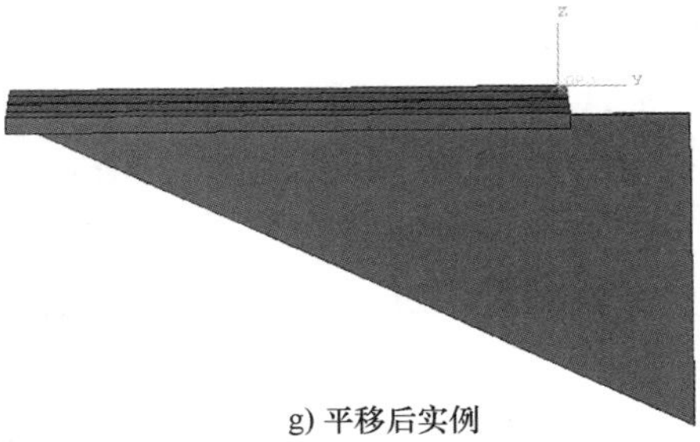

g) 平移后实例

图 4-92 创建钢梁合并实例（二）

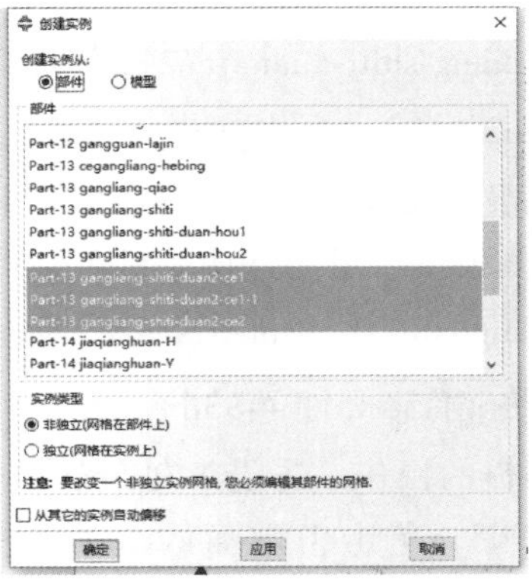

a) 创建实例   b) 沿X轴旋转 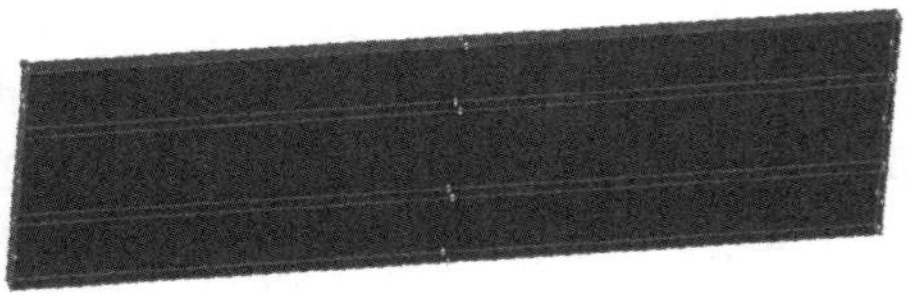   c) 旋转后实例

图 4-93 创建钢梁合并实例（三）

d) 平移后模型

图 4-93　创建钢梁合并实例（三）（续）

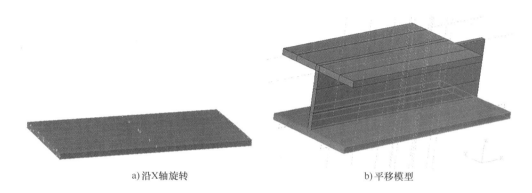

a) 沿X轴旋转

b) 平移模型

图 4-94　创建钢梁合并实例（四）

④ 选择导入的部件，单击 按钮平移，选择 Y 轴，单击中键确认，距离输入-100，单击中键确认，结果如图 4-95a 所示，再选择导入的部件，单击 按钮平移，选择 X 轴，单击中键确认，距离输入-112.5，单击中键确认，结果如图 4-95b 所示。

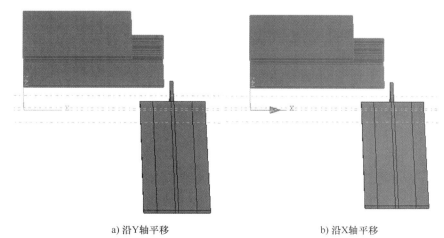

a) 沿Y轴平移

b) 沿X轴平移

图 4-95　创建钢梁合并实例（五）

⑤ 单击"线性阵列"按钮▦，选择刚刚三个部件，按照图 4-96a 所示设置参数，单击"确定"按钮；然后将三部件旋转 180°，平移到图 4-96b 所示位置，再沿 X 轴正向平移 375，如图 4-96c 所示。最终结果如图 4-96d 所示。

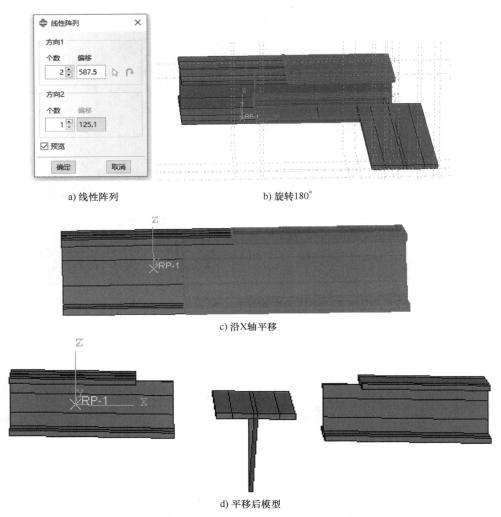

a) 线性阵列 b) 旋转180°

c) 沿X轴平移

d) 平移后模型

图 4-96 创建钢梁合并实例（六）

⑥ 单击◍按钮，将部件合并，命名为"cegangliang-hebing"，如图 4-97 所示，框选全部部件，单击中键确认。

2）合并加强环。

① 单击"创建实例"按钮🔖，弹出图 4-98a 所示对话框，选择"jiaqianghuan-H""jiaqianghuan-Y"，"实例类型"为"非独立"，这样后期划分网格可以统一在部件上进行。单击⊬按钮，选择图 4-98b 所示一侧，沿着 Y 轴正向分别偏移 150、34.5、6、34.5，单击中键确认；再选择与 X 轴垂直一面，沿着 X 轴正向分别偏移

图 4-97 钢梁合并

62.5、250、62.5、37.5，单击中键确定；在左侧模型树里将这两个部件设为独立，随后单击 按钮切割模型，如图 4-99 所示；切割完成后单击 按钮旋转模型，选择模型沿 Z 轴旋转 90°，单击中键确认。

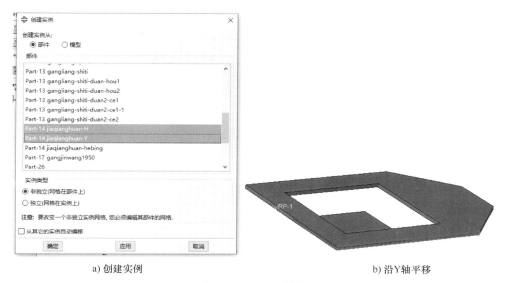

a) 创建实例　　　　　　　　　　　　　　　　　b) 沿Y轴平移

图 4-98　加强环划分

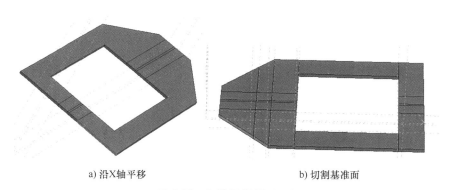

a) 沿X轴平移　　　　　　　　　　　　　　　b) 切割基准面

图 4-99　加强环切割 （一）

② 单击 按钮，选择图 4-100a 所示一侧，沿着 X 轴正向分别偏移 87.5、37.5，单击中

a) 沿X轴偏移　　　　　　　b) 切割基准面　　　　　　　c) 沿Y轴旋转

图 4-100　加强环切割 （二）

键确认，单击 按钮切割模型，如图 4-100b 所示；切割完成后单击 按钮旋转模型，选择模型沿 Y 轴旋转 90°，单击中键确认，再沿 X 轴旋转 90°，单击中键确认，如图 4-100c 所示。

③ 随后选择导入的部件，单击 按钮平移，选择其中一点，如图 4-101a 所示，将其平移到图示位置，单击中键确认，如图 4-101b 所示。

a) 平移实例　　　　　　　　　　　　　　b) 平移之后所在位置

图 4-101　加强环平移（一）

④ 单击"线性阵列"按钮 ，选择"jiaqianghuan-Y"，按照图 4-102a 所示设置参数；选择 Z 轴，向下偏移，如果箭头相反，单击后侧旋转按钮。偏移结果如图 4-102b 所示。采用同样的操作，将下方阵列出的加强环进行切割划分。

⑤ 单击 按钮将部件合并，命名为"jiaqianghuan-hebing"，如图 4-103 所示，框选全部部件，单击中键确认。

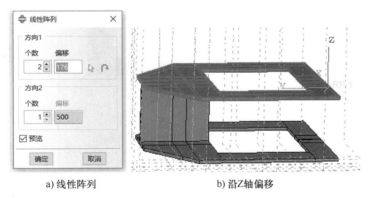

a) 线性阵列　　　　　　　b) 沿Z轴偏移

图 4-102　加强环平移（二）

图 4-103　加强环合并

3）合并钢管-拉筋。

① 单击"创建实例"按钮 ，弹出图 4-104a 所示对话框，选择"wai-gangguan490""lajin"，"实例类型"为"独立"。单击 按钮，选择拉筋模型，单击中键确认；选择拉筋左上角一点，单击中键确认，在下方输入平移后坐标（50，122，20），单击中键确认，如图 4-104b、c 所示。

② 单击"线性阵列"按钮 ，选择刚刚平移后的拉筋，按照图 4-105b 所示设置参数。

"方向 2"的"个数"为 1，即固定"方向 2"。单击"方向 1"选项组中的箭头，方向选择 Z 轴。如果沿着 Z 轴负方向，则单击"方向 1"选项组中的旋转按钮，使其沿 Z 轴正方向。

③ 采用同样的操作，选择刚刚阵列得到的最后一根拉筋，继续阵列（图 4-105c、d）：偏移距离 100，个数 4；偏移距离 50，个数 6；偏移距离 70，个数 2；偏移距离 30，个数 2；偏移距离 70，个数 2；偏移距离 20，个数 2；偏移距离 70，个数 2；偏移距离 30，个数 2；偏移距离 70，个数 2；偏移距离 50，个数 6；偏移距离 100，个数 4；偏移距离 50，个数 6。

a) 创建实例

b) 平移拉筋

X,Y,Z: 50,122,20

c) 平移坐标

图 4-104　钢筋网平移

a) 阵列拉筋

b) 线性阵列

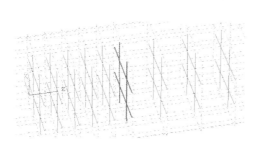

c) 阵列后模型

d) 线性阵列偏移距离

图 4-105　钢筋网阵列

④ 单击  按钮将部件合并，命名为"gangguan-lajin"，框选全部部件，单击中键确认。最终得到图 4-106 所示钢筋网。

4）合并栓钉。

① 单击"创建实例"按钮，弹出图 4-107a 所示对话框，"部件"选择"shuanding-shiti"，"实例类型"为"独立"。单击

图 4-106   钢筋网三维模型

按钮，单击栓钉模型，单击中键确认，选择沿 X 轴旋转 90°，中键确认（图 4-107b）。

② 单击"线性阵列"按钮，按照图 4-107d 所示设置参数，方向 1 偏移距离 90，个数 2，方向 2 偏移距离 75，个数 2。阵列结果如图 4-107c 所示。采用同样的操作，选择刚刚阵列得到的四个栓钉继续线性阵列（图 4-107f），偏移距离 540，个数 2。阵列结果如图 4-107e 所示。

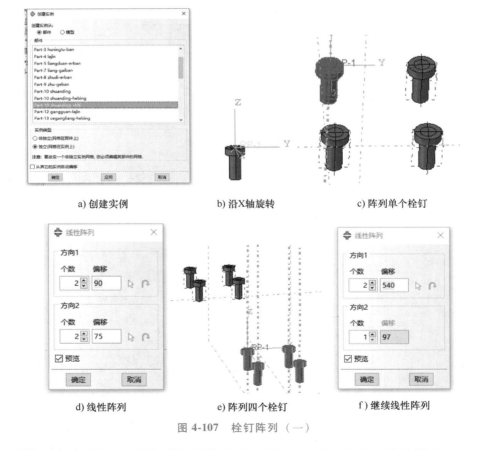

a) 创建实例　　　　　b) 沿X轴旋转　　　　　c) 阵列单个栓钉

d) 线性阵列　　　　　e) 阵列四个栓钉　　　　　f) 继续线性阵列

图 4-107   栓钉阵列（一）

③ 将第一次阵列的四个栓钉进行线性阵列（图 4-108b），方向 1 偏移距离 262.5，个数 2，方向 2 偏移距离 277.5，个数 2。阵列结果如图 4-108a 所示。选择左侧模型树里的两组栓钉，通过右键菜单删除，如图 4-109 所示。

④ 选择阵列后的四个栓钉进行旋转，绕 Z 轴旋转 90°，如图 4-110 所示。

⑤ 将此部分先沿着 X 轴平移−465，再沿着 Y 轴平移−15；将这四个栓钉进行阵列，沿方向 2 偏移 90（图 4-111a、b）；将这三列栓钉沿着方向 2 阵列偏移 630（图 4-111c、d）；将新生成的三列栓钉沿着 2 方向阵列偏移 270，个数为 5（图 4-111e、f）。

⑥ 单击 按钮将部件合并，命名为 "shuanding-hebing"，框选全部部件，单击中键确认。

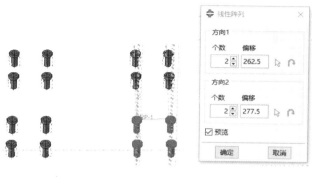

a）阵列后模型　　　　　　　b）选择四个栓钉线性阵列

图 4-108　栓钉阵列（二）

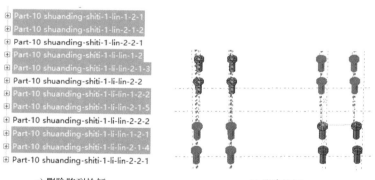

a）删除阵列栓钉　　　　　　　b）删除栓钉

图 4-109　删除多余栓钉

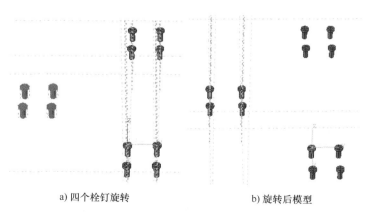

a）四个栓钉旋转　　　　　　　b）旋转后模型

图 4-110　栓钉旋转

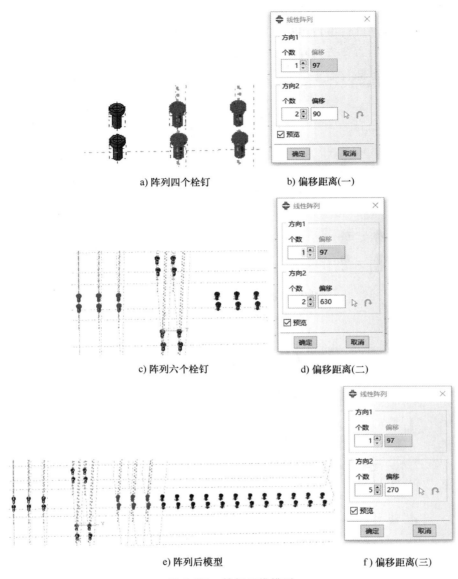

a) 阵列四个栓钉　　　　　　b) 偏移距离(一)

c) 阵列六个栓钉　　　　　　d) 偏移距离(二)

e) 阵列后模型　　　　　　　f) 偏移距离(三)

图 4-111　栓钉三维模型

5) 整体装配。

① 单击"创建实例"按钮，弹出"创建实例"对话框，"部件"选择"hunningtu-ban""hunningtu-zhu2"，"实例类型"为"非独立"，这样后期划分网格可以统一在部件上进行。将混凝土板的上表面从齐平于柱顶开始向下平移 843，如图 4-112 所示。

② 单击"创建实例"按钮，弹出"创建实例"对话框，"部件"选择"gangjinwang1950"，"实例类型"为"非独立"。将钢筋网的左下角顶点与混凝土板的左下角顶点平移至一起，再将钢筋网沿着 X 轴方向向混凝土板内部平移 25，沿着 Y 轴方向也向内平移 25，再沿着 Z 轴方向向下平移 17，如图 4-113 所示。

③ 单击"创建实例"按钮，弹出"创建实例"对话框，"部件"选择"gangliang-

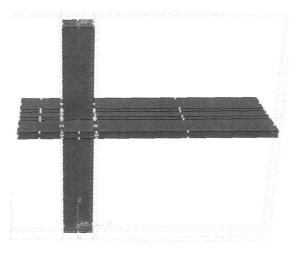

图 4-112　装配混凝土板与混凝土柱

"shiti"，"实例类型"为"非独立"。将钢梁的末端顶点与混凝土板的中部顶点平移至一起，再将钢梁沿着 Y 轴正方向向混凝土板外部平移 200，如图 4-114 所示。

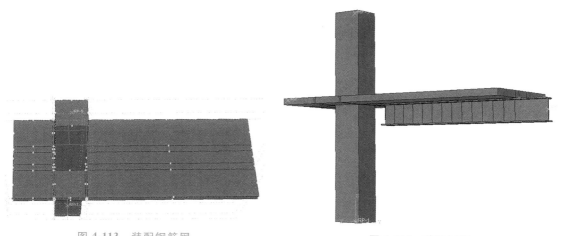

图 4-113　装配钢筋网　　　　　　　　图 4-114　装配钢梁

173

④ 单击"创建实例"按钮🔲，弹出"创建实例"对话框，"部件"选择"zhu-geban"，"实例类型"为"非独立"。将柱隔板的上端顶点与混凝土柱的下顶点平移至一起，再将柱隔板沿着 Z 轴正方向向上平移 912，如图 4-115a 所示。再单击⊞按钮，选中刚刚平移完成的柱隔板，沿着 Z 轴正向向上阵列平移 185，得到第二个柱隔板，如图 4-115b 所示。

⑤ 单击"创建实例"按钮🔲，弹出"创建实例"对话框，"部件"选择"jiaqiang-huan-hebing"，"实例类型"为"非独立"。将加强环旋转至与柱隔板平行的位置上，再将加强环的前端顶点与钢梁的前端顶点平移至一起，如图 4-116 所示。

⑥ 单击"创建实例"按钮🔲弹出"创建实例"对话框，"部件"选择"cegangliang-he-bing"，"实例类型"为"非独立"。将侧钢梁旋转至与柱隔板平行的位置上，再将侧钢梁的

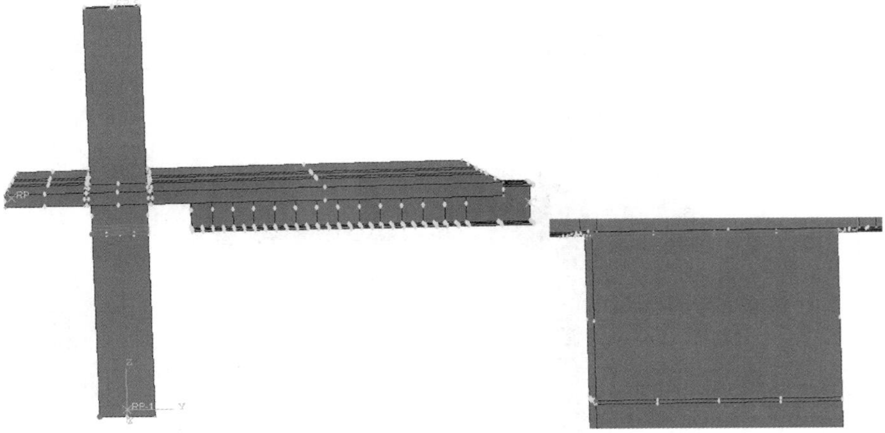

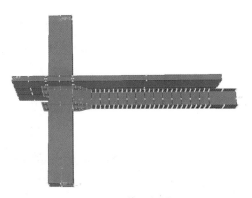

a) 平移后柱隔板　　　　　　　　　　b) 阵列柱隔板

图 4-115　装配柱隔板

图 4-116　装配加强环

前端顶点与柱隔板的前端顶点平移至一起，如图 4-117 所示。

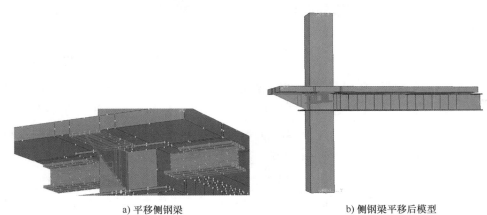

a) 平移侧钢梁　　　　　　　　　　b) 侧钢梁平移后模型

图 4-117　装配侧钢梁

⑦ 单击"创建实例"按钮，弹出"创建实例"对话框，"部件"选择"shuanding-hebing"，"实例类型"为"非独立"。将栓钉最左侧下方的栓钉中心点平移至柱隔板中心线顶点的位置上，再将栓钉整体向 X 轴负方向平移 25，向 Y 轴正方向平移 70，向 Z 轴负方向平移 20，如图 4-118 所示。

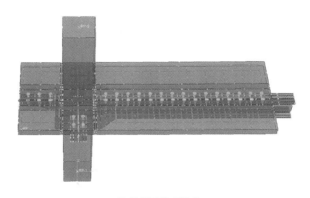

a) 平移栓钉　　　　　　　　　　b) 栓钉平移后模型

图 4-118　装配栓钉

⑧ 单击"创建实例"按钮，弹出"创建实例"对话框，"部件"选择"gang-guan-lajin"，"实例类型"为"非独立"。将钢管拉筋旋转至与混凝土柱平行的位置上，再将钢管拉筋顶点平移至与混凝土柱相同的顶点上，如图 4-119 所示。装配即全部完成。

6）创建参考点。参考点是为了后面方便对模型施加边界条件和载荷。单击菜单栏中的"工具"→"参考点"，选择柱底中心一点作为参考点，得到"RP-1"，如图 4-120a 所示。采用同样的操作，在柱顶和梁端（右侧）创建参考点，如图 4-120b、c 所示。

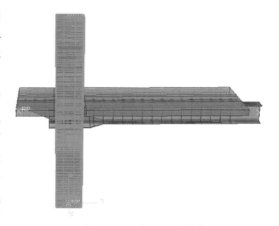

图 4-119　装配钢管拉筋

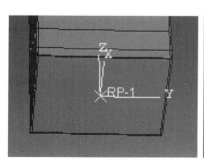

a) 柱底参考点　　　　　　　b) 柱顶参考点　　　　　　　c) 梁端参考点

图 4-120　参考点

（6）设置分析步　在环境栏中选择分析步模块。单击"创建分析步"按钮，在弹出的对话框中选择"通用"和"静力，通用"，后续弹出的对话框中按图 4-121、图 4-122 所示设置。

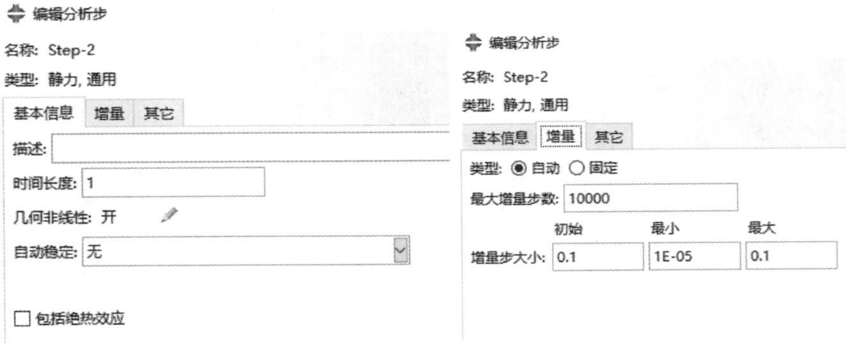

图 4-121 设置"Step-2"

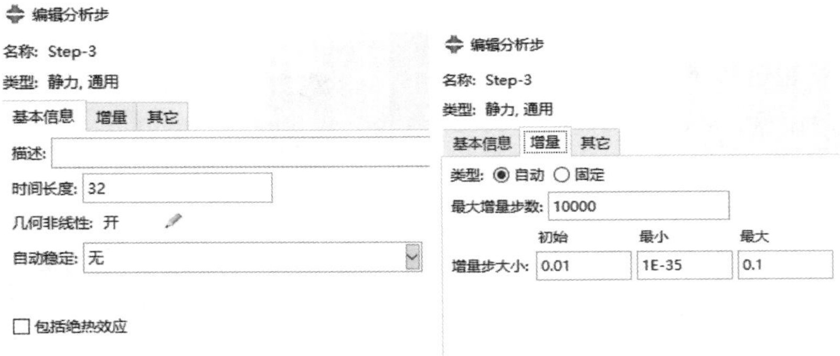

a)"基本信息"参数设置   b)"增量"参数设置

图 4-122 设置"Step-3"

a)"基本信息"参数设置   b)"增量"参数设置

（7）设置历程输出请求　进入到历程输出请求模块，提前创建好历程输出请求，以便在计算结果中提取需要的数据。

1）创建力-位移输出请求。因为本例模型中要将位移载荷施加在梁顶的参考点 RP-6，所以需要创建 RP-6 的力-位移输出请求。

① 单击"工具"→"集"→"创建"。弹出图 4-123a 所示对话框，"名称"设为"liangdu-an-jiazaidian1"，以便后续使用；"类型"选择"几何"，然后单击模型上的参考点 RP-6（图 4-123b），完成创建。采用同样的操作，通过"视图（V）"→"装配件显示选项"关掉除钢管外的所有实例，这样模型区域就只剩下钢筋网，再选择整个钢管模型创建名为"gangjinwang"的集合。对钢筋网、钢梁、混凝土板、混凝土柱、加强环、拉筋、栓钉、外钢管、柱隔板等均创建集，以便后续使用。

a) 创建集   b) 选择梁端参考点

图 4-123 创建梁端加载点集

② 单击"创建历程输出"按钮 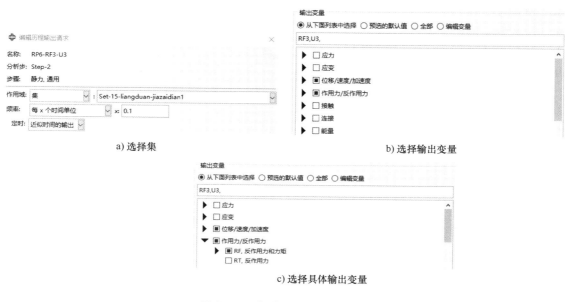，然后依次按照图 4-124 所示进行设置，其他保持默认。这样软件就会记录加载过程中参考点 RP-6 上的力和位移。

a) 选择集　　　　　　　　　　　　　　　　　　b) 选择输出变量

c) 选择具体输出变量

图 4-124　力-位移历程输出设置

2）创建能量输出请求。滞回分析中，构件的耗能也是一个重要的分析要素，因此要创建节点中各个部件的耗能历程输出。按照图 4-125a、b 所示设置，其他保持默认，就完成了钢筋网部件的能量历程输出请求。采用同样的操作，依次完成钢梁、混凝土板、混凝土柱、加强环、拉筋、栓钉、外钢管、柱隔板部件的操作，如图 4-125c 所示，所有部件的能量加起来即整个节点区域的耗能。

177

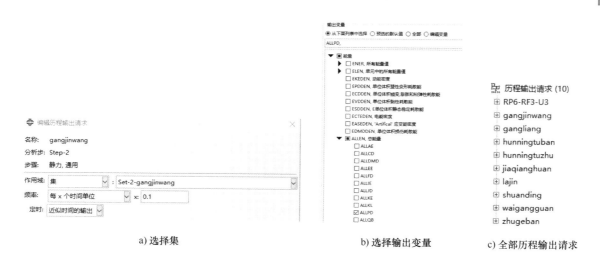

a) 选择集　　　　　　　　　b) 选择输出变量　　　　　　　c) 全部历程输出请求

图 4-125　创建能量输出请求

（8）设置相互作用属性　在定义接触面的相互作用之前，需要先定义相互作用属性。双击"相互作用属性"模块，在弹出的对话框中将第一种属性命名为"IntProp-1 gangguan-hunningtu"，"类型"为"接触"；随后按照如图 4-126 所示进行设置，其他默认。之后创建第二种属性，命名为"IntProp-2 luomao-duanban"，"摩擦系数"为"0.3"；创建第三种属性，命名为"IntProp-3 luogan-luokong"，"摩擦系数"为"0.15"；创建第四种属性，命名为"IntProp-4 yingjiechu"，只设置"法向行为"参数，设置方法与前面相同。设置的四种相互作用属性如图 4-127 所示。

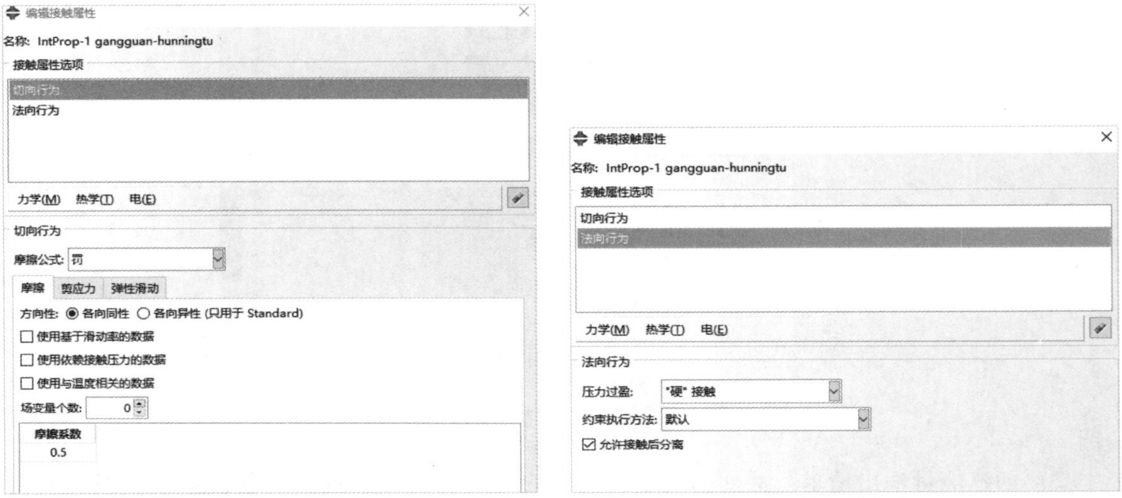

a) 编辑切向行为	b) 编辑法向行为

图 4-126　设置相互作用属性

（9）设置相互作用　模型运算不收敛往往是相互作用设置出现了问题，所以在设置相互作用时要仔细，注意主从面的对应关系。本例的相互作用设置方法不是唯一，读者可以在此基础上尝试更有效率的相互作用设置方法。可以先在"视图"→"装配件显示选项"→"属性"里关闭相互作用的显示，这样方便后续设置时观察几何面的选取，也不会因为显示相互作用而出现卡顿。

相互作用属性 (4)
　IntProp-1 gangguan-hunningtu
　IntProp-2 luomao-duanban
　IntProp-3 luogan-luokong
　IntProp-4 yingjiechu

图 4-127　相互作用属性

1）内钢管与混凝土。双击进入"相互作用"模块，在弹出的对话框中命名为"Int-1 neigangguan-hunningtu"，以便后续检查模型。软件提示选取主表面，如图 4-128 所示，这里默认是勾选了"创建表面"的，可以取消该选项，以免创建太多自己无法分辨的合集。选择表面的方法有"逐个"和"按角度"，单击"逐个"去框选。然后先选择内钢管的内表面作为主表面，再选择混凝土表面为从表面，如图 4-129 所示。主从表面选择完成后，在弹出的对话框中按照图 4-130 所示进行设置，"滑移公式"选择"有限滑移"，"接触作用属性"选择前面定义好的"IntProp-1 gangguan-hunningtu"，其余保持默认。

图 4-128　系统提示选取表面

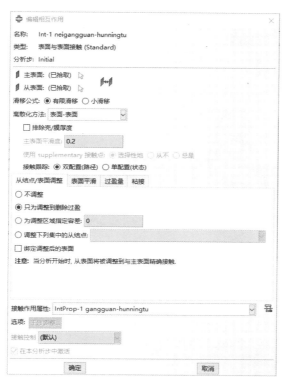

图 4-129　选择内钢管与混凝土主从表面

图 4-130　编辑相互作用设置

2）外钢管与楼板。按照同样的方法创建外钢管与楼板的相互作用，命名为"Int-1 waigangguan-louban"，主、从表面选择为相互连接部分，如图 4-131 所示。随后的设置和图 4-130 完全一样，"接触作用属性"设为"IntProp-4　yingjiechu"。

3）楼板与钢梁。楼板与钢梁相互作用的设置方法和内钢管与混凝土的相互作用设置是相同的，"接触作用属性"设为"IntProp-4　yingjiechu"，设置完成的效果如图 4-132 所示。

（10）定义约束　双击 按钮进入定义约束功能模块。和相互作用一样，可以先在"视图"中关闭不需要显示的属性，以便后续操作。

1）绑定钢梁和端板。钢梁和端板是看成焊接的，这里通过定义绑定约束来实现。单击"创建约束"按钮 ，在弹出的对话框中命名为"Constraint-1　gangliang-duanban"。然后根据系统提示选择主表面。选择钢梁表面和端板接触的表面为主表面，选择端板的表面为从表面，

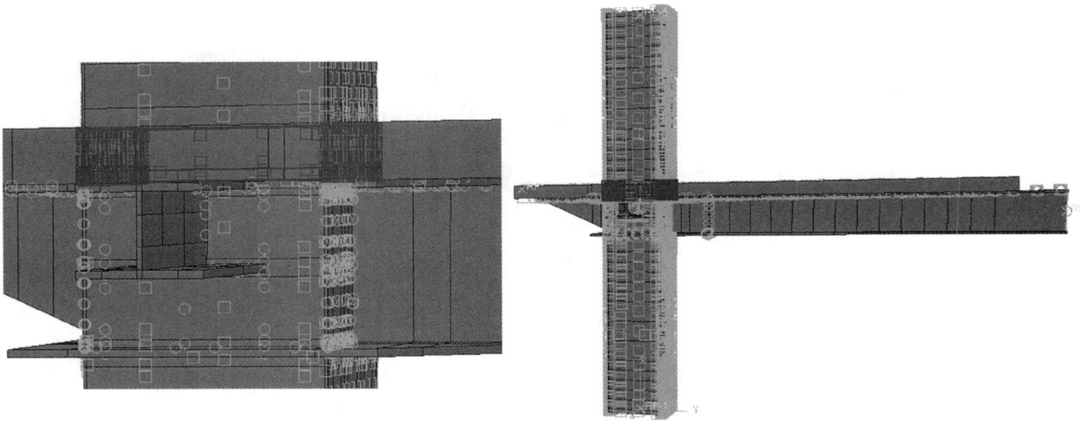

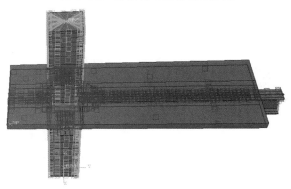

a) 外钢管与楼板接触部分 　　　　　　　　　　　b) 相互作用设置完成整体视图

图 4-131　外钢管与楼板相互作用

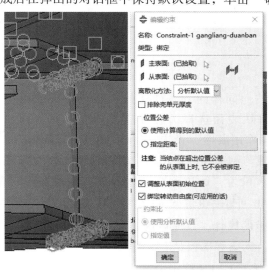

图 4-132　楼板与钢梁相互作用

如图 4-133 所示。选择完成后在弹出的对话框中保持默认设置，单击"确定"按钮即可。

a) 选择主、从表面 　　　　　　　　　　　b) 编辑约束

图 4-133　绑定钢梁和端板

2）绑定栓钉和钢梁。栓钉和钢梁也是视为焊接的，因此需要定义绑定约束。创建约束，命名为"Constraint-12 shuanding+gangliang"，主表面选择栓钉外表面部分，从表面选择与钢梁接触部分，其他参数保持默认设置即可，如图 4-134 所示。

3）绑定加强环和外钢管。加强环和外钢管也是视为焊接的，因此需要定义绑定约束。创建约束，命名为"Constraint-14 jiaqianghuan-waigangguan"，主表面选择加强环外表面部分，从表面选择与外钢管接触部分，其他参数保持默认设置即可，如图 4-135 所示。

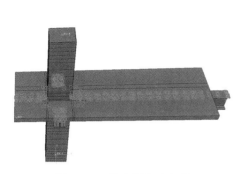

图 4-134 绑定栓钉和钢梁

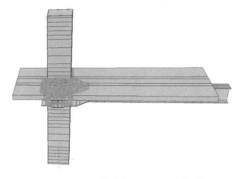

图 4-135 绑定加强环和外钢管

4）绑定柱隔板和内钢管。柱隔板和内钢管需要定义绑定约束。创建约束，命名为"Constraint-15 zhugeban-neigangguan"，主表面选择柱隔板内表面部分，从表面选择内钢管与柱隔板接触部分，其他参数保持默认设置即可，如图 4-136 所示。

5）创建参考点耦合。之前在装配环节创建了柱顶、柱底和梁端的三个参考点，这里要将参考点与柱顶、柱底和梁端表面耦合起来，以便后续施加的载荷和边界条件可通过参考点传递到柱顶和柱底。创建约束，命名为"Constraint-6 zhud-

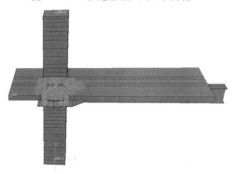

图 4-136 绑定柱隔板和内钢管

ing"，"类型"为"耦合的"，软件提示要选择约束控制点，选择柱顶的参考点 RP-5，然后选择柱顶面为约束面，在弹出的对话框中其他参数保持默认设置，完成设置，如图 4-137a 所示。柱底的 RP-1 操作相同。梁端参考点耦合时表面选择工字钢梁端部区域，如图 4-137b 所示。

6）创建内置区域。创建约束，命名"Constraint-5 ban-duanb-ls-shuanding"，"类型"为"内置区域"，内置区域选择螺栓与钢筋网 1950，主

a) RP-5 与柱顶表面耦合

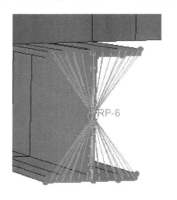

b) RP-6 与梁端表面耦合

图 4-137 参考点耦合

机区域选择整体模型，在弹出的对话框中其他参数保持默认设置。内置区域如图 4-138 所示。

这样就完成了所有约束的设置，如图 4-139 所示。

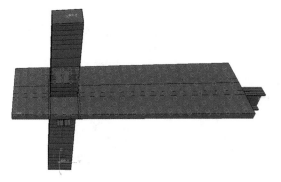

- 约束 (8)
  - Constraint-1 gangliang-duanban
  - Constraint-5 ban-duanb-ls-shuanding
  - Constraint-6 zhuding
  - Constraint-7 liang2
  - Constraint-9 zhudi
  - Constraint-12 shuanding+gangliang
  - Constraint-14 jiaqianghuan-waigangguan
  - Constraint-15 zhugeban-neigangguan

图 4-138　内置区域　　　　　　　　　　　　图 4-139　所有约束

（11）定义载荷和边界条件

1）定义幅值。后续在边界条件中利用位移加载时要用到幅值，所以首先应定义幅值。

① 双击 按钮，在弹出的对话框中选择"类型"为"表"，本书命名为"Amp-1"。在弹出的对话框中按表 4-2 输入幅值，其余参数保持默认设置，如图 4-140 所示。

表 4-2　滞回幅值（一）

时间	幅值	时间	幅值
0	0	17	30
1	5	18	−30
2	−5	19	30
3	5	20	−30
4	−5	21	40
5	10	22	−40
6	−10	23	40
7	10	24	−40
8	−10	25	60
9	14	26	−60
10	−14	27	60
11	14	28	−60
12	−14	29	100
13	20	30	−100
14	−20	31	100
15	20	32	−100
16	−20		

② 采用同样的操作，命名第二个幅值为 "Amp-2"。在弹出的对话框中按表 4-3 输入幅值，其余参数保持默认设置，如图 4-141 所示。

表 4-3　滞回幅值（二）

时间	幅值	时间	幅值
0	0	13	70
1	10	14	−70
2	−10	15	80
3	20	16	−80
4	−20	17	90
5	30	18	−90
6	−30	19	100
7	40	20	−100
8	−40	21	110
9	50	22	−110
10	−50	23	120
11	60	24	−120
12	−60	25	0

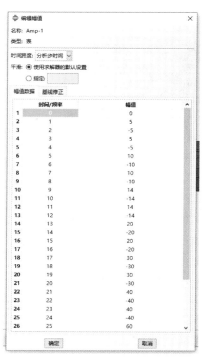

图 4-140　幅值（一）

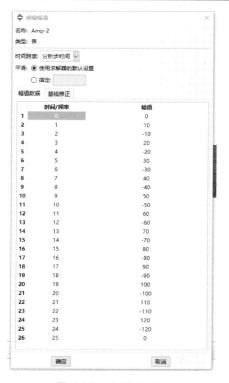

图 4-141　幅值（二）

2）定义载荷。本例采用位移加载，需要在边界条件中设置，双击  按钮进入载荷模块。单击"创建载荷"按钮 ，"可用于所选分析步的类型"选择"集中力"，如图 4-142a 所示；软件提示选择点 RP-5，如图 4-142b 所示；设置"CF1""CF2"为 0，"CF3"为"-556838"，如图 4-142c 所示；设置完成后，集中力如图 4-142d 所示。

a) 创建集中力载荷

b) 选择柱顶RP-5

c) 给定数值

d) 施加完成

图 4-142　施加集中力

3）定义边界条件。双击  按钮进入边界条件模块。单击"创建边界条件"按钮 ，在弹出的对话框中将"分析步"设为"Initial"，"可用于所选分析步的类型"选择"位移/转角"，如图 4-143a 所示；然后选择参考点 RP-1，在对话框中选择"U1""U2""U3""UR2""UR3"，如图 4-143b 所示；RP-5 的设置如图 4-143c 所示，在对话框中选择"U1""U2""UR2""UR3"；RP-6 的设置如图 4-143d 所示，在对话框中选择"U1""U3""UR2""UR3"，但是在边界条件管理器中要将 RP-6 的第 3 分析步（Step-3）的边界条件进行更改，将"U3"的值改为"1"，同时"幅值"选择之前设置好的幅值"Amp-1"，如图 4-143e 所示。

a) 创建柱底边界条件　　　　b) 勾选柱底坐标系　　　　c) 勾选柱顶坐标系

d) 勾选梁端坐标系

e) 修改梁端边界条件

图 4-143　设置边界条件

（12）划分网格　在环境栏的"模块"中选择"网格"，进入网格划分模块，并将"对象"改为"部件"。本例划分的网格尺寸都比较小，仅供参考。小网格尺寸可以使计算精度更高，但也会耗费更多的计算资源，读者在练习的过程中可以适当增大网格尺寸。

1）混凝土柱、混凝土板。单击"种子部件"按钮，在弹出的图 4-144a 所示对话框中，"近似全局尺寸"输入"40"，其余参数保持默认设置。然后单击"为部件划分网格"按钮，得到划分网格后的混凝土柱部件（图 4-144b）。采用同样的方法，为混凝土板划分网格，"近似全局尺寸"设为"30"。划分网格后的混凝土板如图 4-144c 所示。

2）其余部件。其余部件的网格划分操作相同，只是"近似全局尺寸"参数的设置不同。梁端-耳板、钢筋网 1950 的"近似全局尺寸"为"30"；梁-盖板、柱底-耳板、栓钉-合并、钢管拉筋的近似"全局尺寸"为"40"；柱-隔板的近似"全局尺寸"为"15"；侧钢梁-合并、钢梁-实体的近似"全局尺寸"为"20"；加强环-合并的近似"全局尺寸"为"10"。划分网格后的各部件如图 4-145 所示。划分网格后的整体模型如图 4-146 所示。

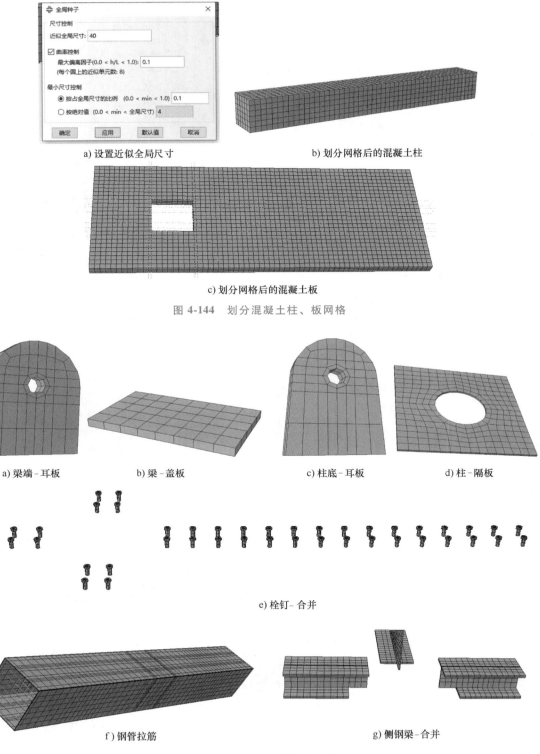

a) 设置近似全局尺寸   b) 划分网格后的混凝土柱

c) 划分网格后的混凝土板

图 4-144　划分混凝土柱、板网格

a) 梁端-耳板　　　　b) 梁-盖板　　　　c) 柱底-耳板　　　　d) 柱-隔板

e) 栓钉-合并

f) 钢管拉筋　　　　　　　　　g) 侧钢梁-合并

图 4-145　划分其余部件网格

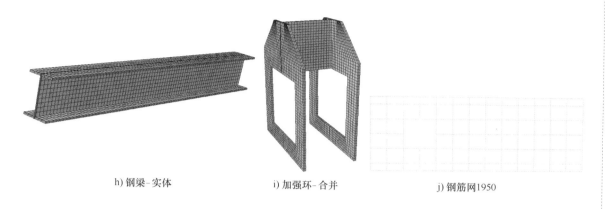

h) 钢梁-实体　　　　　　i) 加强环-合并　　　　　　j) 钢筋网1950

图 4-145　划分其余部件网格（续）

（13）后处理　提交作业分析完毕后进入后处理模块。模型的整体变形应力图如图 4-147 所示。

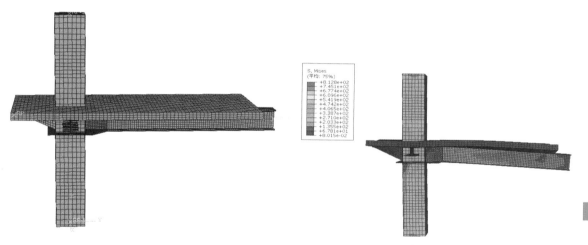

图 4-146　划分网格后的整体模型　　　　　　图 4-147　模型的整体变形应力图

4.2.2　钢管混凝土-钢梁螺栓连接节点拟静力分析

（1）问题描述　一个钢管混凝土-钢梁螺栓连接节点，尺寸如图 4-148 所示，在柱端施加通过位移控制的往复载荷，载荷随时间变化规律如图 4-149 所示，利用 ABAQUS 有限元软件对其进行应力分析。

（2）启动 ABAQUS/CAE　启动 ABAQUS/CAE 后，双击左边操作树顶端的 🔲🔧 按钮，创建新模型数据库。

（3）创建部件　在 ABAQUS/CAE 环境栏的模块列表中选择部件，进入部件模块。

1）创建钢管部件。

① 创建部件。单击左侧工具区中的 🔲 按钮，弹出"创建部件"对话框，如图 4-150 所

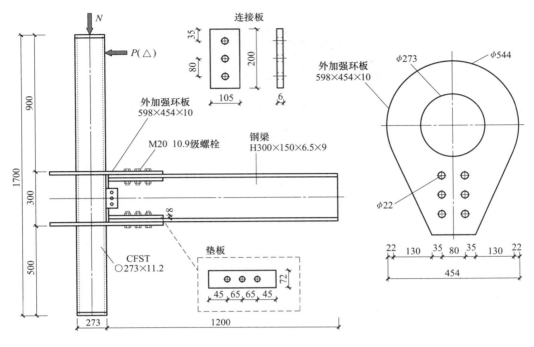

图 4-148　节点尺寸详图

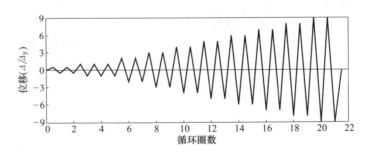

图 4-149　柱端力加载曲线

示。在"名称"后输入"gangguan","模型空间"设为"三维";"基本特征"选项组中的"形状"设为"实体","类型"设为"拉伸";"大约尺寸"设为"400"。单击"继续"按钮，进入二维绘图界面。

② 绘制二维图形。单击左侧工具区的 $\overset{\odot}{\bigcirc}$ 按钮，在提示区输入圆心坐标（0，0），按中键或按回车键确认，在提示区继续输入（136.5，0），单击中键确认，得到外圆。用相同的方法再次输入圆心坐标（0，0），然后输入（125.3，0），得到内圆，如图 4-151 所示。按中键确认，完成二维图绘制。

③ 生成三维模型。完成二维图绘制后弹出"编辑基本拉伸"对话框，如图 4-152 所示，"深度"输入"1700"，单击"确定"按钮，此时绘图区显示出钢管的三维模型，如图 4-153 所示。

图 4-150　"创建部件"对话框

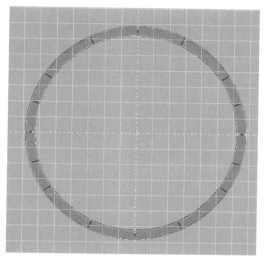

图 4-151　钢管二维图形

图 4-152　"编辑基本拉伸"对话框

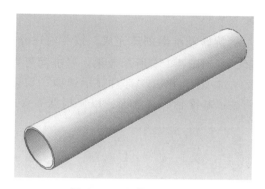

图 4-153　钢管三维模型

④ 分割部件。为了便于后续设置相互作用接触面、网格划分，需要在部件模块里对钢管部件进行分割。

a. 在钢管部件界面，长按　按钮，单击　按钮，从已有平面创建基准面。选择钢管与 Z 轴正向相反一端的底面，在底部提示区选择"输入大小"，箭头所指方向设为钢管内，若默认箭头方向向外，就选择"翻转"，偏移大小输入 10，得到第一个基准面，如图 4-154 所示，软件用黄线方框表示。重复上述步骤，依次以前一个基准面为已有平面创建下一个基准面，偏移大小依次为 240、200、100、35、25、40、40、25、35、100、200、640。以上操作都会记录在左侧模型序列树里，读者可以根据需要进行修改或删除。

b. 基准面创建完成后，长按　按钮，单击　，使用基准平面拆分几何元素。根据提示区提示，依次选择要拆分的钢管部分和基准面就可以完成分割。重复该操作，完

图 4-154　基准面

成上述基准面处的拆分。

　　c. 单击 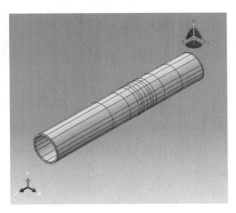 按钮，创建基准轴，根据提示区提示，选择主轴创建钢管这个圆柱体的基准中心轴。按照本例前述操作，这里应选择 Z 轴，读者应检查自己模型中钢管的中心轴在哪个主轴方向，后续操作同样应注意检查所选方向或平面是否符合自己模型的实际情况，不再赘述。

　　d. 单击 按钮，从主平面偏移创建基准面，根据提示区提示选择 YZ 平面，偏移大小为 0。重复一次该操作，改选 XZ 平面。完成两次操作后得到两个相互垂直呈十字的基准面，同时都垂直于钢管底面。

　　e. 长按 按钮，单击 按钮，将已有平面旋转创建基准面。根据提示区提示，选择前述以 XZ 平面为参照创建的基准面，再选择前述创建的基准中心轴，旋转角度为 17.040062°，得到第一个旋转基准面。再旋转第一个旋转基准面，旋转角度为 16.289265°，得到第二个旋转基准面。重复本段上述操作，但输入旋转角度分别为 -17.040062° 和 -16.289265°。

　　f. 以相同操作创建另一组旋转基准面。这次选择前述以 YZ 平面为参照创建的基准面，旋转角度为 25.384933°。再次选择前述以 YZ 平面为参照创建的基准面，旋转角度为 -25.384933°。

　　g. 旋转基准面创建完成，按照前述分割的操作，单击 按钮，使用基准平面拆分几何元素，得到图 4-155 所示效果。基准面可以关闭：单击 ABAQUS/CAE 顶部的"视图"→"部件显示选项"，弹出"部件显示选项"对话框，如图 4-156 所示，在"基准"选项卡里可以取消显示基准轴和基准面，以便根据需要进行观察。

图 4-155　钢管拆分效果

图 4-156　"部件显示选项"对话框

　　2）创建混凝土部件。

　　① 创建部件。步骤与创建钢管部件基本相同。绘制二维图形时，只绘制一个与钢管内圆同样大小的圆，圆心坐标为（0，0），圆上一点坐标为（125.3，0），绘制完成后单击中键确认，在弹出的对话框中将拉伸"深度"设为"1680"，得到混凝土三维模型。

　　② 分割部件。分割具体操作参考钢管部件的创建。部件"名称"设为"hunningtu"。首先选择混凝土与 Z 轴正向相反的一端底面开始创建基准面。依次以前一个面为参考创建基准面，偏移距离依次为 240、200、100、35、25、40、40、25、35、100、200。基准面创

建完成在各个基准面处分割混凝土几何体。单击按钮，从主平面偏移创建基准面。分别选择 XZ 平面和 YZ 平面。选择 XZ 基准面为参考，通过偏移创建第一个基准面，偏移距离为 36.717949。以刚创建的第一个基准面为参考，偏移创建第二个基准面，偏移距离为 32.128206。重复上述操作，在相反的方向创建出另外两个基准面。基准面创建完成在各个基准面处分割混凝土几何体，效果如图 4-157 所示。

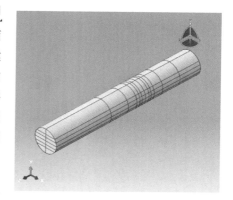

图 4-157　混凝土三维模型

3）创建钢梁部件。

① 创建部件。根据如图 4-158 所示钢梁尺寸图创建钢梁部件，拉伸"深度"设为"1200"，得到图 4-159 所示钢梁模型。

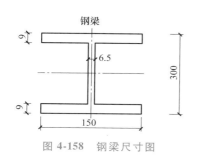

图 4-158　钢梁尺寸图

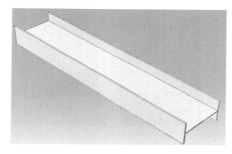

图 4-159　钢梁模型

② 分割部件。

a. 单击"拆分几何元素"按钮，按图 4-160 所示选择一点及法线。

图 4-160　定义切割平面

b. 选择一点时，选择钢梁翼缘和腹板交界处的一点，即切割平面上一点，如图 4-161a 所示；选择法线时，选择钢梁翼缘边作为该平面的法线，如图 4-161b 所示，然后就得到图 4-161c 所示的切割效果。采用同样的方法，切割出钢梁上下翼缘和腹板交界处，如图 4-161d 所示。

c. 从钢梁一端创建基准面。单击按钮，（从已有平面偏移），选择钢梁端部截面，偏移距离为 45。重复上述操作，依次以上一个基准面为已有平面，偏移距离依次为 65、65，得到三列螺栓中心轴所在平面。再分别以三个中心轴平面为已有平面，向左右偏移 25 创建基准面，得到 6 个基准面，如图 4-162a 所示。利用所得基准面进行分割，得到分割后钢梁端部螺栓位置处横截面，如图 4-162b 所示。

d. 分别以钢梁左右翼缘为已有平面，偏移 35 得到 2 个基准面，分割得到螺栓位置纵向中心轴截面。再分别以这 2 个基准面为中心平面，左右各偏移 25 得到 4 个基准面，分割得

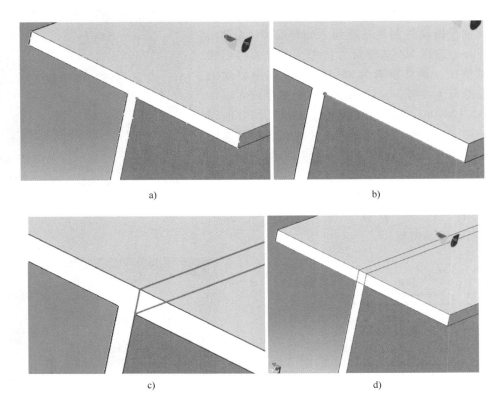

a)   b)

c)   d)

图 4-161　切割钢梁翼缘和腹板

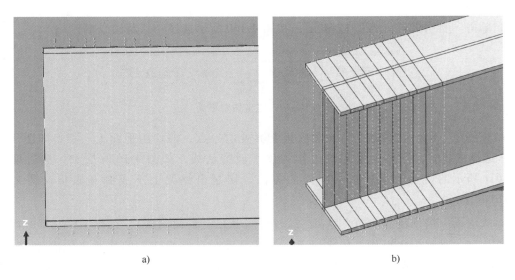

a)   b)

图 4-162　钢梁螺栓位置横截面划分

到螺栓位置截面，如图 4-163 所示。如此，就得到图 4-164 所示矩形标记出的六个螺栓位置。

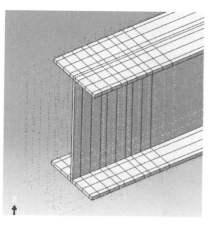

图 4-163 钢梁螺栓位置纵截面划分

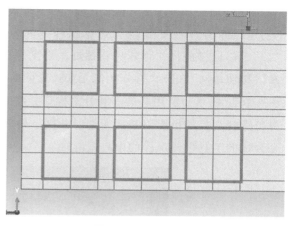

图 4-164 螺栓位置

e. 钢梁翼缘开螺栓孔。长按"创建切削"按钮，单击"创建圆孔"按钮，选择孔的"类型"为"通过所有"，选择钢梁翼缘平面，箭头方向任意。系统提示选择第一条边和第二条边时，分别选择单个螺栓所在矩形的任意垂直的两条边，距离为 25，孔径为 22，依次得到上下翼缘共 12 个螺栓孔，如图 4-165 所示。

f. 钢梁腹板开螺栓孔。选择钢梁翼缘表面为已有平面，向下偏移 150，得到钢梁腹板正中间的基准面，再分别向上、向下偏移 65，得到 2 个基准面。分别以这 3 个基准面为中心平面，分别向上、向下偏移 25，同之前开钢梁翼缘螺栓孔操作一样，再进行分割，得到腹板螺

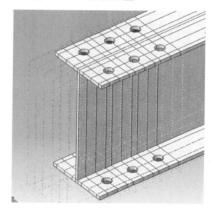

图 4-165 钢梁翼缘开螺栓孔

栓位置分割，如图 4-166a 所示。再开出最边上三个螺栓孔，如图 4-166b 所示。

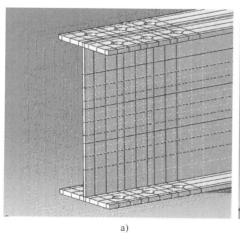

a)

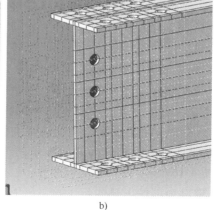

b)

图 4-166 钢梁腹板分割

4）创建翼缘螺栓部件。创建拉伸部件，绘制半径为 10 的圆形，拉伸"深度"设为

"27"（外加强环板厚度+钢梁翼缘厚度+垫板厚度），得到螺杆，如图 4-167a 所示。再单击"创建拉伸实体"按钮 ，选择螺杆一端为平面，绘制半径 15 的圆，拉伸"深度"设为 "13"，以同样的操作创建另一螺母，得到螺栓模型，如图 4-167b 所示。长按"拆分几何元素"按钮 ，单击"拆分几何元素：延伸面按钮 ，再选择螺杆圆柱表面，完成拆分，如图 4-167c 所示。利用基准面和分割操作，将螺栓部件拆分成图 4-167d 所示的效果，注意螺母与螺杆交界处也要用基准面进行分割。最后再长按"创建基准轴"按钮 ，任意选择一个合适的工具创建螺栓的中心基准轴。

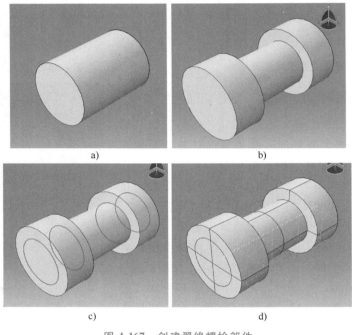

a) b)

c) d)

图 4-167 创建翼缘螺栓部件

5）创建腹板螺栓部件。与翼缘螺栓部件操作一样，螺杆拉伸"深度"设为"12.5"，如图 4-168 所示。

6）创建钢管垫板。创建拉伸部件，绘制半径为 125.3 的圆，拉伸"深度"设为"10"。然后单击"创建基准平面：从主平面偏移"按钮 ，若圆形草图是在 XY 平面绘制的，则选择 YZ 平面，偏移距离为 0，得到一个基准面。相同操作选择 XZ 平面，又得到一个基准面。两个基准面相互垂直，且处于圆的直径。以 XZ 基准面为已有平面，向上偏移 36.717949，得到一个基准面；又以该基准面为已有平面，向同一方向偏移 32.128206，得到另一个基准面。向下重复同样的操作，又得到两个基准面。最后利用已得基准面分割部件，得到图 4-169 所示的钢管垫板部件。

7）创建其余部件。根据前述操作，依次根据尺寸图创建出图 4-170 所示部件，其中外加强环板厚度为 10，垫板厚度为 8。外加强环板的圆弧与直边切点处也要建立基准面进行分割，如图 4-171 所示。连接板在远离螺栓孔一侧要做一个图 4-172 所示的从上往下的切削，使得连接板装配时这一侧能和圆钢管外表面更好地贴合。

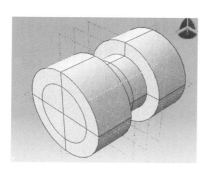

图 4-168　腹板螺栓部件

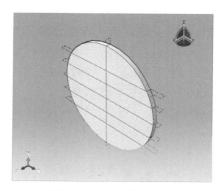

图 4-169　钢管垫板部件

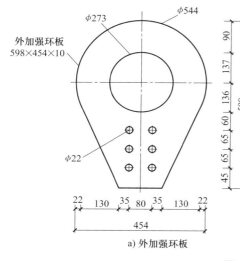

a) 外加强环板

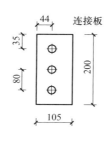

b) 连接板

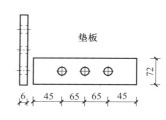

c) 垫板

图 4-170　部件尺寸

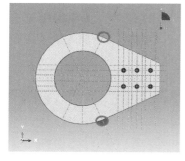

图 4-171　外加强环板部件

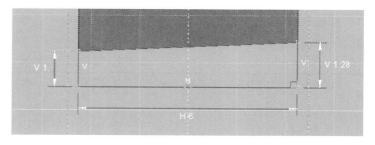

图 4-172　连接板切削

（4）创建材料和截面属性　双击左边的"材料"进入材料模块，在此模块中分别定义各部件的材料属性和截面属性。

1）创建材料属性。

混凝土本构关系。单击"创建材料"按钮，命名为"hunningtu"。在对话框中单击

"力学"→"弹性"→"弹性"，"杨氏模量"输入"33690"，"泊松比"输入"0.2"，如图 4-173a 所示。这里因为建立部件采用的单位是 mm，所以杨氏模量的值按照单位为 MPa（N/mm^2）输入。再单击"力学"→"塑性"→"混凝土损失塑性"，"膨胀角"输入"40"，"偏心率"输入"0.1"，"fb0/fc0"输入"1.225"，"K"输入"0.6667"，"粘性参数"输入"0.0005"，如图 4-173b 所示。

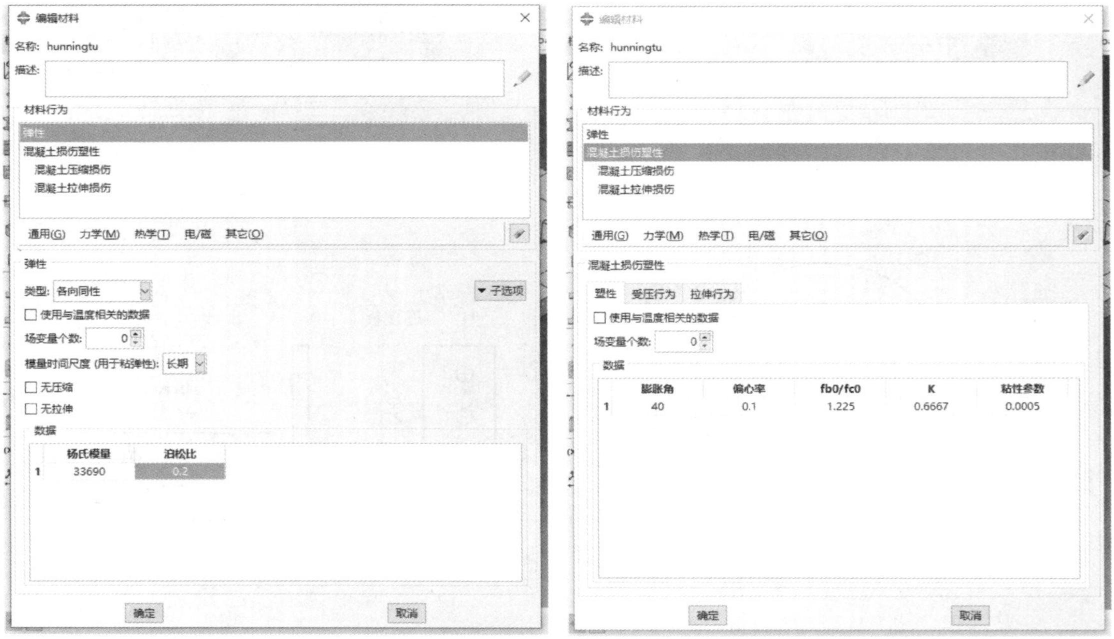

a)   b)

图 4-173 定义混凝土材料属性

"受压行为"选项卡中输入表 4-4 中前两列数据，"拉伸行为"选项卡中输入表 4-4 中第 3、4 列数据。在"受压行为"选项卡中单击"子选项"按钮，在弹出的对话框中将"拉伸恢复"设为"0.2"，"数据"中填入表 4-4 第 5、6 列数据。在"受拉行为"选项卡中单击"子选项"按钮，在弹出的对话框中将"压缩复原"设为"0.8"，"数据"中填入表 4-4 中最后两列数据。

表 4-4 混凝土材料参数

屈服应力	非弹性应变	屈服应力	开裂应变	损伤参数	非弹性拉紧	损伤参数	破裂拉紧
17.3	0	3.04	0	0	0	0	0
26.8	0.000102	2.57	0.000113	0.0481	0.000102	0.34	0.000113
28.7	0.000147	2.41	0.000136	0.0624	0.000147	0.395	0.000136
30.5	0.000211	2.25	0.000159	0.0805	0.000211	0.45	0.000159
32.3	0.000311	2.09	0.000184	0.106	0.000311	0.507	0.000184
34	0.000564	1.93	0.000211	0.162	0.000564	0.565	0.000211
34.1	0.000678	1.78	0.00024	0.185	0.000678	0.623	0.00024
32.4	0.00208	1.62	0.000273	0.398	0.00208	0.679	0.000273

（续）

屈服应力	非弹性应变	屈服应力	开裂应变	损伤参数	非弹性拉紧	损伤参数	破裂拉紧
30.6	0.00301	1.47	0.00031	0.522	0.00301	0.731	0.00031
28.9	0.00393	1.31	0.000355	0.622	0.00393	0.78	0.000355
27.2	0.00491	1.16	0.000409	0.697	0.00491	0.822	0.000409
25.5	0.00599	1.01	0.000476	0.751	0.00599	0.858	0.000476
23.8	0.00719	0.853	0.000564	0.792	0.00719	0.889	0.000564
22.1	0.00853	0.7	0.000687	0.823	0.00853	0.915	0.000687
20.4	0.0101	0.547	0.000874	0.849	0.0101	0.938	0.000874
18.6	0.0119	0.395	0.0012	0.87	0.0119	0.959	0.0012
16.9	0.0141	0.243	0.00192	0.889	0.0141	0.976	0.00192
15.2	0.0167	0.0903	0.00504	0.906	0.0167	0.992	0.00504
13.5	0.0199			0.921	0.0199		
11.8	0.0241			0.935	0.0241		
10.1	0.0296			0.948	0.0296		
8.4	0.0374			0.959	0.0374		
6.7	0.0491			0.969	0.0491		
4.99	0.0687			0.979	0.0687		
3.29	0.109			0.987	0.109		

2）钢材本构关系。

① 建立螺栓的材料属性，命名为"bolt"，"弹性"中"杨氏模量"输入"210000"，"泊松比"输入"0.3"。单击"力学"→"塑性"→"塑性"，"硬化"选择"组合"，"数据类型"为"参数"，"发射应力数"为"1"，"零塑性应变处的屈服应力"输入"900"，"随动硬化参数 C1"输入"7500"，"Gamma1"输入"50"，如图 4-174a 所示。单击"子选项"按钮，选择"循环硬化"，在弹出的"子选项编辑器"对话框中，"等效应力"输入"900"，"Q-无限"输入"450"，"硬化参数 b"输入"0.1"，如图 4-174b 所示。

② 建立钢梁腹板的材料属性，命名为"fuban"，"弹性"中"杨氏模量"输入"202000"，"泊松比"输入"0.3"。单击"力学"→"塑性"→"塑性"，"硬化"选择"组合"，"数据类型"为"参数"，"发射应力数"为"1"，"零塑性应变处的屈服应力"输入"330"，"随动硬化参数 C1"输入"7500"，"Gamma1"输入"50"。单击"子选项"按钮，选择"循环硬化"，在弹出的"子选项编辑器"对话框中，"等效应力"输入 330，"Q-无限"输入 165，"硬化参数 b"输入 0.1。

③ 建立钢管的材料属性，命名为"gangguan"，"弹性"中"杨氏模量"输入"206000"，"泊松比"输入"0.3"。单击"力学"→"塑性"→"塑性"，"硬化"选择"组合"，"数据类型"为"参数"，"发射应力数"为"1"，"零塑性应变处的屈服应力"输入"302"，"随动硬化参数 C1"中输入"7500"，"Gamma1"中输入"50"。单击"子选项"按钮，选择"循环硬化"，在弹出的"子选项编辑器"对话框中，"等效应力"输入"302"，"Q-无限"输入"151"，"硬化参数 b"中输入"0.1"。

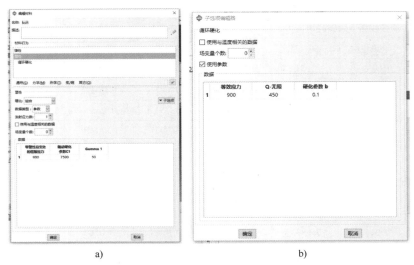

a)　　　　　　　　　　　　　　b)

图 4-174　螺栓材料属性

④ 建立外加强环板的材料属性，命名为"huanban"，"弹性"中"杨氏模量"输入"204000"，"泊松比"输入 0.3。单击"力学"→"塑性"→"塑性"，"硬化"选择"组合"，"数据类型"为"参数"，"发射应力数"为"1"，"零塑性应变处的屈服应力"输入"286"，"随动硬化参数 C1"输入"7500"，"Gamma1"中输入"50"。单击"子选项"按钮，选择"循环硬化"，在弹出的"子选项编辑器"对话框中，"等效应力"输入"286"，"Q-无限"中输入"143"，"硬化参数 b"中输入"0.3"。

⑤ 建立钢梁翼缘的材料属性，命名为"yiyuan"，"弹性"中"杨氏模量"输入"190000"，"泊松比"输入"0.3"。单击"力学"→"塑性"→"塑性"，"硬化"选择"组合"，"数据类型"为"参数"，"发射应力数"为"1"，"零塑性应变处的屈服应力"输入"281"，"随动硬化参数 C1"中输入"7500"，"Gamma1"中输入"50"。单击"子选项"按钮，选择"循环硬化"，在弹出的"子选项编辑器"对话框中，"等效应力"输入"281"，"Q-无限"输入"140.5"，"硬化参数 b"中输入"0.1"。

3）创建截面属性。单击工具区的"创建截面"按钮，命名为"bolt"，"类别"选择"实体"，"类型"选择"均质"，如图 4-175a 所示；然后材料选择之前定义的 bolt，如图 4-175b 所示。其余部件操作相同，创建截面然后选择对应的材料，如图 4-176 所示。

a)　　　　　　　　b)

图 4-175　创建螺栓截面

图 4-176　所有部件截面

4）赋予部件截面属性。在环境栏的部件中选择螺栓，单击工具区中的"指派截面"按钮 ，然后根据提示区提示，在绘图区左键框选整个模型，按中键确认，在图 4-177a 所示对话框中选择"截面"为"bolt"，单击"确定"按钮，完成指派，此时螺栓部件颜色变为青色，如图 4-177b 所示。采用同样的方法，完成其余部件的截面赋予，注意钢梁翼缘和腹板的截面属性不同，要分别赋予。钢管垫板采用外加强环板的截面属性。

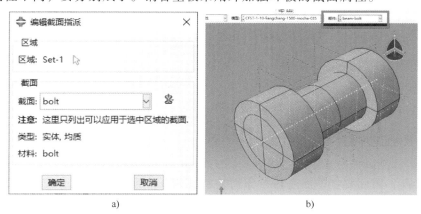

a)　　　　　　　　　　　　　　b)

图 4-177　赋予部件截面属性

（5）定义装配件　进入装配模块，如图 4-178 所示。

1）单击"创建实例"按钮 ，弹出图 4-179 所示对话框，选择混凝土部件，"实例类型"为"非独立"，这样后期划分网格可以统一在部件上进行，如图 4-179 所示。

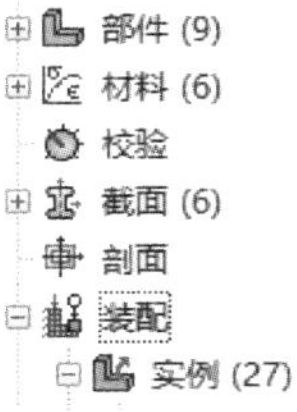

　　　　⊞ 部件 (9)
　　　　⊞ 材料 (6)
　　　　　校验
　　　　⊞ 截面 (6)
　　　　　剖面
　　　　⊟ 装配
　　　　　⊟ 实例 (27)

图 4-178　进入装配模块

图 4-179　创建混凝土实例

2）采用同样的操作，生成钢管实例。再通过移动工具 将钢管移动到合适的位置，使钢管包裹混凝土，同时上下底面超出混凝土底面 10mm，也就是一个垫板的厚度，如图 4-180 所示。

3）采用同样的操作，生成钢管垫板实例。再通过阵列工具 复制出一个，然后通过移动工具 ，将两个钢管垫板分别装到柱子的上、下底面，如图 4-181 所示。

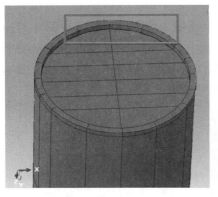

图 4-180　钢管装配位置

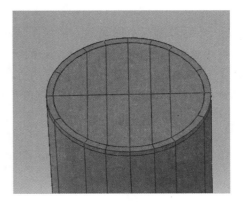

图 4-181　装配钢管垫板

4）装配外加强环板。单击 **工具(T)** →"查询"，在弹出的对话框中选择"距离"，如图 4-182a 所示。然后柱身显示黄点，选择图 4-182b 所示的两个点，发现两个点的距离正好为 300，即梁高，因此要将外加强环板分别装在这两个点所在位置。生成两次外加强环板，将其中一个外加强环板的上沿对准下方的黄点，将另一个外加强环板的下沿对准上方的黄点，效果如图 4-183 所示。

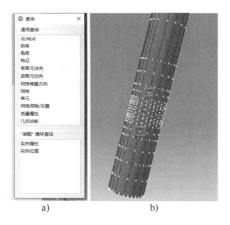

a)　　　　　b)

图 4-182　查询点的距离

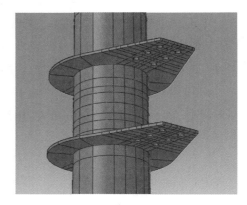

图 4-183　装配外加强环板

5）装配钢梁。生成钢梁，因为钢梁的螺栓孔位置和外加强环板是对应的，所以通过移动工具能很容易将钢梁装配到对应位置，如图 4-184 所示。

6）装配连接板。生成连接板实例，利用连接板上螺栓孔与钢梁螺栓孔的对应关系，通过移动工具将连接板装上，同时注意连接板被切削一侧与圆钢管的对应关系，如图 4-185 所示。

7）采用同样的操作，装上四个螺栓垫板，如图 4-186 所示。

8）装配螺栓。生成螺栓以后，将螺栓移动到螺栓孔上时要注意对齐螺栓和孔的中心位置，因为孔径是大于螺栓杆直径的，可能需要多次运用到移动工具去调整。可以先装好一个螺栓，然后根据同一列中螺栓的间距为 65，两列螺栓的间距为 80，上下翼缘螺栓距离为 300 的关系，采用阵列工具 **:::** 去实现其余螺栓的装配。钢梁腹板处的螺栓装配操作相同，如图 4-187 所示。

图 4-184　装配钢梁

图 4-185　装配连接板

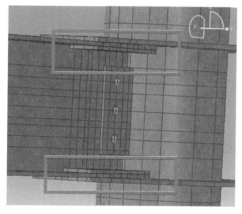

图 4-186　装配螺栓垫板

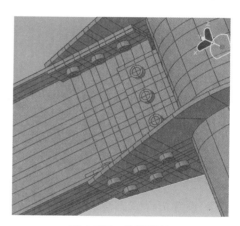

图 4-187　装配螺栓

9）创建参考点。参考点是为了便于后期对模型施加边界条件和载荷。单击"工具"→"参考点"，选择柱底圆心作为参考点，得到"RP-1"，如图 4-188a 所示。采用同样的操作，在柱顶和梁端创建参考点，如图 4-188b、c 所示。

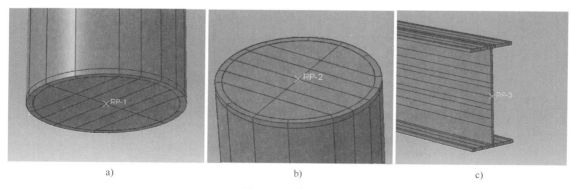

a)　　　　　　　　　　　　　　b)　　　　　　　　　　　　　　c)

图 4-188　参考点

（6）设置分析步　在环境栏中双击分析步进入分析步模块。单击"创建分析步"按钮

━━┩，在弹出的"创建分析步"对话框中选择"通用"和"静力，通用"，后续弹出的"编辑分析步"对话框中按图 4-189 所示设置。第 1 分析步（Step-1）和第 2 分析步（Step-2）设置一样，从第 3 分析步（Step-3）开始打开"几何非线性"。第 6 分析步（Step-6）的"时间长度"设置为"41"。一共建立 6 个分析步，如图 4-190 所示。

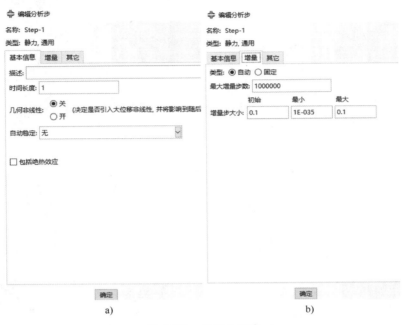

图 4-189　设置分析步

（7）设置历程输出请求　进入历程输出请求模块，提前创建好历程输出请求，能方便用户在计算结果中提取需要的数据。

1）创建力-位移输出请求。因为本例模型中要将位移荷载施加在柱顶的参考点 RP-2，所以需要创建 RP-2 的力-位移输出请求。

① 单击"工具"→"集"→"创建"，在弹出的"创建集"对话框中（图 4-191a），"名称"命名为"Set-1-RP-2"，便于后续使用，"类型"选择"几何"，然后单击模型上的参考点 RP-2，完成创建，如图 4-191b 所示。

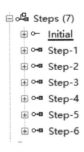

图 4-190　分析步

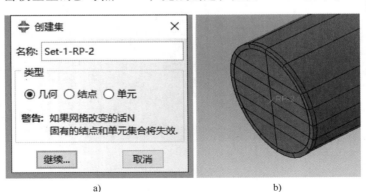

图 4-191　创建集

② 单击"创建历程输出"按钮 ，然后依次按照图 4-192 所示进行设置，其他参数保持默认设置。这样软件就会记录加载过程中参考点 RP-2 上的力和位移。

图 4-192　力-位移历程输出设置

2）创建能量输出请求。滞回分析中，构件的耗能也是一个重要的分析要素，因此要创建节点区域中各个部件的耗能历程输出。首先，通过"视图"→"装配件显示选项"关掉除钢管外的所有实例，这样模型区域就只剩下钢管，如图 4-193 所示；再选择整个钢管模型，创建名为"gangguan"的集合；最后按照图 4-194a、b 去设置钢管部件的能量历程输出请求。采用同样的操作，依次完成其他部件的操作，如图 4-194c 所示，所有部件的能量加起来即整个节点区域的耗能。

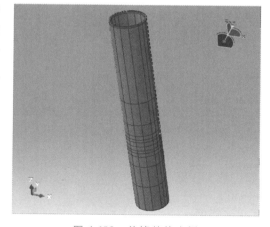

图 4-193　关掉其他实例

（8）设置相互作用属性　在定义接触面的相互作用之前，需要先定义相互作用属性。双击"相互作用属性"模块，在弹出的"创建相互作用属性"对话框中，将第一种属性命名为"IntProp-1-00"，"类型"为"接触"，随后按照图 4-195 所示进行设置，其他参数保持默认设置。之后创建第二种属性，命名为"IntProp-2-03"，"摩擦系数"为"0.35"，其他与"IntProp-1-00"相同；创建第三种属性，命名为"IntProp-3-06"，"摩擦系数"为"0.5"。三种相互作用属性如图 4-196 所示。

输出变量

○ 从下面列表中选择　● 预选的默认值　○ 全部　○ 编辑变量

ALLAE,ALLCD,ALLDMD,ALLEE,ALLFD,ALLIE,ALLJD,ALLKE,ALLKL,ALLPD,A

- ▶ □ 接触
- ▶ □ 连接
- ▼ ■ 能量
  - ▶ □ ENER, 所有能量值
  - ▶ □ ELEN, 单元中的所有能量值
  - □ EKEDEN, 动能密度
  - □ EPDDEN, 单位体积塑性变形耗散能
  - □ ECDDEN, 单位体积蠕变,膨胀和粘弹性耗散能
  - □ EVDDEN, 单位体积黏性耗散能
  - □ ESDDEN, E单位体积静态稳定耗散能
  - □ ECTEDEN, 电能密度
  - □ EASEDEN, 'Artifical' 应变能密度
  - □ EDMDDEN, 单位体积损伤耗散能
  - ▶ ☑ ALLEN, 总能量
- ▶ □ 破坏/断裂
- ▶ □ 热学

编辑历程输出请求

名称: H-Output-2-gangguan

分析步: Step-1

步骤: 静力, 通用

作用域: 集 : gangguan

频率: 每 x 个时间单位 x: 0.1

定时: 精确时间的输出

a)　　　　　　　　　　　b)

历程输出请求 (7)
- H-Output-1
- H-Output-2-gangguan
- H-Output-3-hunningtu
- H-Output-4-huanban
- H-Output-5-gangliang
- H-Output-6-luoshuan
- H-Output-7-ljb

c)

图 4-194　创建能量输出请求

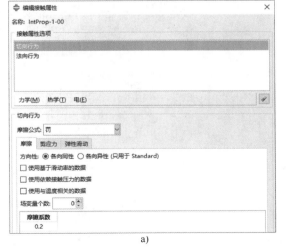
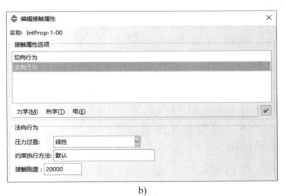

编辑接触属性

名称: IntProp-1-00

接触属性选项

切向行为
法向行为

力学(M)　热学(T)　电(E)

切向行为

摩擦公式: 罚

摩擦　剪应力　弹性滑动

方向性: ● 各向同性　○ 各向异性 (只用于 Standard)

□ 使用基于滑动率的数据
□ 使用依赖接触压力的数据
□ 使用与温度相关的数据

场变量个数: 0

摩擦系数
0.2

a)

编辑接触属性

名称: IntProp-1-00

接触属性选项

切向行为
法向行为

力学(M)　热学(T)　电(E)

法向行为

压力过盈: 线性

约束执行方法: 默认

接触刚度: 20000

b)

图 4-195　设置相互作用属性

（9）设置相互作用

1）上螺杆与螺栓孔。

① 创建上翼缘螺杆和外环板孔的相互作用。双击进入"相互作用"模块后，在弹出的窗口中命名为"Int-1 shangluogan-shang-huanbankong"，这样命名方便后续检查模型。软件提示，选取主表面，如图 4-197 所示，选择表面的方法有"逐个"和"按角度"，对于小区域需要"逐个"去选取，而这里对于螺栓孔就可以"按角度"去选取，会方便很多。先选择环板的螺栓孔内表面作为主表面，如图 4-198a 所示；然后选择上翼缘螺杆表面为从表面，如图 4-198b 所示；完成后续设置后，效果如图 4-198c 所示。

图 4-196　相互作用属性

图 4-197　系统提示选取表面

205

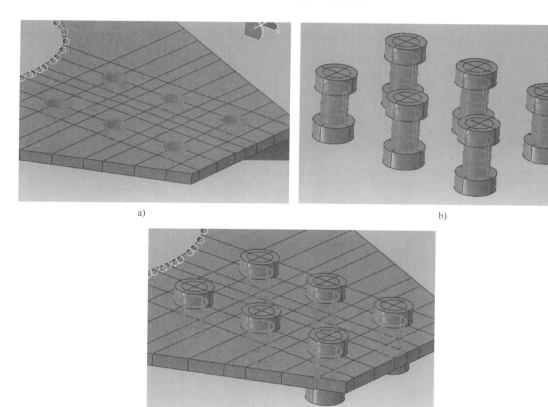

图 4-198　选取上翼缘螺杆和外环板孔主从表面

② 主从表面选择完成后，在弹出的对话框中按照图 4-199 所示进行设置，"滑移公式"选择"小滑移"，"为调整区域指定容差"设为"0.4"，"接触作用属性"选择前面定义好的"IntProp-1-00"，其余参数保持默认设置。

③ 按照同样的方法创建上螺杆和上翼缘孔的相互作用。命名为"Int-1 shangluogan-shangyiyuankong"，主、从表面选择如图 4-200 所示。随后的设置与图 4-199 所示操作完全相同。

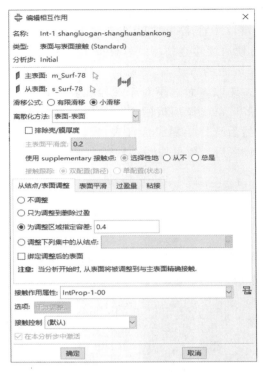

图 4-199　相互作用设置

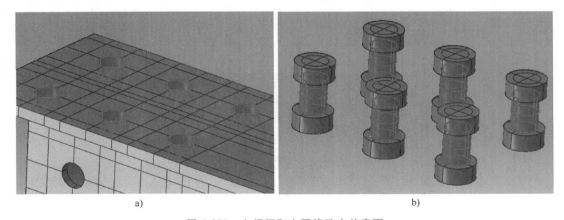

a)　　　　　　　　　　　　　　　　b)

图 4-200　上螺杆和上翼缘孔主从表面

2）下螺杆与螺栓孔。下翼缘螺杆与螺栓孔相互作用的设置方法与第 1）条相同，设置完成的效果如图 4-201 所示。

3）连接板的相互作用。根据连接板与各部件的位置关系，有 5 组相互作用需要定义，如图 4-202 所示。

① 连接板与梁腹板的相互作用。主表面选择连接板与钢梁腹板接触的那一面，从表面选择钢梁腹板，如图 4-203 所示，可以看出，主从表面的大小应做到尽量对应，如果相差过大，容易导致计算不收敛。参数设置与图 4-199 所示操作相同，"相互作用属性"选择"IntProp-2-03"。

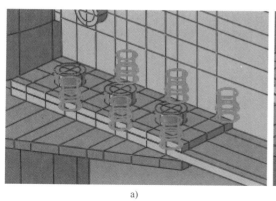
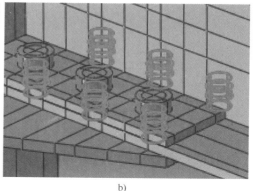

a)

b)

⊞ Int-2 xialuogan-xiahuanbankong
⊞ Int-2 xialuogan-xiayiyuankong

c)

图 4-201　下螺杆和螺栓孔相互作用

② 连接板处螺杆与钢梁腹板螺栓孔的相互作用。主表面选择钢梁腹板螺栓孔，从表面选择连接板处螺杆，如图 4-204 所示。"相互作用属性"选择"IntProp-1-00"。

③ 连接板处螺母与连接板的相互作用。主表面选择螺母与连接板接触一侧表面，从表面选择连接板与螺母接触一侧表面，如图 4-205 所示。"相互作用属性"选择"IntProp-2-03"。

⊞ Int-3 liangjieban-liang
⊞ Int-3 liangjieban-liangkong-luogan
⊞ Int-3 liangjieban-luoman
⊞ Int-3 liangjieban-luomao-liang
⊞ Int-3 liangjiebankong-luogan

图 4-202　连接板的相互作用

207

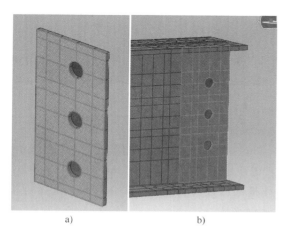

a)　　　　　　b)

图 4-203　连接板与钢梁腹板

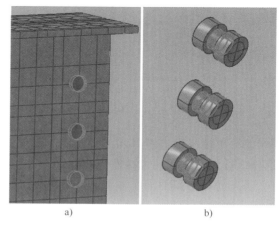

a)　　　　　　b)

图 4-204　连接板处螺杆与钢梁腹板螺栓孔

④ 连接板处螺母与梁腹板的相互作用。主表面选择螺母，从表面选择钢梁腹板，如图 4-206 所示。"相互作用属性"选择"IntProp-2-03"。

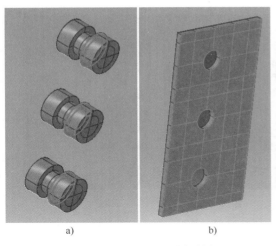

图 4-205　连接板处螺母与连接板的相互作用

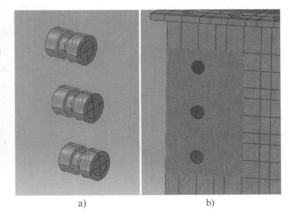

图 4-206　连接板处螺母与梁腹板的相互作用

⑤ 连接板处螺杆与连接板螺孔的相互作用。主表面选择连接板螺孔，从表面选择螺杆，如图 4-207 所示。"相互作用属性"选择"IntProp-1-00"。

4）上翼缘螺栓螺母和垫板。上翼缘螺栓螺母和垫板的相互作用如图 4-208 所示，选择螺母为主表面，垫板为从表面。"相互作用属性"选择"IntProp-2-03"。

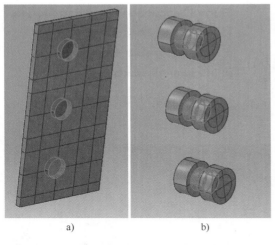

图 4-207　连接板处螺杆与连接板螺孔的相互作用

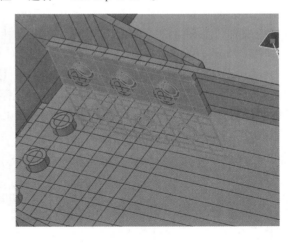

图 4-208　上翼缘螺栓螺母和垫板的相互作用

5）上翼缘螺栓螺母和外环板。上翼缘螺栓螺母和外环板的相互作用如图 4-209 所示，选择螺母为主表面，选择外环板表面为从表面。"相互作用属性"选择"IntProp-2-03"。

6）外环板和钢梁。钢梁上下翼缘和上下外环板同时设置，如图 4-210 所示，选择钢梁翼缘表面为主表面，选择外环板内侧与钢梁翼缘接触面为从表面。

7）钢管和混凝土柱。钢管和混凝土柱的相互作用如图 4-211 所示，选择钢管内表面为主表面，混凝土外表面为从表面。"相互作用属性"选择"IntProp-3-06"。

8）下翼缘螺栓螺母和垫板。下翼缘螺栓螺母和垫板的相互作用如图 4-212 所示，选择螺母为主表面，选择垫板为从表面。"相互作用属性"选择"IntProp-2-03"。

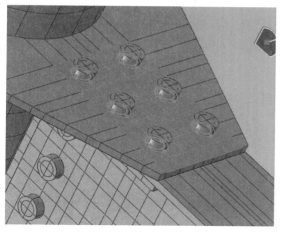

图 4-209　上翼缘螺栓螺母和外环板的相互作用

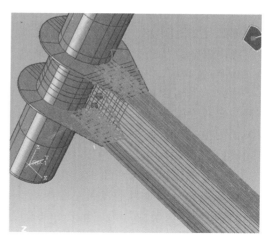

图 4-210　外环板和钢梁的相互作用

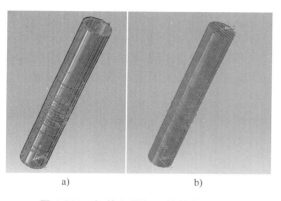

a)　　　　　　　　　b)

图 4-211　钢管和混凝土柱的相互作用

图 4-212　下翼缘螺栓螺母和垫板的相互作用

9）下翼缘螺栓螺母和外环板。下翼缘螺栓螺母和外环板的相互作用如图 4-213 所示，选择螺母为主表面，外环板表面为从表面。"相互作用属性"选择"IntProp-2-03"。

10）混凝土和垫板。混凝土和垫板的相互作用如图 4-214 所示，柱顶和柱底同时设置，选择垫板内表面为主表面，混凝土顶面和底面为从表面。"相互作用属性"选择"IntProp-3-06"。

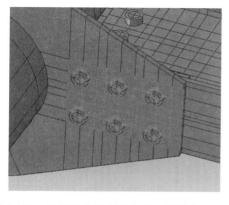

图 4-213　下翼缘螺栓螺母和外环板的相互作用

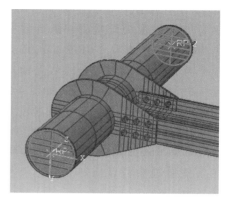

图 4-214　混凝土和垫板的相互作用

11）垫板和钢梁。垫板和钢梁的相互作用设置如图 4-215 所示，选择垫板为主表面，钢梁翼缘内表面为从表面。"相互作用属性"选择"IntProp-2-03"。

12）上翼缘螺栓螺杆和垫板孔。和之前的螺杆与螺孔设置一样，选择上翼缘处垫板螺孔内表面为主表面，选择螺杆为从表面。"相互作用属性"为"IntProp-1-00"。

13）下翼缘螺栓螺杆和垫板孔。选择下翼缘处垫板螺孔内表面为主表面，选择螺杆为从表面。"相互作用属性"为"IntProp-1-00"。

（10）定义约束　双击 按钮进入定义约束功能模块。

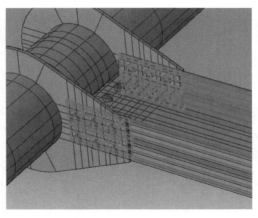

图 4-215　垫板和钢梁的相互作用

1）绑定柱垫板和钢管。柱顶和柱底的垫板是看成和钢管焊接，这里通过定义绑定约束来实现。单击"创建约束"按钮 ，在弹出的对话框中命名为"CP-1-zhu-change-dianban"。然后根据系统提示选择主表面，选择钢管上下底面和垫板接触的内表面为主表面，选择两块垫板的环侧面为从表面，如图 4-216 所示。选择完成后在弹出的对话框中保持默认设置，单击"确定"按钮即可。

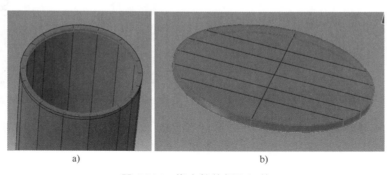

a)　　　　　　　　　　　b)

图 4-216　绑定柱垫板和钢管

2）绑定外加强环板、连接板和钢管。外加强环板和钢管壁也是视为焊接的，因此需要定义绑定约束。创建约束，命名为"CP-2-zhu-change-hb"，主表面选择节点区域钢管壁部分，从表面选择外加强环板、连接板和钢管壁接触部分，如图 4-217 所示。

3）创建参考点耦合。之前在装配环节创建了柱顶、柱底和梁端的三个参考点，这里要将参考点与柱顶、柱底和梁端表面耦合起来，以便后续施加的载荷和边界条件通过参考点传递到柱顶和柱底。创建约束，命名为"RP-1"，"类型"为"耦合的"。软件提示要选择约束控制点，选择柱底的参考点 RP-1，

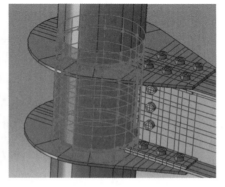

图 4-217　绑定外加强环板、
连接板和钢管

然后选择柱底面为约束面，在弹出的对话框中保持默认设置不变，单击"确定"按钮完成设置，如图 4-218a 所示。柱顶的 RP-2 操作相同，梁端参考点耦合时，表面选择工字钢梁端部区域，如图 4-218b 所示。

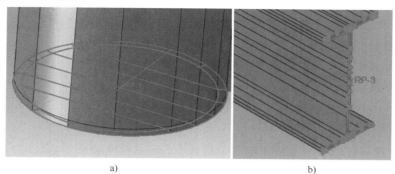

a)   b)

图 4-218　参考点耦合

这样就完成了所有约束的设置，如图 4-219 所示。

（11）定义荷载和边界条件

1）定义幅值。后续在边界条件中利用位移加载要用到幅值，所以应首先定义幅值。双击 按钮，在弹出的"创建幅值"对话框中，选择"类型"为"表"，本书命名为"Amp-1-step-68-145"，读者可以命名为"Amp-1"。在弹出的"编辑幅值"对话框中按表 4-5 输入幅值，其余参数保持默认设置，如图 4-220 所示。

约束 (5)
CP-1-zhu-change-dianban
CP-2-zhu-change-hb
RP-1
RP-2
RP-3

图 4-219　所有约束

表 4-5　滞回幅值

时间	幅值	时间	幅值
0	0	21	0.5
1	0.05	22	−0.5
2	−0.05	23	0.5
3	0.05	24	−0.5
4	−0.05	25	0.6
5	0.1	26	−0.6
6	−0.1	27	0.6
7	0.1	28	−0.6
8	−0.1	29	0.7
9	0.2	30	−0.7
10	−0.2	31	0.7
11	0.2	32	−0.7
12	−0.2	33	0.8
13	0.3	34	−0.8
14	−0.3	35	0.8
15	0.3	36	−0.8
16	−0.3	37	0.9
17	0.4	38	−0.9
18	−0.4	39	0.9
19	0.4	40	−0.9
20	−0.4	41	0

2）定义载荷。本例采用位移加载，需要在边界条件中设置，但是螺栓和柱顶同样需要施加预紧力和轴压力。双击 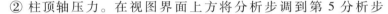 按钮进入载荷模块。

① 螺栓预紧力。单击"创建载荷"按钮 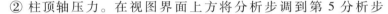，"可用于所选分析步的类型"选择"螺栓载荷"，如图 4-221a 所示。随后软件提示选择螺栓内部表面，按角度选择螺杆中间的表面，如图 4-221b 所示。接着选择螺栓中心的基准轴线，注意在视图中打开基准轴的显示，如图 4-221c 所示。完成以后在弹出的"编辑载荷"对话框的"大小"输入"10"，如图 4-221d 所示。单击"载荷管理器"按钮 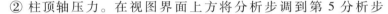，在"载荷管理器"中编辑第 3 分析步（Step-3）的螺栓载荷，将"大小"改为"100000"，如图 4-221e 所示；在第 4 分析步（Step-4）将"方法"改为"固定在当前长度"，如图 4-221f 所示。最后所有螺栓的预紧力施加完毕后，"载荷管理器"如图 4-221g 所示。

② 柱顶轴压力。在视图界面上方将分析步调到第 5 分析步

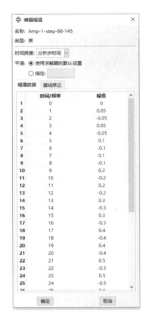

图 4-220 幅值

a)

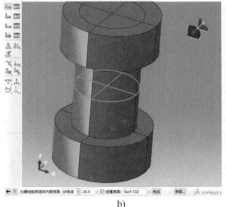

b)

c)

d)

e)

f)

图 4-221 施加螺栓预紧力

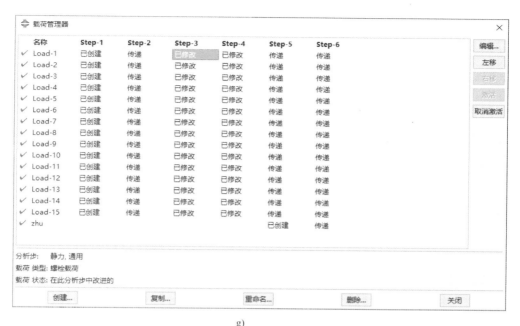

g)

图 4-221　施加螺栓预紧力（续）

（Step-5），在第 5 分析步里单击"创建载荷"按钮 ，"可用于所选分析步的类型"选择

"集中力"，系统提示为载荷选择点时，选择柱顶的参考点
RP-2，完成后在垂直柱顶的方向输入 −630000，本例这里是
"CF3"，也就是 Z 轴方向，如图 4-222 所示。

3）设置边界条件。双击 按钮进入边界条件模块，单
击"创建边界条件"按钮 ，在弹出的对话框（图 4-223a）
中将分析步改为第 1 分析步（Step-1），"可用于所选分析步的
类型"选择"位移/转角"，然后选择参考点 RP-1，在对话框
中选上"U1""U2""U3""UR1"，均设置为 0，如图 4-223b
所示；RP-2 设置如图 4-223c 所示，将"U1""U2""UR1"
设置为 0；RP-3 设置如图 4-223d 所示，将"U2""U3"
"UR1"设置为 0，但是在边界条件管理器中要将 RP-3 的第 5
分析步（Step-5）的边界条件进行更改，将"U3"的值改为
"−100"，同时"幅值"选择之前设置好的幅值"Amp-1-step-
68-145"，如图 4-223e 所示。

图 4-222　柱顶施加轴压力

（12）划分网格　在环境栏"模块"中选择"网格"，进入网格划分模块，并将"对象"
改为"部件"。本例划分网格尺寸都比较小，小网格尺寸可以使计算精度更高，但也会耗费更
多的计算资源，读者在练习的过程中可以适当增大网格尺寸。

1）螺栓。单击"种子部件"按钮 ，在弹出的"全局种子"对话框中，"近似全局尺
寸"输入"5"，其余参数保持默认设置。然后单击"为部件划分网格"按钮 ，得到划分
网格后的螺栓部件。翼缘螺栓与腹板螺栓相同，如图 4-224 所示。

创建边界条件	×
名称：	RP-1
分析步：	Step-1
步骤：	静力, 通用

类别
- ● 力学
- ○ 流体
- ○ Electrical/Magnetic
- ○ 其他

可用于所选分析步的类型
- 对称/反对称/完全固定
- 位移/转角
- 速度/角速度
- 连接位移
- 连接速度

继续... | 取消

a)

编辑边界条件	×
名称：	RP-1
类型：	位移/转角
分析步：	Step-1 (静力, 通用)
区域：	Set-5

坐标系： （全局）

分布： 一致 f(x)
- ☑ U1: 0
- ☑ U2: 0
- ☑ U3: 0
- ☑ UR1: 0 弧度
- ☐ UR2: 弧度
- ☐ UR3: 弧度

幅值： (Ramp)

注：后续分析步中将保持位移值。

确定 | 取消

b)

编辑边界条件	×
名称：	RP-2
类型：	位移/转角
分析步：	Step-1 (静力, 通用)
区域：	Set-6

坐标系： （全局）

分布： 一致 f(x)
- ☑ U1: 0
- ☑ U2: 0
- ☐ U3:
- ☑ UR1: 0 弧度
- ☐ UR2: 弧度
- ☐ UR3: 弧度

幅值： (Ramp)

注：后续分析步中将保持位移值。

确定 | 取消

c)

编辑边界条件	×
名称：	RP-3
类型：	位移/转角
分析步：	Step-1 (静力, 通用)
区域：	Set-7

坐标系： （全局）

分布： 一致 f(x)
- ☐ U1:
- ☑ U2: 0
- ☑ U3: 0
- ☑ UR1: 0 弧度
- ☐ UR2: 弧度
- ☐ UR3: 弧度

幅值： (Ramp)

注：后续分析步中将保持位移值。

确定 | 取消

d)

编辑边界条件	×
名称：	RP-3
类型：	位移/转角
分析步：	Step-6 (静力, 通用)
区域：	Set-7

坐标系： （全局）

方法： 指定约束
分布： 一致
- ☐ U1:
- ☐ U2: 0
- * ☑ U3: -100
- ☑ UR1: 0 弧度
- ☐ UR2: 弧度
- ☐ UR3: 弧度

* 幅值： Amp-1-step-68-145

* 在此分析步中被修改

注：后续分析步中将保持位移值。

确定 | 取消

e)

图 4-223 设置边界条件

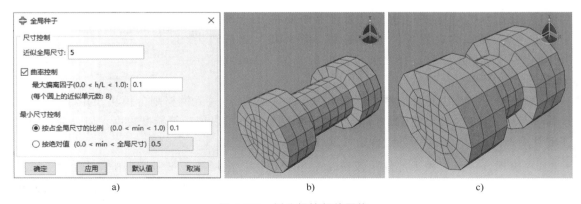

全局种子	×

尺寸控制
近似全局尺寸: 5

☑ 曲率控制
最大偏离因子(0.0 < h/L < 1.0): 0.1
(每个圆上的近似单元数: 8)

最小尺寸控制
- ● 按占全局尺寸的比例 (0.0 < min < 1.0) 0.1
- ○ 按绝对值 (0.0 < min < 全局尺寸) 0.5

确定 | 应用 | 默认值 | 取消

a)   b)   c)

图 4-224 划分螺栓部件网格

214

2）钢梁。钢梁的"近似全局尺寸"设为"10"。单击"为边布种"按钮 ，然后选择钢梁上板件厚度方向的边，"个数"设为"3"或"4"，使钢梁上所有板件厚度方向的网格有 3 层或 4 层。划分钢管网格如图 4-225 所示。

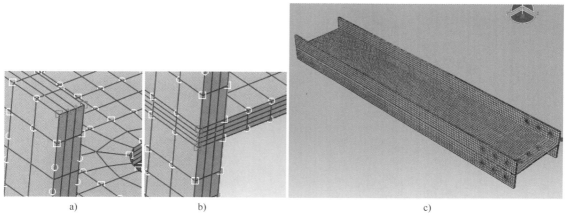

图 4-225　划分钢梁网格

3）钢管柱垫板。垫板的"近似全局尺寸"为"15"，厚度方向划分为 2 层或 3 层，如图 4-226 所示。

4）外加强环板。外加强环板的"近似全局尺寸"为"10"，厚度方向划分为 3 层，如图 4-227 所示。

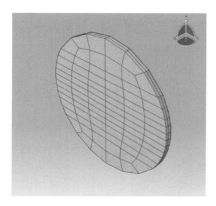

图 4-226　垫板网格

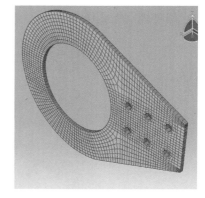

图 4-227　外加强环板网格

5）混凝土。混凝土的"近似全局尺寸"为 25，与外加强环板接触部分可以采用"为边布置"的方法，局部划分为更密的网格，如图 4-228 所示。

6）连接板。连接板的"近似全局尺寸"为"10"，厚度方向划分为 3 层，如图 4-229 所示。

7）螺栓垫板。螺栓垫板的"近似全局尺寸"为"10"，厚度方向划分为 3 层，如图 4-230 所示。

8）钢管。钢管的"近似全局尺寸"为"25"，钢管厚度方向划分为 2 层。与外加强环板接触部分可以采用"为边布置"的方法，局部划分为更密的网格，如图 4-231 所示。

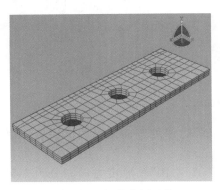

图 4-228 混凝土网格

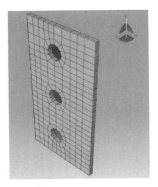

图 4-229 连接板网格

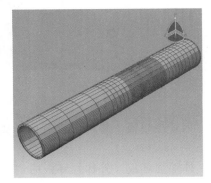

图 4-230 螺栓垫板网格

图 4-231 钢管网格

（13）后处理 提交作业分析完毕后进入后处理模块。模型变形应力云图如图 4-232 所示。

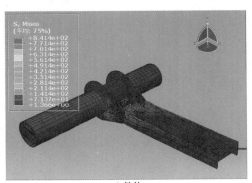

a) 整体

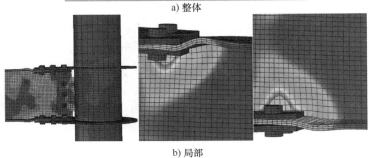

b) 局部

图 4-232 模型变形应力云图

　　1) 提取柱端位移和反力。单击"创建 XY 数据"按钮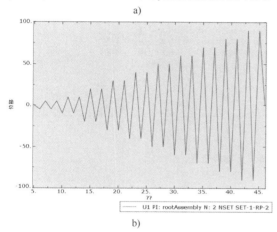，选择"ODB 历程变量输出"，找到图 4-233a 所示的历程变量，图中的 U1 即柱端沿 X 轴的位移数据。选择后单击绘制，如图 4-233b 所示，即之前在柱端施加的位移荷载折线图。单击"创建 XY 数据"按钮旁边的"XY 数据选项"按钮，单击"编辑"按钮，如图 4-233c 所示，X 列为时间，Y 列为位移数据，如需要相应的位移数据，提取 Y 列数据即可。

　　同样的方法可以得到柱端 X 方向的反力数据。

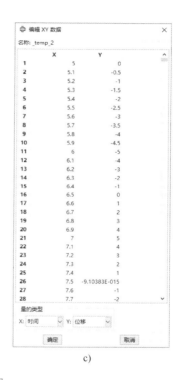

图 4-233　提取柱端位移数据

　　2) 提取塑性耗能能量。同样单击"创建 XY 数据"按钮，在历程变量中找到图 4-234 所示的塑性耗能历程变量，后续提取方法与位移反力相同。

Plastic dissipation: ALLPD in ELSET DIANBAN
Plastic dissipation: ALLPD in ELSET GANGGUAN
Plastic dissipation: ALLPD in ELSET GANGLIANG
Plastic dissipation: ALLPD in ELSET HUANBAN
Plastic dissipation: ALLPD in ELSET HUNNINGTU
Plastic dissipation: ALLPD in ELSET JIAJINLEI
Plastic dissipation: ALLPD in ELSET LJB
Plastic dissipation: ALLPD in ELSET LUOSHUAN

图 4-234　塑性耗能历程变量

　　3) 显示组。单击"工具"→"显示组"→"创建"，在对话框中选择"部件实例"，就可以实现和建模时相同的视图管理，只显示想要观察的部件。

　　4) 上色。在视图区上方的可视化样式选择栏中选择"部件实例"，如图 4-235a 所示，模型的颜色就可以根据部件区分显示。单击旁边的"调色盘"按钮，可以在对话框中为不同的部件选择不同的颜色，如图 4-235b 所示。结合显示组功能，就可以得到图 4-236 所示的模型插图。

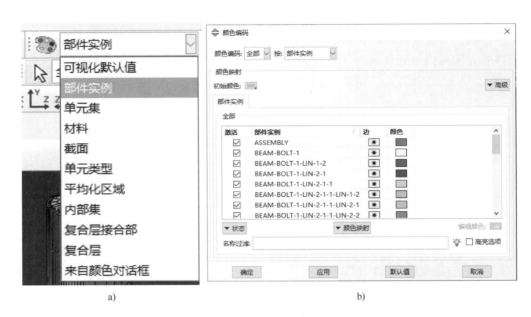

图 4-235　为部件上色

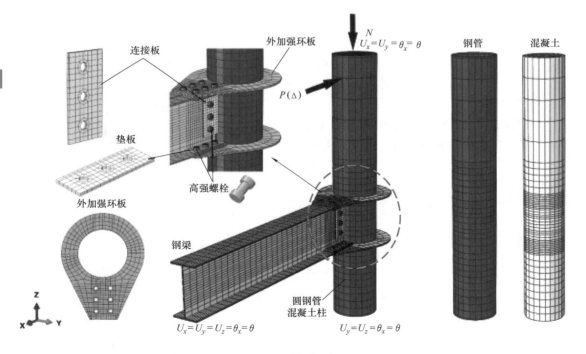

图 4-236　模型上色图

4.3　钢管混凝土柱-组合梁框架结构

4.3.1　平面框架拟静力分析

（1）问题描述　某 2 层 2 跨平面钢-混凝土组合框架结构，详细尺寸如图 4-237 所示，加载装置与加载制度如图 4-238 所示。混凝土立方体抗压强度为 43.6MPa，中柱和边柱轴压

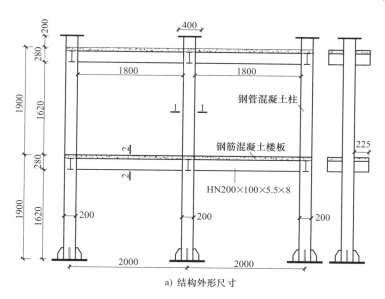

a) 结构外形尺寸

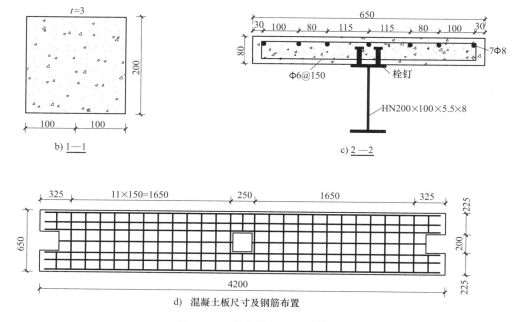

b) 1—1

c) 2—2

d)　混凝土板尺寸及钢筋布置

图 4-237　结构外形尺寸及构造

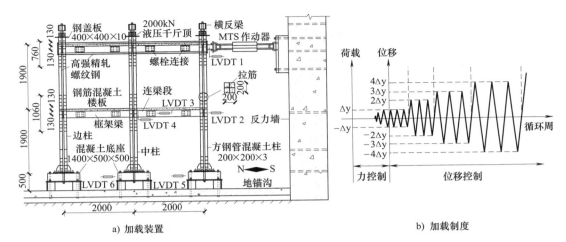

图 4-238　加载装置与加载制度

比分别为 0.26 和 0.43。组合梁中普通圆柱头栓钉规格为 $\phi 13 \times 60mm$，其屈服强度为 350MPa，极限强度为 460MPa。钢材材料性能见表 4-6。

表 4-6　钢材材料性能

类别	厚度或直径 t/mm		屈服强度 f_y/MPa	极限强度 f_u/MPa	弹性模量 E_s/MPa
	设计值	实测值			
钢管	3.0	3.24	290.3	390.5	1.89×10^5
HPB235	6.0	6.11	310.5	450.3	1.98×10^5
HRB335	8.0	7.89	430.3	639.5	1.98×10^5
钢梁翼缘	8.0	7.92	317.3	468.3	1.93×10^5
钢梁腹板	5.5	5.18	311.7	434.3	1.93×10^5

（2）启动 ABAQUS/CAE　启动 ABAQUS/CAE 后，选择采用 Standard/Explicit 模型。

（3）创建部件　在 ABAQUS/CAE 环境栏模块列表中选择部件，进入部件模块。

1）创建盖板部件。

① 创建部件。单击左侧工具栏的 按钮，弹出图 4-239 所示的"创建部件"对话框。"名称"输入"cover plate"，"模型空间"选择"三维"；"基本特征"中"形状"选择"实体"，"类型"选择"拉伸"，"大约尺寸"输入"200"；其余参数保持默认值。

② 绘制二维图形。单击工具栏的 按钮，在提示区依次输入坐标（-100，-100）和（100，100），如图 4-240 所示，按中键确认，完成二维草图绘制。

③ 生成三维模型。在弹出的"编辑基本拉伸"对话框中（图 4-241），"深度"输入"10"，单击"确定"按钮，完成部件拉伸。盖板的三维模型如图 4-242 所示。

2）创建其他实体部件。参照上述步骤，建立加载板、底板、加劲肋、混凝土板和混凝土柱等实体部件，分别命名为"loading plate""bottom plate""stiffening rib""concrete slab""concrete column"。

图 4-239　"创建部件"对话框

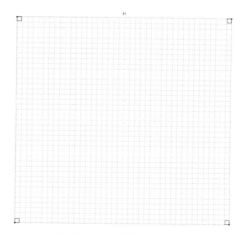

图 4-240　盖板的二维草图

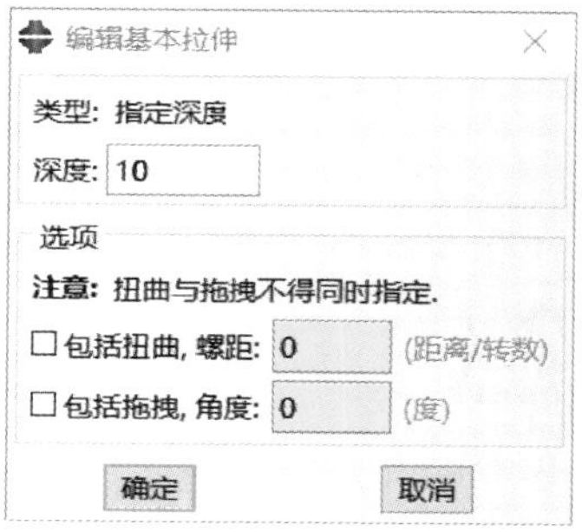

图 4-241　"编辑基本拉伸"对话框

图 4-242　盖板的三维模型

① 创建加载板部件。单击工具栏的 ⌐┘ 按钮，在提示区依次输入坐标（-100，-97）和（100，97），按中键确认，完成加载板的二维草图绘制。在"编辑基本拉伸"对话框中，"深度"设为"20"，完成部件拉伸。为方便载荷施加至加载板中心点，需适当切分。单击左侧工具栏的 ▦ 按钮，选择一点及法线，将部件切分成图 4-243a 所示的情况。

② 创建底板部件。单击工具栏的 ⌐┘ 按钮，在提示区依次输入坐标（-300，-197）和（300，197），按中键确认，完成底板的二维草图绘制。在"编辑基本拉伸"对话框中，"深度"设为"30"，完成部件拉伸。底板三维模型如图 4-243b 所示。

③ 创建加劲肋部件。单击工具栏的 ⤻ 按钮，在提示区依次输入坐标（0，100）、（0，0）、（100，0）、（100，200）、（50，200）和（0，100），按中键确认，完成加劲肋的二维草图绘制。在"编辑基本拉伸"对话框中，"深度"设为"20"，完成部件拉伸。加劲肋三维模型如图 4-243c 所示。

④ 创建混凝土板部件。单击工具栏的 按钮，在提示区依次输入坐标（-2097，-325）、（2097，-325）、（2097，-97）、（1903，-97）、（1903，97）、（2097，97）、（2097，325）、（-2097，325）、（-2097，97）、（-1903，97）、（-1903，-97）、（-2097，-97）和（-2097，-325），按中键确认；接着输入坐标（-97，-97）、（97，-97）、（97，97）、（-97，97）和（-97，-97），按中键确认，完成混凝土板的二维草图绘制。在"编辑基本拉伸"对话框中，"深度"设为"80"，完成部件拉伸。为方便后续网格划分，需将部件切分成若干个规则的六面体。单击左侧工具栏的 按钮，选择一点及法线，将部件切分成图 4-243d 所示的情况。

⑤ 创建混凝土柱部件。单击工具栏的 按钮，在提示区依次输入坐标（-97，-97）和（97，97），按中键确认，完成混凝土柱的二维草图绘制。在"编辑基本拉伸"对话框中，"深度"设为"4000"，完成部件拉伸。混凝土柱三维模型如图 4-243e 所示。

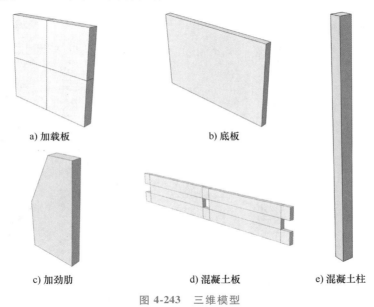

a) 加载板　　　　　　　　　b) 底板

c) 加劲肋　　　　　　d) 混凝土板　　　　e) 混凝土柱

图 4-243　三维模型

3）创建钢梁部件。

① 创建部件。单击左侧工具栏的 按钮，弹出图 4-244 所示的"创建部件"对话框。"名称"输入"steel beam-1"，"模型空间"选择"三维"，"基本特征"中"形状"选择"壳"，"类型"选择"拉伸"；"大约尺寸"输入"200"；其余参数保持默认值。

② 绘制二维图形。单击工具栏的 按钮，在提示区依次输入坐标（-50，100）和（50，100）；按中键确认，接着输入坐标（0，100）和（0，-100）；按中键确认，接着输入坐标（-50，-100）和（50，-100）；按中键，完成二维草图绘制，如图 4-245所示。

③ 生成三维模型。弹出的"编辑基本拉伸"对话框中（图 4-246），"深度"设为"1806"，单击"确定"按钮完成部件拉伸。钢梁的三维模型如图 4-247 所示。此外，按照此方法建立一个二维草图相同但"深度"为"228"的短钢梁"steel beam-2"。

图 4-244　"创建部件"对话框

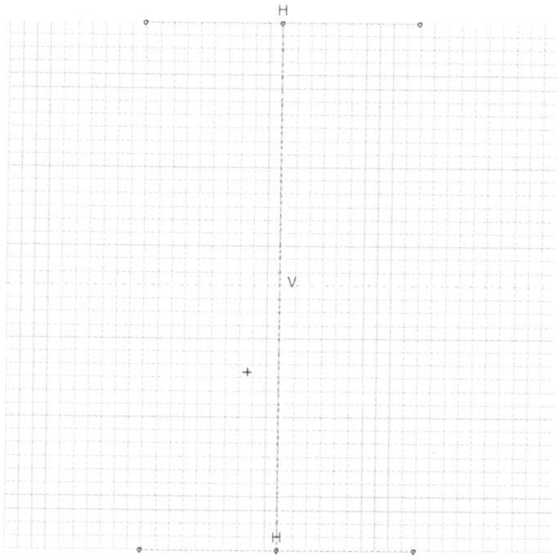

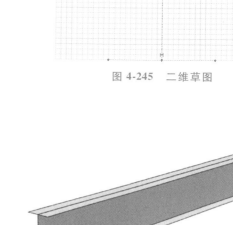

图 4-245　二维草图

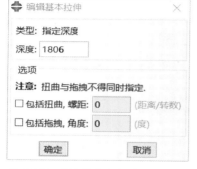

图 4-246　"编辑基本拉伸"对话框

图 4-247　钢梁的三维模型

223

4）创建钢管部件。参照上述步骤，创建钢管柱壳单元部件，命名为"steel column"。单击工具栏中的按钮，在提示区依次输入坐标（-97，-97）和（97，97），完成钢管柱的二维草图绘制。在"编辑基本拉伸"对话框中，将"深度"设为"4000"，完成部件拉伸。为方便后续梁柱接触约束，需对部件进行适当切分。单击左侧工具栏中的按钮，选择 YZ 平面，依次输入偏移距离-50、0、50；选择 XZ 平面，依次输入偏移距离-50、0、50；选择 XY 平面，依次输入偏移距离 200、1620、1820、3520、3720。单击左侧工具栏中的按钮，选择全部部件，按中键确认，依次选择基准面，创建分区，将部件切分成图 4-248 所示的情况。

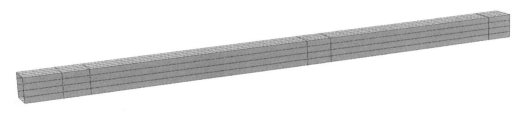

图 4-248　钢管柱的三维模型

5）创建栓钉部件。

① 创建部件。单击左侧工具栏的  按钮，弹出图 4-249 所示的 "创建部件" 对话框。"名称" 输入 "studs"，"模型空间" 选择 "三维"；"基本特征" 中的 "形状" 选择 "线"；"大约尺寸" 输入 "60"；其余参数保持默认值。

② 绘制二维图形。单击工具栏的 按钮，在提示区依次输入坐标（-25，-30）和（-25，30），按中键确认，接着输入坐标（25，-30）和（25，30），按中键确认，完成栓钉建模，如图 4-250 所示。

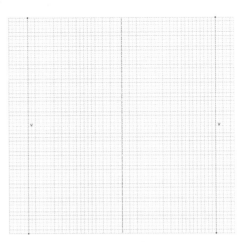

图 4-249　"创建部件" 对话框　　　　　　　　图 4-250　二维图形

6）创建箍筋和纵筋部件。参照上述步骤，建立箍筋和纵筋部件。

① 单击工具栏中的 按钮，在提示区依次输入坐标（-300，-25）和（300，25），按中键确认，完成 Part-1 建模。

② 单击工具栏中的 按钮，在提示区依次输入坐标（-97，-25）、（-300，-25）、（-300，25）和（-97，25），按中键确认，接着输入坐标（97，-25）、（300，-25）、（300，25）和（97，25），按中键确认，完成 Part-2 建模。

③ 单击工具栏中的 按钮，在提示区依次输入坐标（-2097，0）和（2097，0），按中键确认，完成 Part-3 建模。

④ 单击工具栏中的 按钮，在提示区依次输入坐标（-1903，0）和（-97，0），按中键确认，接着输入坐标（97，0）和（1903，0），按中键确认，完成 Part-4 建模。

（4）合成部件　在 ABAQUS/CAE 环境栏模块列表中选择装配。

1）合成底座部件

① 单击左侧工具区的 按钮，弹出图 4-251 所示的 "创建实例" 对话框，选择从 "部件" 创建实例，"实例类型" 选择 "非独立"，在 "部件" 中选择 "bottom plate"，单击 "确定" 按钮，生成图 4-252 所示的实例。单击左侧工具区的 按钮，选择该实例，单击下

方"完成"按钮，选择 X 轴，转动角度为−90°，按中键确认，单击"完成"按钮。

② 单击左侧工具区的  按钮，弹出图 4-251 所示的"创建实例"对话框，选择从"部件"创建实例，"实例类型"选择"非独立"，在"部件"中选择"stiffening rib"，单击"确定"按钮，生成图 4-253 所示的实例。

图 4-251　创建实例　　　　图 4-252　底板实例　　　　图 4-253　加劲肋实例

③ 单击左侧工具区的 按钮，选择加劲肋实例，按中键确认，输入起始坐标（100，0，10）、终点坐标（−97，30，0），按中键确认，完成平移。

④ 单击左侧工具区的 按钮，选择加劲肋实例，按中键确认，弹出图 4-254 所示的"环形阵列"对话框，按图 4-254 输入数字，单击最右侧箭头，选择 Y 轴，最后单击"确定"按钮，生成图 4-255 所示的实例。

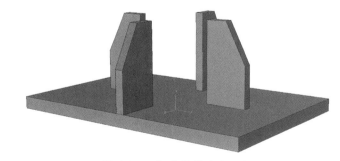

图 4-254　"环形阵列"对话框　　　　　　图 4-255　切分前的底座实例

⑤ 单击左侧工具栏的 按钮，弹出图 4-256 所示的对话框，将合成后的部件命名为"pedestal"，按图中选项设置参数并单击"继续"按钮，选择全部实例，按中键确认，完成底座部件。

⑥ 为方便后续网格划分，需将部件切分成若干个规则的六面体。返回至部件模块，选择部件"pedestal"，单击左侧工具区的 按钮，选择全部几何元素，按中键确认，选择一点及法线，将部件切分成图 4-257 所示的情况。

2）合成钢筋笼部件。单击左侧工具区的 按钮，弹出图 4-251 所示的"创建实例"对话框，选择从"部件"创建实例，"实例类型"选择"非独立"，在"部件"中依次选择

"Part-1"至"Part-4",单击"确定"按钮。参照前述方法,通过阵列、平移和旋转等方法形成图4-258所示的实例,并将其合并成钢筋笼(steel cage)。

图 4-256 "合并/切割实体"对话框

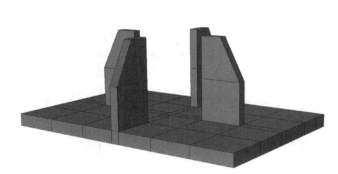

图 4-257 切分后的底座实例

图 4-258 钢筋笼实例

3)合成带栓钉的钢梁部件。

① 单击左侧工具区的 按钮,弹出图4-251所示的"创建实例"对话框,选择从"部件"创建实例,"实例类型"选择"非独立",在"部件"中依次选择部件"studs"和"steel beam-1",单击"确定"按钮。参照前述方法,通过阵列、平移和旋转等方法形成图4-259所示的实例,并将其合并成"steel beam & studs-1"。

② 为方便后续网格划分,需将钢梁部分切分成规则的壳单元。返回至部件模块,选择部件"steel beam &studs-1",单击左侧工具区的 按钮,选择YZ平面,依次输入偏移距离$63+120n$(n取0~14的整数),选择XY平面,依次输入偏移距离-25和25。单击左侧工具区的 按钮,选择全部部件,按中键确认,依次选择基准面,创建分区,将部件切分成图4-259所示的情况。

③ 按照同样的步骤,通过部件"studs"和"steel beam-2"合并生成部件"steel beam &studs-2",如图4-260所示。

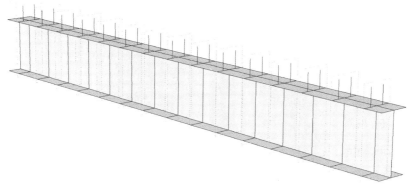

图 4-259　部件 "steel beam & studs-1"

（5）创建材料和截面属性　在 ABAQUS/CAE 环境栏模块列表中选择属性，进入属性模块。

1）创建材料属性。参照前文本构关系分别定义混凝土、刚性体、钢管、钢梁、钢筋和栓钉等材料的应力-应变关系。

2）创建栓钉剖面。单击左侧工具区的 按钮，默认名称，选择圆形，单击"继续"按钮，栓钉半径设为"6.5"，单击"确定"按钮。

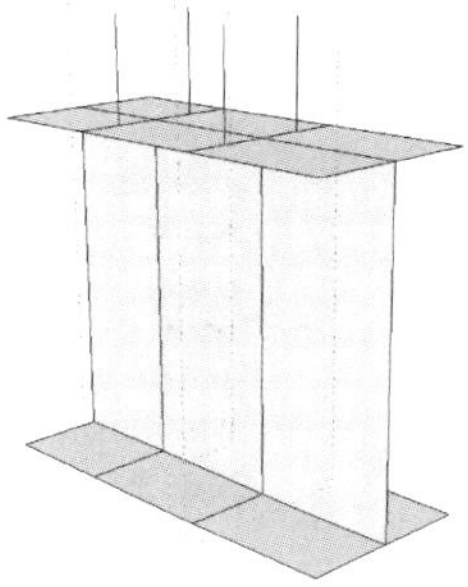

3）创建截面。

① 创建实体单元截面。单击左侧工具区的 按钮，弹出"创建截面"对话框，命名为"concrete"，"类别"和"类型"分别

图 4-260　部件 "steel beam & studs-2"

选择"实体""均质"；单击"继续"按钮，弹出"编辑截面"对话框，材料选择前文定义的混凝土材料，如图 4-261a 所示；单击"确定"按钮。按照同样的操作，选择刚性体材料定义截面"rigid plate"。

② 创建钢管截面。单击左侧工具区的 按钮，弹出"创建截面"对话框，命名为"steel column"，"类别"和"类型"分别选择"壳""均质"，单击"继续"按钮，弹出"编辑截面"对话框，"壳的厚度"设为"3"，材料选择前文定义的钢管材料，其他参数保持默认设置，如图 4-261b 所示，单击"确定"按钮。

③ 创建钢梁截面。单击左侧工具区的 按钮，弹出"创建截面"对话框，命名为"beam flange"，"类别"和"类型"分别选择"壳""均质"，单击"继续"按钮，弹出"编辑截面"对话框，"壳的厚度"设为"8"，材料选择前文定义的钢梁材料，其他参数保持默认设置，单击"确定"按钮。按照同样的操作，"壳的厚度"设为"5.5"，定义截面"beam web"。

④ 创建栓钉截面。单击左侧工具区的 按钮，弹出"创建截面"对话框，命名为"studs"，"类别"和"类型"分别选择"梁""梁"，单击"继续"按钮，弹出"编辑梁方向"对话框，剖面名称选择前文定义的"Profile-1"，材料选择前文定义的栓钉材料，其他参数保持默认设置，如图 4-261c 所示，单击"确定"按钮。

⑤ 创建钢筋截面。单击左侧工具区的 按钮，弹出"创建截面"对话框，命名为

227

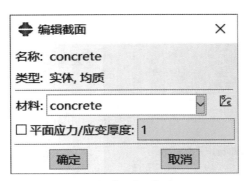

a) 创建实体单元截面

b) 创建钢管截面

c) 创建栓钉截面

d) 创建钢筋截面

图 4-261 创建截面

"D6","类别"和"类型"分别选择"梁""桁架";单击"继续"按钮,弹出"编辑截面"对话框,材料选择前文定义的钢筋材料,"横截面面积"输入"28.37",如图 4-261d 所示;单击"确定"按钮。按照同样的操作,"横截面面积"输入"50.26",定义截面"D8"。

4)为部件赋予截面属性。

① 为实体部件赋予截面。选择部件"concrete column",单击左侧工具区的 按钮,框选部件"concrete column",按中键确认,弹出"编辑截面指派"对话框,选择前文定义的截面"concrete",如图 4-262a 所示,单击"确定"按钮。按照同样的操作,为部件"concrete slab"赋予截面"concrete",为部件"cover plate""loading plate""pedestal"赋予截面"rigid plate"。

② 为部件"steel column"赋予截面。选择部件"steel column",单击左侧工具区的

按钮，框选部件"steel column"，按中键确认，弹出"编辑截面指派"对话框，选择前文定义的截面"steel column"，"壳偏移"定义为"顶部表面"，如图 4-262b 所示，单击"确定"按钮。

③ 为部件"steel beam & studs"赋予截面。选择部件"steel beam & studs-1"，单击左侧工具区的![icon]按钮，框选上翼缘，按中键确认，弹出"编辑截面指派"对话框，选择前文定义的截面"beam flange"，"壳偏移"定义为"底部表面"，如图 4-262c 所示，单击"确定"按钮。继续框选腹板，按中键确认，弹出"编辑截面指派"对话框，选择前文定义的截面"beam web"，"壳偏移"定义为"中面"，单击"确定"按钮。继续框选下翼缘，按中键确认，弹出"编辑截面指派"对话框，选择前文定义的截面"beam flange"，"壳偏移"定义为"顶部表面"，单击"确定"按钮。继续框选栓钉，按中键确认，弹出"编辑截面指派"对话框，选择前文定义的截面"studs"，单击"确定"按钮，完成全部截面定义。按照同样的操作，为部件"steel beam & studs-2"赋予截面。

④ 为部件"steel cage"赋予截面。选择部件"steel cage"，单击左侧工具区的![icon]按钮，框选全部纵筋，按中键确认，弹出"编辑截面指派"对话框，选择前文定义的截面"D8"，如图 4-262d 所示，单击"确定"按钮。按照同样的操作，将截面"D6"赋予所有箍筋。

（6）装配模型　在 ABAQUS/CAE 环境栏模块列表中选择装配，进入装配模块。前面已经装配了实例"pedestal-1""steel cage-1""steel beam & studs-1-1""steel beam &studs-2-1"。

1）单击左侧工具区的![icon]按钮，弹出如图 4-251 所示的"创建实例"对话框，选择从"部件"创建实例，"实例类型"选择"非独立"，在"部件"中选择"steel column"，单击"确定"按钮。接着单击左侧工具区的![icon]按钮，选择钢管实例，单击下方"完成"按钮，选择 X 轴，转动角度为-90°，按中键确认，单击"完成"按钮。单击左侧工具区的![icon]按钮，选

a) 实体部件

b) 钢管部件

图 4-262　为部件赋予截面

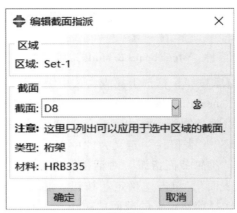

c) 钢梁部件　　　　　d) 钢筋部件

图 4-262　为部件赋予截面（续）

择钢管实例，按中键确认，输入起始坐标（0，0，0）、终点坐标（0，30，0），单击中键确认，完成平移。按照同样的方法完成"loading plate""cover plate""concrete column"的装配。

2）单击左侧工具区的 按钮，选择实例"steel beam & studs-2-1"，按中键确认，输入起始坐标（0，0，0）、终点坐标（0，1750，97），单击中键确认，完成平移。接着单击左侧工具区的 按钮，选择该实例，单击下方"完成"按钮，输入起始坐标（0，0，97）、终点坐标（0，1750，97），转动角度为-90°，按中键确认，单击"完成"按钮。单击左侧工具区的 按钮，选择该实例，按中键确认，弹出图 4-263a 所示的"线性阵列"对话框，输入图中数字，单击"方向 1"选项组中的右侧箭头，选择 Y 轴，最后单击"确定"按钮，生成图 4-263b 所示的实例。单击左侧工具区的 按钮，同时选择上下两个钢梁实例，按中

a)"线性阵列"对话框　b) 线性阵列后实例　c)"环形阵列"对话框　d) 环形阵列后实例

图 4-263　装配实例（一）

键确认，弹出图 4-263c 所示的"环形阵列"对话框，输入图中数字，单击最右侧箭头，选择 Y 轴，最后单击"确定"按钮，生成图 4-263d 所示的实例。

3）单击左侧工具区的 按钮，框选上述实例并确定，弹出图 4-264a 所示的"线性阵列"对话框，输入图中数字，单击"方向 1"选项组中的右侧箭头，选择 X 轴，最后单击"确定"按钮，生成图 4-264b 所示的实例。

4）单击左侧工具区的按钮，选择实例"steel beam & studs-1-1"，按中键确认，输入起始坐标（0，0，0）、终点坐标（97，1750，0），单击"确定"按钮，完成平移。单击左侧工具区的按钮，选择该实例，单击下方"完成"按钮，弹出图 4-264c 所示的"线性阵列"对话框，输入图中数字，单击"方向 1"选项组中的右侧箭头，依次选择 X、Y 轴，最后单击"确定"按钮，生成图 4-264d 所示的实例。

a)"线性阵列"对话框(一)

b) 线性阵列后实例(一)

c)"线性阵列"对话框(二)

d) 线性阵列后实例(二)

图 4-264　装配实例（二）

5）单击左侧工具区的 按钮，弹出图 4-251 所示的"创建实例"对话框，选择从"部件"创建实例，"实例类型"选择"非独立"，在"部件"中选择"concrete slab"，单击"确定"按钮。接着单击左侧工具区的 按钮，选择该实例，单击下方"完成"按钮，选择 X 轴，转动角度为 -90°，按中键确认，单击"完成"按钮。单击左侧工具区的 按钮，选择该实例，按中键确认，输入起始坐标（0，0，0）、终点坐标（2000，1850，0），单击"确定"按钮，完成平移。

6）单击左侧工具区的 按钮，选择实例"steel cage-1"，将其平移至一层楼板适当位置。

7）单击左侧工具区的 按钮，选择楼板和钢筋网实例，单击下方"完成"按钮，弹出图 4-265a 所示的"线性阵列"对话框，输入图中数字，单击"方向 1"选项组中的右侧箭头，选择 Y 轴，最后单击"确定"按钮，生成图 4-265b 所示的实例。

a)"线性阵列"对话框　　　　　　b) 线性阵列后实例

图 4-265　装配实例（三）

（7）设置分析步　在 ABAQUS/CAE 环境栏模块列表中选择分析步，进入分析步模块。单击左侧工具区的 按钮，弹出图 4-266a 所示的"创建分析步"对话框，"程序类型"选择"静力，通用"，其他参数保持默认设置，单击"继续"按钮，弹出图 4-266b 所示的"编辑分析步"对话框，单击"增量"选项卡，输入图中数字，其他参数保持默认设置，单击"确定"按钮。按照同样的方法，将"时间长度"设为"40"，完成"Step-1"的定义。

（8）设置相互作用　在 ABAQUS/CAE 环境栏模块列表中选择相互作用，进入相互作用模块。

1）单击左侧工具区的 按钮，弹出图 4-267a 所示的"创建相互作用属性"对话框，"类型"选择"接触"，单击"继续"按钮，弹出"编辑接触属性"对话框，单击"力学"→"切向行为"，"摩擦公式"选择"罚"，"摩擦系数"输入"0.5"，其他参数保持默认设置，如图 4-267b 所示。单击"力学"→"法向行为"，参数保持默认设置，单击"确定"

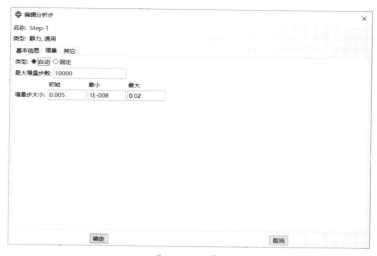

a)"创建分析步"对话框 　　　　　　　　　　b)"编辑分析步"对话框

图 4-266　定义分析步

a)"创建相互作用属性"对话框 　　　　　　b)"编辑接触属性"对话框

图 4-267　定义相互作用属性

233

按钮，完成接触属性定义。

2）单击左侧工具区的 按钮，弹出图 4-268a 所示的"创建相互作用"对话框，选择"表面与表面接触"，单击"继续"按钮，将钢管内表面定义为"主表面"，核心混凝土外表面定义为"从表面"，"滑移公式"采用"有限滑移"，"离散化方法"选择"表面-表面"，如图 4-268b 所示，单击"确定"按钮。按照同样的方法，完成剩余两根钢管混凝土柱的相互作用定义。

3）单击左侧工具区的 按钮，弹出图 4-269a 所示的"创建约束"对话框，"类型"

a)"创建相互作用"对话框

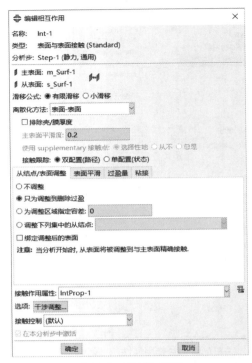

b)"编辑相互作用"对话框

图 4-268　定义相互作用

选择"内置区域",单击"继续"按钮,将钢筋笼和栓钉定义为"内置区域",按中键确认,单击选择区域,选择混凝土楼板为"主机区域",按中键确认,弹出图 4-269b 所示的"编辑约束"对话框,单击"确定"按钮。按照同样的方法,完成另一个钢筋笼和混凝土板的内置区域约束设置。

4)单击左侧工具区的 按钮,弹出图 4-269a 所示的"创建约束"对话框,"类型"选择"绑定",单击"继续"按钮,选择主表面类型为"表面"并选中实例"loading plate-1"与钢管壁接触的表面,选择从表面类型为"表面"并选中与之对应的钢管壁表面,单击"完成"按钮。

5)单击左侧工具区的 按钮,弹出图 4-269a 所示的"创建约束"对话框,"类型"选择绑定,单击"继续"按钮,

a)"创建约束"对话框

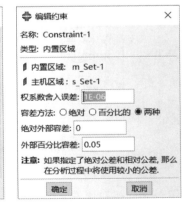

b)"编辑约束"对话框

图 4-269　定义内置区域

选择主表面类型为"表面"并选中实例"cover plate-1"的下表面,选择从表面类型为"节点区域"并选中钢管和混凝土柱的顶面,单击"完成"按钮。按照同样的方法,完成另外两块盖板与钢管混凝土柱的绑定约束设置。

234

6）按照上述方法完成底座与钢管混凝土的绑定约束设置。

（9）定义载荷和边界条件　在 ABAQUS/CAE 环境栏模块列表中选择载荷，进入载荷编辑。

1）单击左侧工具区的 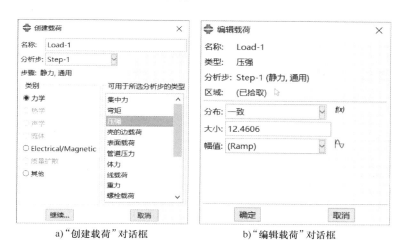 按钮，弹出图 4-270a 所示的"创建载荷"对话框，选择压强，单击"继续"按钮，选择"cover plate-1"上表面为要施加载荷的表面，单击"完成"按钮，弹出图 4-270b 所示的"编辑载荷"对话框，输入图中压强大小，单击"确定"按钮。重复上述步骤，为另外两柱顶施加载荷。

a)"创建载荷"对话框　　　　b)"编辑载荷"对话框

图 4-270　定义载荷

2）单击左侧工具区的 按钮，弹出图 4-271a 所示的"创建边界条件"对话框，"可用于所选分析步的类型"选择"对称/反对称/完全固定"，单击"继续"按钮，选中三个底座的下表面，单击"完成"按钮，弹出图 4-271b 所示的"编辑边界条件"对话框，选择"完全固定"，单击"确定"按钮。

3）单击左侧工具区的 按钮，弹出图 4-271a 所示的"创建边界条件"对话框，选择位移/转角，单击"继续"按钮，选中三个盖板的上表面，单击"完成"按钮，弹出图 4-271c 所示的"编辑边界条件"对话框，勾选"U3"，单击"确定"按钮。

4）单击"工具"→"幅值"→"创建"，弹出"创建幅值"对话框，"类型"选择"表"，单击"继续"按钮。在弹出的"编辑幅值"对话框中，以 10 为增量输入往复加载位移值，直到最大位移为 100，单击"确定"按钮。单击左侧工具区的 按钮，弹出图 4-271a 所示的"创建边界条件"对话框，"可用于所选分析步的类型"选择"位移/转角"，"分析步"选择"Step-2"，单击"继续"按钮，选中加载板中心，单击"完成"按钮，弹出图 4-271d 所示的"编辑边界条件"对话框，勾选"U1"并输入"1"，"幅值"选择"Amp-1"，单击"确定"按钮。

（10）划分网格　在 ABAQUS/CAE 环境栏模块列表中选择网格，进入网格模块，对象类型选择部件"cover plate"。单击左侧工具区的 按钮，弹出图 4-272a 所示的"全局种子"对话框，"近似全局尺寸"输入"50"，单击"确定"按钮，完成布种定义。单击左侧

a)"创建边界条件"对话框

b)"编辑边界条件"对话框(一)

c)"编辑边界条件"对话框(二)

d)"编辑边界条件"对话框(三)

图 4-271　定义边界条件

工具区的 ![]按钮，单击 "为部件划分网格" 按钮，完成该部件的网格划分，如图 4-272b 所示。重复上述操作，输入合适的网格大小对其余部件进行网格划分。对象类型选择部件 "steel cage"。单击左侧工具区的 ![]按钮，框选部件 "steel cage" 并单击 "完成" 按钮，弹出图 4-272c 所示的 "单元类型" 对话框，"族" 选择 "桁架"，单击 "确定" 按钮。按照上述步骤对钢筋笼划分网格，如图 4-272d 所示。

（11）提交分析作业　在 ABAQUS/CAE 环境栏模块列表中选择作业，进入作业模块。单击左侧工具区的 ![]按钮，弹出图 4-273a 所示的 "创建作业" 对话框，单击 "继续" 按钮，弹出图 4-273b 所示的 "编辑作业" 对话框，单击 "确定" 按钮，完成创建。单击左侧工具区的 ![]按钮，弹出图 4-273c 所示的 "作业管理器" 对话框，选择作业并提交，如图 4-273d 所示。

a)"全局种子"对话框

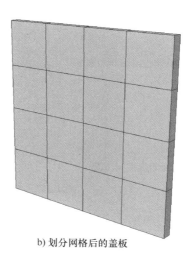

b) 划分网格后的盖板

c)"单元类型"对话框

d) 划分网格后的钢筋笼

图 4-272　定义网格

a)"创建作业"对话框

b)"编辑作业"对话框

图 4-273　定义作业

c)"作业管理器"对话框　　　　　　　d)提交作业

图 4-273　定义作业（续）

（12）后处理

1）单击左侧工具区的 ▦ 按钮，弹出图 4-274a 所示的"创建 XY 数据"对话框，"源"选择"ODB 场变量输出"；单击"继续"按钮，弹出图 4-274b 所示的对话框，"输出变量"

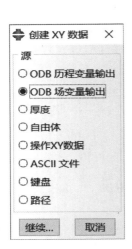

a)"创建XY数据"对话框

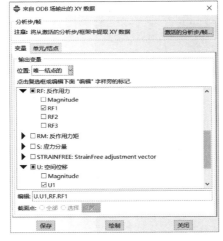

b) 选择数据类型

c) 选择提取对象

d)"操作XY数据"对话框

e) 选择公式

图 4-274　绘制载荷-位移曲线

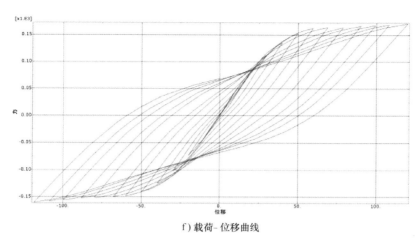

f）载荷-位移曲线

图 4-274　绘制载荷-位移曲线（续）

的"位置"选择"唯一结点的"，勾选"RF1"和"U1"，单击"单元/结点"选项卡，单击"从视口中拾取"→"添加选择集"，选中加载板加载中心并完成，如图 4-274c 所示，单击"绘制"按钮，等待曲线绘制完成。

2）单击左侧工具区的 按钮，弹出图 4-274a 所示的"创建 XY 数据"对话框，"源"选择"操作 XY 数据"；单击"继续"按钮，弹出图 4-274d 所示的"操作 XY 数据"对话框，选择"combine（X，X）"公式后依次双击 U1 和 RF1 数据，如图 4-274e 所示；单击"绘制表达式"按钮，生成图 4-274f 所示载荷-位移曲线。

4.3.2　足尺空间框架地震时程分析

（1）问题描述　某 10 层 3×3 跨方钢管混凝土柱-组合梁空间框架模型，模型基本尺寸和参数见表 4-7。其中，H 为框架高，B 为进深，R 为圆柱直径，$h_板$ 为楼板厚度，$h_梁$ 为主钢梁梁高，$h_底$ 为底层层高、$h_余$ 为其余层层高，$L_{组合梁}$ 为组合梁高跨比、$L_{钢梁}$ 为钢梁高跨比，$S_总$ 表示建筑总面积。采用 C50 混凝土，密度为 $2.5×10^3 kg/m^3$，弹性模量为 $3.5×10^4 MPa$。钢管及钢梁、加强环都采用 Q235 钢，密度为 $7.85×10^3 kg/m^3$，弹性模量为 $2.06×10^5 MPa$。采用 HRB400 钢筋，采用 ML15 栓钉，密度及弹性模量同 Q235 钢，材料属性见表 4-8。

表 4-7　组合框架基本尺寸和参数

层数	H/m	B/m	R/mm	$h_板/h_梁$	$h_余/h_底$	$L_{组合梁}$	$L_{钢梁}$	$S_总$/m²	功能
10	49.2	9/9	624	120/400	4.8/6	1/17	1/22.5	7631	办公

表 4-8　材料属性

材料名称	泊松比	密度/（kg/m³）	弹性模量/GPa	抗压强度/MPa	极限强度/MPa
HRB400 钢筋	0.285	7850	206000	400	600
Q235 钢梁、钢管	0.285	7850	206000	235	352.5
C50 楼板、混凝土柱	0.2	2500	34998.3	38.4	—
Q350 栓钉	0.285	7850	206000	350	525

239

（2）启动 ABAQUS/CAE　启动 ABAQUS/CAE 后，选择采用 Standard/Explicit 模型。

（3）创建部件　在 ABAQUS/CAE 环境栏模块列表中选择部件，进入部件模块。

1）创建混凝土柱部件。

① 创建部件。单击左侧工具区的  按钮，弹出图 4-275 所示的"创建部件"对话框。"名称"输入"Concrete column"，"模型空间"选择"三维"；"基本特征"选项组中"形状"选择"实体"，"类型"选择"拉伸"；"大约尺寸"输入"200"；其余参数保持默认值。

② 绘制二维图形。单击工具栏的 按钮，在提示区依次输入坐标（-245，-245）和（245，245），如图 4-276 所示，按中键确认，完成二维草图绘制。

③ 生成三维模型。单击下方"完成"按钮，弹出"编辑基本拉伸"对话框，如图 4-277 所示，"深度"输入"49200"，单击"确定"按钮，完成部件拉伸，混凝土柱三维模型如图 4-278 所示。

图 4-275　"创建部件"对话框

图 4-276　二维草图

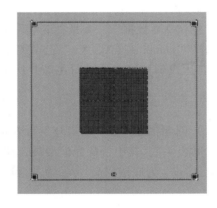

图 4-277　"编辑基本拉伸"对话框

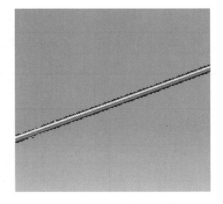

图 4-278　混凝土柱三维模型

2）创建其他实体部件。参照上述步骤，建立楼板部件，命名为"Floor"。创建加载板部件。单击工具栏的 按钮，在提示区依次输入坐标（13255，13745）、（4745，13745）、（4745，13255）、（4255，13255）、（4255，13745）、（-4255，13.745）、（-4255，13255）、（-4.745，13.255）、（-4745，13.745）、（-13255，13745）、（-13255，13255）、（-13745，13255）、（-13745，4745）、（-13255，4745）、（-13255，4255）、（-13745，4255）、（-13745，-4255）、（-13255，-4255）、（-13255，-4745）、（-13745，-4745）、（-13745，-13255）、（-13255，-13255）、（-13255，-13745）、（-4745，-13745）、（-4745，-13255）、（-4255，-13255）、（-4255，-13745）、（4255，-13745）、（4255，-13255）、（4745，-13255）、（4745，-13745）、（13255，-13745）、（13255，-13255）、（13745，-13255）、（13745，-4745）、（13255，-4745）、（13255，-4255）、（13745，-4255）、（13745，4255）、（13255，4255）、（13255，4745）、（13745，4745）、（13745，13255）、（13255，13255）、（13255，13745），按中键确认，完成加载板的二维草图绘制。在"编辑基本拉伸"对话框中将"深度"设为"120"，完成部件拉伸。为便于载荷施加至加载板中心点，需进行适当切分。单击左侧工具区的 按钮，选择一点及法线，将部件切分成图 4-279 所示的情况。

3）创建钢梁部件。

① 创建部件。单击左侧工具区的 按钮，弹出图 4-280 所示的"创建部件"对话框。"名称"输入"Primary beam"，"模型空间"选择"三维"；"基本特征"中的"形状"选择"壳"，"类型"选择"拉伸"；"大约尺寸"输入"200"，其余参数保持默认值。

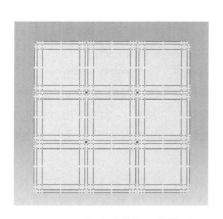

图 4-279　切分后的板三维模型

图 4-280　"创建部件"对话框

② 绘制二维图形。单击工具栏的 按钮，在提示区依次输入坐标（-100，200）和（100，200）；按中键确认，接着输入坐标（0，-200）和（0，200）；按中键确认，接着输入坐标（-100，-200）和（100，-200），如图 4-281 所示；按中键确认，完成二维草图绘制。

③ 生成三维模型。单击下方"完成"按钮，弹出"编辑基本拉伸"对话框，如图 4-282 所示，"深度"设为"8000"，单击"确定"按钮，完成部件拉伸。参照切分实体部件的方法，将部件切分成图 4-283 所示的情况。

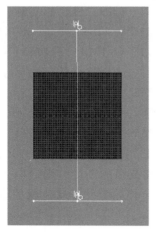

图 4-281　二维草图

图 4-282　"编辑基本拉伸"对话框

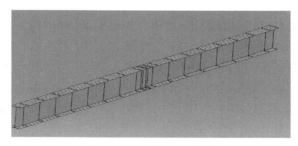

图 4-283　钢梁三维模型

④ 按照上述方法建立一个二维草图坐标分别为 (-100, 150)、(0, -150)、(0, 150)、(-100, -150)、(100, -150)，"深度"为"8000"的次梁"Secondary beam"。

4) 创建钢管部件。参照上述步骤，创建钢管柱壳单元部件，命名为 Steel column。

① 单击工具栏的 按钮，在提示区依次输入坐标 (-245, -245) 和 (245, 245)，完成钢管柱的二维草图绘制。在"编辑基本拉伸"对话框中将"深度"设为"49200"，完成部件拉伸。

② 为方便后续梁柱接触约束，需对部件进行适当切分。单击左侧工具区的 按钮，选择 YZ 平面，输入偏移距离 0，选择 XZ 平面，输入偏移距离 0；选择 XY 平面，依次输入偏移距离 1000、4980、5480、5880、6380、9780、10280、10680、11180、14580、15080、15480、15980、19380、19880、20280、20780、24180、24680、25080、25580、28980、29480、29880、30380、33780、34280、34680、35180、38580、39080、39480、39980、43380、43880、44280、44780、48180、48680、49080。单击左侧工具区的 按钮，选择全部部件，按中键确认，依次选择基准面，创建分区，将部件切分成图 4-284 所示的情况。同时，将混凝土柱按照上述方式进行处理。

5）创建加强环部件。参照上述步骤，将原来的壳拉伸类型改为平面类型，分别创建加强环腹板、加强环面等壳单元部件，命名分为 jiaqianghuanfuban，jiaqianghuanmian。

① 创建加强环腹板部件。单击工具栏的 按钮，在提示区依次输入坐标（-127.5，-200）和（127.5，200），按中键确认，完成加载板的二维草图绘制。再按中键完成壳平面部件建立，如图 4-285a 所示。

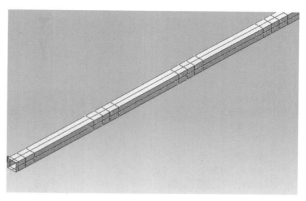

图 4-284　钢管柱三维模型

② 创建加强环面部件。单击工具栏的 按钮，在提示区依次输入坐标（-100，500）、（100，500）、（500，100）、（500，-100）、（100，-500）、（-100，-500）、（-500，-100）、（-500，100）、（-100，500），按中键确认，完成加载板的二维草图绘制。再按中键完成壳平面部件建立，如图 4-285b 所示。

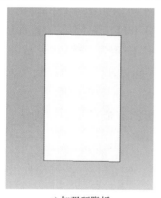

a）加强环腹板

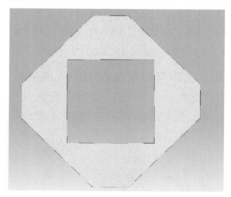

b）加强环面

图 4-285　三维模型

6）创建栓钉部件。

① 创建部件。单击左侧工具区的 按钮，弹出图 4-286 所示的"创建部件"对话框。"名称"输入"studs"，"模型空间"选择"三维"，"基本特征"中的"形状"选择"线"；"大约尺寸"输入"60"；其余参数保持默认值。

② 绘制二维图形。单击工具栏的 按钮，在提示区依次输入坐标（-50，64）和（-50，0），按中键确认，接着输入坐标（50，64）和（50，0），按中键确认，完成栓钉建模，如图 4-287 所示。

7）创建 Gangjinwang 部件。参照上述步骤，建立钢筋网部件，命名分为 Gangjinwang。单击工具栏的 按钮，在提示区依次输入坐标（-13700，12900）和（13700，12900），单击"确定"按钮，完成第一条直线的建立，再输入（12900，-13700）和（12900，13700），单击"确定"按钮，完成第二条直线的建立。单击 按钮，分别选中第一、第二

图 4-286 "创建部件"对话框

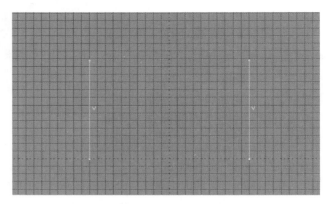

图 4-287 二维草图

条直线沿 X 和 Y 轴方向，按照间距为 800 进行 32 次阵列，如图 4-288a、b 所示。单击 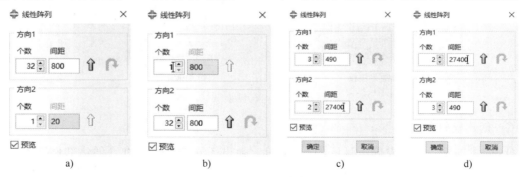 按钮，分别输入坐标（13255，13700）和（47450，13700），完成第三条直线的建立；再输入坐标（13700，13255）和（13700，47450），单击"确定"按钮，完成第四条直线的建立。单击按钮，选中第三条直线在 X 方向进行 3 次间距为 490 的阵列，在 Y 轴方向进行两次间距为 27400 的阵列；再选中第四条直线在 X 方向进行 2 次间距为 27400 的阵列，在 Y 轴方向进行 3 次间距为 490 的阵列，如图 4-288c、d 所示。最后按中键确认，完成建模。

图 4-288 阵列命令对话框

（4）合成部件 在 ABAQUS/CAE 窗口模块列表中选择装配。

1）合成底座部件。

① 单击左侧工具区的按钮，弹出图 4-289 所示的"创建实例"对话框，选择从"部件"创建实例，"实例类型"选择"非独立"，"部件"选择"jia qianghuanmian"，单击"确定"按钮，生成图 4-290 所示的实例。单击左侧工具区的按钮，选择该实例，单击下方"完成"按钮，选择 X 轴，转动角度为-90°，按中键确认，单击"完成"按钮。

② 单击左侧工具区的按钮，弹出图 4-289 所示的"创建实例"对话框，选择从"部

件"创建实例，"实例类型"选择"非独立"，"部件"选择"jiaqianghuanfuban"，单击"确定"按钮，生成图 4-291 所示的实例。

图 4-289　创建实例

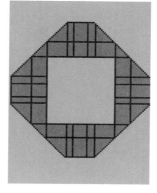

图 4-290　加强环面实例

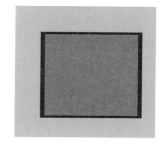

图 4-291　加强环腹板实例

③ 单击左侧工具区的 按钮，选择"jiaqianghuanfuban"实例；按中键确认，输入起始坐标（15680，1200，0）、终点坐标（17579，-100，-100），按中键确认，完成平移。

④ 单击左侧工具区的 按钮，选择"jiaqianghuanfuban"实例，按中键确认，弹出图 4-292 所示的"环形阵列"对话框，输入图中数字，单击右侧箭头，选择 Y 轴，最后单击"确定"按钮。

⑤ 单击左侧工具区的 按钮，选择"jiaqianghuanmian"实例，按中键确认，弹出图 4-293 所示的"线形阵列"对话框，输入图中数字，单击右侧箭头，选择 Y 轴，最后单击"确定"按钮。

图 4-292　"环形阵列"对话框

图 4-293　"线形阵列"对话框

⑥ 单击工具栏中的 按钮，弹出图 4-294 所示的对话框，将合成后的部件命名为"jiaqianghuanzong"，按图中选项输入并单击"继续"按钮，选择全部实例，按中键确认，完成图 4-295 所示实例部件。

2）合成带栓钉的钢框架梁部件。单击左侧工具区的 按钮，弹出图 4-289 所示的"创建实例"对话框，选择从"部件"创建实例，"实例类型"选择"非独立"，"部件"依次

图 4-294 "合并/切割实体"对话框

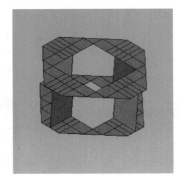

图 4-295 加强环部件实例

选择 "studs" "Primary beam" "Secondary beam" "jiaqianghuanzong", 单击 "确定" 按钮。

参照上述方法, 通过阵列、平移和旋转等方法形成图 4-296 所示的实例, 并将其合并成 "Steel beam & ring & stud"。

(5) 创建材料和截面属性 在 ABAQUS/CAE 窗口模块列表中选择属性, 进入属性编辑。

1) 创建材料属性。参照前文本构关系分别定义混凝土、刚性体、钢管、钢梁、钢筋和栓钉等材料的应力-应变关系。

2) 创建栓钉剖面。单击左侧工具区的 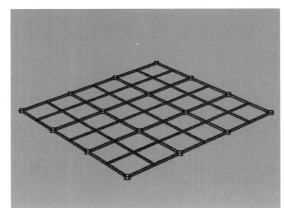 按钮, 默认名称, 选择圆形, 单击 "继续" 按钮, 在编辑剖面截面时输入半径 "6.5", 单击 "确定" 按钮。

图 4-296 实例 Steel beam & ring & stud

3) 创建截面。

① 创建实体单元截面。单击左侧工具区的 按钮, 弹出 "创建截面" 对话框, 命名为 "concrete", "类别" 和 "类型" 分别选择 "实体" "均质"; 单击 "继续" 按钮, 弹出 "编辑截面" 对话框, "材料" 选择前文定义的混凝土材料 "concrete", 如图 4-297a 所示; 单击 "确定" 按钮。

② 创建钢管截面。单击左侧工具区的 按钮, 弹出 "创建截面" 对话框, 命名为 "Steel column", "类别" 和 "类型" 分别选择 "壳" "均质"; 单击 "继续" 按钮, 弹出 "编辑截面" 对话框, "壳的厚度" 输入 "5", "材料" 选择前文定义的钢管材料 "Steel column & beam & ring", 其他参数保持默认设置, 如图 4-297b 所示; 单击 "确定" 按钮。

③ 创建钢梁截面。单击左侧工具区的 按钮, 弹出 "创建截面" 对话框, 命名为 "Primary beam & ring web", "类别" 和 "类型" 分别选择 "壳" "均质"; 单击 "继续" 按钮, 弹出 "编辑截面" 对话框, "壳的厚度" 输入 "8", 材料选择前文定义的钢梁材料,

其他参数保持默认设置；单击"确定"按钮。按照同样的操作，"壳的厚度"输入"5"，定义截面"Primary beam & ring web"。按照上述方法，但"壳的厚度"分别为"8""12""13"，创建钢梁截面，分别命名为"Secondary beam web""Secondary beam flange""Primary beam & ring flange"。

④ 创建栓钉截面。单击左侧工具区的 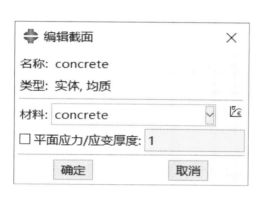按钮，弹出"创建截面"对话框，命名为"studs"，"类别"和"类型"分别选择"梁""梁"；单击"继续"按钮，弹出"编辑梁方向"对话框，"剖面名称"选择前文定义的"Profile-1"，"材料名"选择前文定义的栓钉材料"studs"，其他参数保持默认设置，如图 4-297c 所示，单击"确定"按钮。

⑤ 创建钢筋截面。单击左侧工具区的 按钮，弹出"创建截面"对话框，命名为"Gangjinwang"，"类别"和"类型"分别选择"梁""桁架"；单击"继续"按钮，弹出"编辑截面"对话框，"材料"选择前文定义的钢筋材料"HRB400"，"横截面面积"输入"314"，如图 4-297d 所示；单击"确定"按钮。

a) 实体单元截面

b) 钢管截面

c) 栓钉截面

d) 钢筋截面

图 4-297　创建截面

4）为部件赋予截面属性。

① 为实体部件赋予截面。选择部件"Concrete column"，单击左侧工具区的 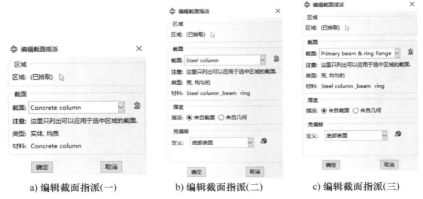按钮，框选部件"Concrete column"，按中键，弹出"编辑截面指派"对话框，选择前文定义的截面"Concrete column"，如图 4-298a 所示，单击"确定"按钮。按照同样的操作，为部件"Floor"赋予截面"Concrete floor"。

② 为部件"Steel column"赋予截面。选择部件"Steel column"，单击左侧工具区的 按钮，框选部件"Steel column"；按中键确认，弹出"编辑截面指派"对话框，选择前文定义的截面"Steel column"，"壳偏移"定义为"底部表面"，如图 4-298b 所示，单击"确定"按钮。

③ 为部件"Steel beam & ring & stud"赋予截面。选择部件"Steel beam & ring & stud"，单击左侧工具区的 按钮，框选"jiaqianghuanzong"的上下翼缘；按中键确认，弹出"编辑截面指派"对话框，选择前文定义的截面"Primary beam & ring flange"，"壳偏移"定义为"底部表面"，如图 4-298c 所示；单击"确定"按钮。继续框选"jiaqianghuanzong"的腹板，按中键确认，弹出"编辑截面指派"对话框，选择前文定义的截面"Primary beam & ring web"，"壳偏移"定义为"中面"，如图 4-298d 所示，单击"确定"按钮。继续框选"Primary beam"的上翼缘，按中键确认，弹出"编辑截面指派"对话框，选择前文定义的截面"Primary beam & ring flange"，"壳偏移"定义为"底部表面"，如图 4-298e 所示，单击"确定"按钮。继续框选"Primary beam"的下翼缘，按中键确认，弹出"编辑截面指派"对话框，选择前文定义的截面"Primary beam & ring web"，"壳偏移"定义为"中面表面"，如图 4-298f 所示，单击"确定"按钮。继续框选"Primary beam"的腹板，按中键确认，弹出"编辑截面指派"对话框，选择前文定义的截面"Primary beam & ring flange"，"壳偏移"定义为"顶部表面"，如图 4-298g 所示，单击"确定"按钮。继续框选"Secondary beam"的上翼缘，按中键确认，弹出"编辑截面指派"对话框，选择前文定义的截面"Secondary beam flange"，"壳偏移"定义为"底部表面"，如图 4-298h 所示，单击"确定"按钮。继续框选"Secondary beam"的下翼缘，按中键确认，弹出"编辑截面指派"对话框，选择前文定义的截面"Secondary beam web"，"壳偏移"定义为"中面表面"，如图 4-298i 所示，单击"确定"按钮。继续框选"Secondary beam"的腹板，按中键确认，弹

a) 编辑截面指派(一)　　　b) 编辑截面指派(二)　　　c) 编辑截面指派(三)

图 4-298　为部件赋予截面

d) 编辑截面指派(四)　　　e) 编辑截面指派(五)　　　f) 编辑截面指派(六)

g) 编辑截面指派(七)　　　h) 编辑截面指派(八)　　　i) 编辑截面指派(九)

j) 编辑截面指派(十)　　　k) 编辑截面指派(十一)　　　l) 编辑截面指派(十二)

图 4-298　为部件赋予截面（续）

出"编辑截面指派"对话框，选择前文定义的截面"Secondary beam flange"，"壳偏移"定
义为"顶部表面"，如图 4-298j 所示，单击"确定"按钮。继续框选栓钉，按中键确认，弹
出"编辑截面指派"对话框，选择前文定义的截面"Stud"，如图 4-298k 所示，单击"确
定"按钮，完成全部截面定义。

④ 为部件"Gangjinwang"赋予截面。选择部件"Gangjinwang"，单击左侧工具区的
按钮，框选全部；按中键确认，弹出"编辑截面指派"对话框，选择前文定义的截面
"Gangjinwang"，如图 4-298l 所示；单击"确定"按钮。

（6）装配模型　在 ABAQUS/CAE 环境栏模块列表中选择装配，进入装配模块。

1）单击左侧工具区的 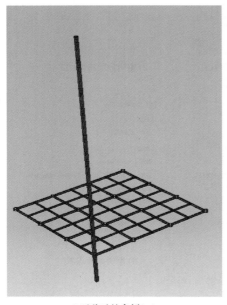 按钮，弹出图 4-289 所示的"创建实例"对话框，选择从"部件"创建实例，"实例类型"选择"非独立"，"部件"选择"Steel column"，单击"确定"按钮；单击左侧工具区的 按钮，选择钢管实例，单击下方"完成"按钮，选择 X 轴，转动角度为-90°，按中键确认，单击"完成"按钮。按照以上步骤完成"Steel beam & ring & stud"部件的添加。单击左侧工具区的 按钮，选择钢管实例，按中键确认，输入起始坐标（22321，5725，490）、终点坐标（13745，5480，13745），单击"确定"按钮，完成平移，如图 4-299a 所示。按照同样的方法，完成"Concrete column"的装配。

2）单击左侧工具区的 按钮，弹出图 4-289 所示的"创建实例"对话框，选择从"部件"创建实例，"实例类型"选择"非独立"，"部件"选择"Floor"，单击"确定"按钮；单击左侧工具区的 按钮，选择 Floor 实例，单击下方"完成"按钮，选择 X 轴，转动角度为 90°，按中键确认，单击"完成"按钮。单击左侧工具区的 按钮，选择钢管实例，按中键确认，输入起始坐标（53642，−13865，−370）、终点坐标（13745，5880，13255），单击"确定"按钮，完成平移，如图 4-299b 所示。按照同样的方法，完成"Gangjinwang"的装配。

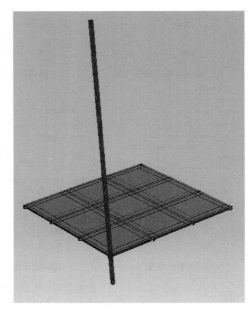

a) 平移后的实例(一)　　　　　　　　b) 平移后的实例(二)

图 4-299　装配实例

3）单击左侧工具区的 按钮，同时框选"Steel column""Concrete column"两个实例并单击中键确认，弹出图 4-300a 所示的"线性阵列"对话框，输入图中数字，单击右侧箭头，分别选择选择 X 和 Z 轴，最后单击"确定"按钮，生成图 4-300b 所示的实例。

4）单击左侧工具区的 按钮，同时框选"Floor""Gangjinwang""Steel beam & ring & stud"三个实例并单击中键确认，弹出图 4-300c 所示的"线性阵列"对话框，输入图中数字，单击右侧箭头，分别选择选择 Y 轴，最后单击"确定"按钮，生成图 4-300d 所示的实例。

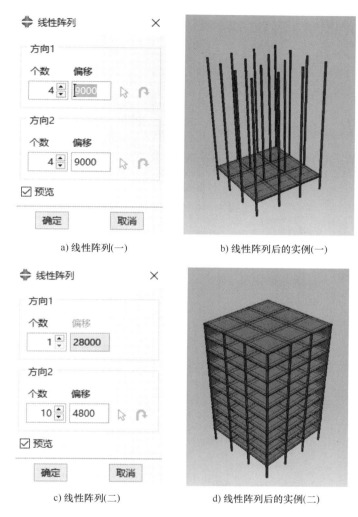

a) 线性阵列(一)

b) 线性阵列后的实例(一)

c) 线性阵列(二)

d) 线性阵列后的实例(二)

图 4-300 装配实例

5）单击左侧工具区的 按钮，弹出图 4-301a 所示的"创建集"对话框，命名为"C1"，"类型"选择"几何"，单击"继续"按钮，拾取楼板上表面一点，如图 4-301b 所示，完成创建。按照以上方法，拾取各层楼板相同位置的点，分别建立集合"C2"~"C10"。

6）单击左侧工具区的 按钮，弹出图 4-301a 所示的"创建集"对话框，命名为"Set-1 Bottom"，"类型"选择"几何"，单击"继续"按钮，拾取钢管柱和混凝土柱的所有下表面，如图 4-301c 所示，完成集合"Set-1 Bottom"的创建。按照上述方法，分别创建各个构件及各楼层的集合。

（7）设置分析步 在 ABAQUS/CAE 环境栏模块列表中选择分析步，进入分析步模块。

1）单击左侧工具区的 按钮，弹出图 4-302a 所示的"创建分析步"对话框，"程序

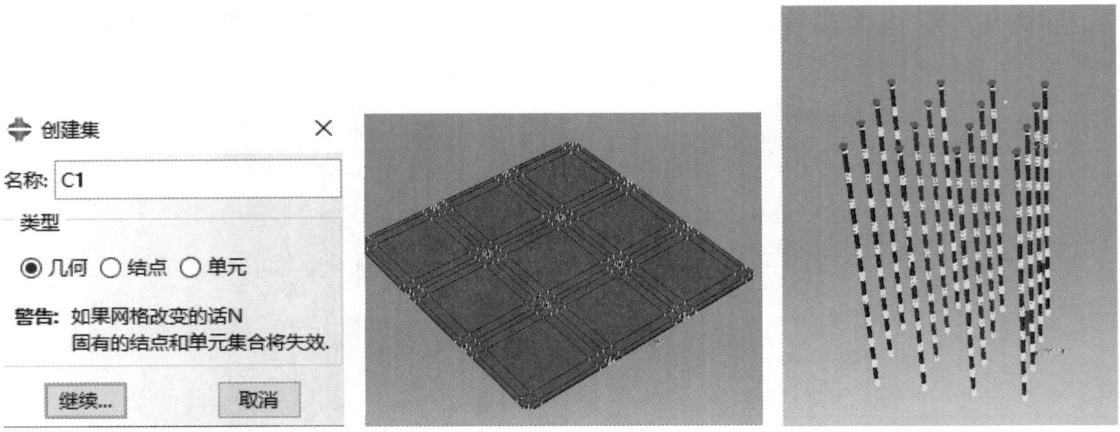

a) 创建集

b) 选择集(一)

c) 选择集(二)

图 4-301　集的创建

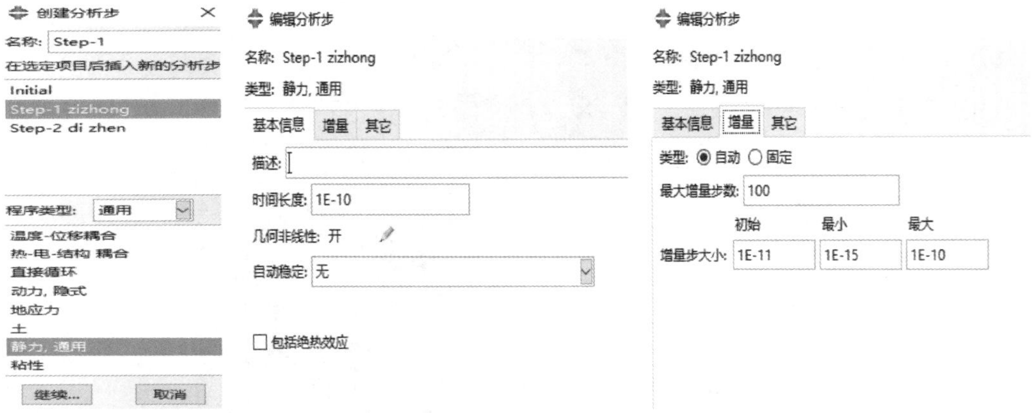

a) 创建分析步(一)

b) 编辑分析步(一)

c) 编辑分析步(二)

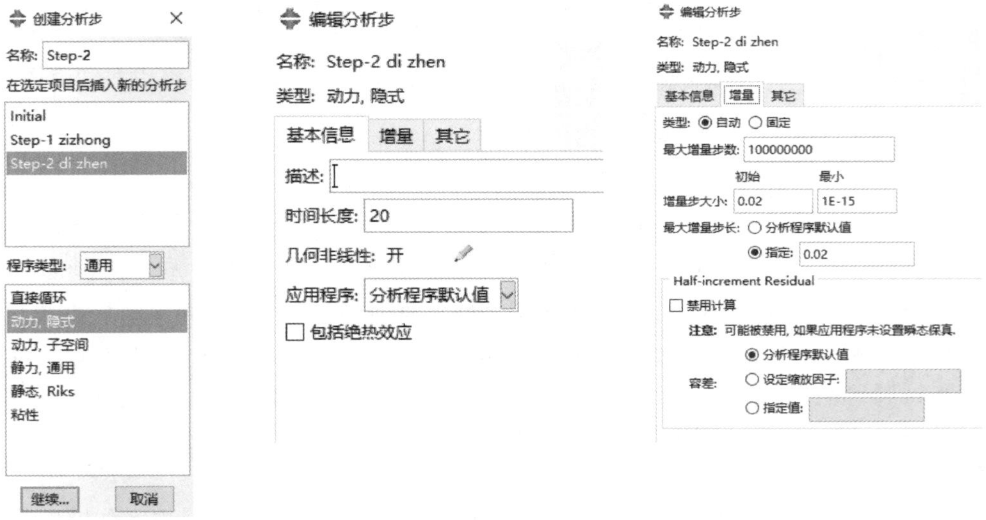

d) 创建分析步(二)

e) 编辑分析步(三)

f) 编辑分析步(四)

图 4-302　定义分析步

类型"选择"静力，通用"，其他参数保持默认；单击"继续"按钮，弹出"编辑分析步"对话框，单击基本信息选项卡，输入图 4-302b 所示数据，单击"增量"选项卡，输入如图 4-302c 所示数据，其他参数保持默认，单击"确定"按钮。

2）单击左侧工具区的  按钮，弹出图 4-302d 所示的"创建分析步"对话框，"程序类型"选择"动力，隐式"，其他参数保持默认；单击"继续"按钮，弹出"编辑分析步"对话框，单击"基本信息"选项卡，输入图 4-302e 所示数据，单击"增量"选项卡，输入图 4-302f 所示数据，其他参数保持默认，单击"确定"按钮。

3）单击左侧工具区的 按钮，弹出图 4-303a 所示的"创建场"对话框，"分析步"选择"Step-1 zizhong"；单击"继续"按钮，弹出"编辑场输出请求"对话框，输入图 4-303b 所示数据；单击"确定"按钮。采用同样的操作，在"创建场"对话框中，"分析步"选择"Step-2 di zhen"，在"编辑场输出请求"对话框中输入图 4-303c 所示数据，单击"确定"按钮。

a) 创建场   b) 编辑场输出请求(一)   c) 编辑场输出请求(二)

图 4-303 定义场

4）单击左侧工具区的 按钮，弹出图 4-304a 所示的"创建历程"对话框，"分析步"选择"Step-1 zizhong"；单击"继续"按钮，弹出"编辑历程输出请求"对话框，"作用域"选择"集"和"Set-1 Bottom"，并输入如图 4-304c 所示数据；单击"确定"按钮。

5）单击左侧工具区的 按钮，弹出图 4-304b 所示的"创建历程"对话框，"分析步"选择"Step-2 di zhen"；单击"继续"按钮，弹出"编辑历程输出请求"对话框，输入图 4-304d 所示数据，"作用域"选择"集"，并分别选择集合"C1"~"C10"和"Di"，创建 11 个历程输出。按照以上方法，分别创建各个构件及各层的耗能历程输出。

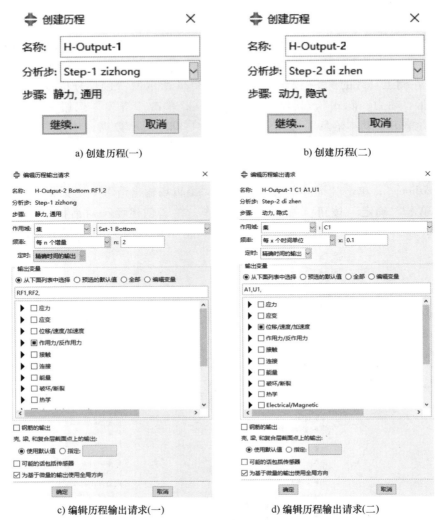

a) 创建历程(一)   b) 创建历程(二)

c) 编辑历程输出请求(一)   d) 编辑历程输出请求(二)

图 4-304   定义历程

（8）设置相互作用   在 ABAQUS/CAE 环境栏模块列表中选择相互作用，进入相互作用模块。

1）单击左侧工具区的 ⊟ 按钮，弹出图 4-305a 所示的"创建相互作用属性"对话框，"类型"选择"接触"；单击"继续"按钮，弹出"编辑接触属性"对话框，单击"力学"→"切向行为"，"摩擦公式"选择"罚"，"摩擦系数"输入"0.5"，其他参数保持默认，如图 4-305b 所示。单击"力学"→"法向行为"，"压力过盈"选择"硬接触"，其他参数保持默认，单击"确定"按钮，完成接触属性定义。

2）单击左侧工具区的 ⊟ 按钮，弹出图 4-306a 所示的"创建相互作用"对话框，"可用于所选分析步的类型"选择"表面与表面接触"；单击"继续"按钮，将钢管内表面定义为"主表面"，核心混凝土外表面定义为"从表面"，"滑移公式"采用"有限滑移"，"离散化方法"选择"表面-表面"，如图 4-306b 所示；单击"确定"按钮。按照同样的方法，完成剩余两根钢管混凝土柱的相互作用定义。

a) 创建相互作用属性

b) 编辑接触属性

图 4-305　定义相互作用属性（一）

a) 创建相互作用

b) 编辑相互作用

图 4-306　定义相互作用属性（二）

3）单击左侧工具区的  按钮，弹出图 4-307a 所示的"创建约束"对话框，选择"内置区域"，单击"继续"按钮，将楼板和栓钉定义为"内置区域"，按中键确认，单击选择区域，选择混凝土楼板为"主机区域"，按中键确认，弹出图 4-307b 所示的"编辑约束"对话框，单击"确定"按钮。按照同样的方法，完成另一个钢筋网和混凝土板的"内置区域"设置。

4）单击左侧工具区的 按钮，弹出图 4-307a 所示的"创建约束"对话框，"类型"选择"绑定"；单击"继续"按钮，选择主表面类型为节点区域，并选中实例加强环与钢管壁接触的表面，选择从表面类型为表面，并选中与之对应的钢管壁表面；单击"完成"按钮，并完成所有的钢管柱和与之相对加强环的"绑定"设置。

（9）定义载荷和边界条件　在 ABAQUS/CAE 环境栏模块列表中选择载荷，进入载荷模块。

1）单击左侧工具区的  按钮，弹出图 4-308a 所示的"创建载荷"对话框，命名为"Load-1 zizhong"，"类型"选择"重力"；单击"继续"按钮，弹出图 4-308b 所示的"编辑载荷"对话框，输入图中数据；单击"确定"按钮。继续单击 按钮，命名为"Load-2 X-dizhenbo"，"类型"选择"重力"；单击"继续"按钮，弹出图 4-308c 所示的"编辑载荷"对话框，输入图中数据；单击"确定"按钮。

a) 创建约束　　　　b) 编辑约束

图 4-307　定义内置区域

a) 创建载荷　　　b) 编辑载荷(一)　　　c) 编辑载荷(二)

图 4-308　定义载荷

2）单击左侧工具区的 按钮，弹出图 4-309a 所示的"创建边界条件"对话框，"可用于所选分析步的类型"选择"对称/反对称/完全固定"；单击"继续"按钮，选中三个底座的下表面；单击"完成"按钮，弹出图 4-309b 所示的"编辑边界条件"对话框，选择"完全固定"，单击"确定"按钮。

3）单击左侧工具区的 按钮，弹出图 4-310a 所示的"创建幅值"对话框，命名为"140gal"，"类型"选择"表"，单击"继续"按钮，弹出图 4-310b 所示的"编辑幅值"对话框，输入对应地震波的幅值数据；单击"完成"按钮。按照以上方法，创建名为"400gal""620gal""850gal""1000gal""1250gal""1500gal""1750gal""1950gal""2000gal""2250gal"的幅值。

（10）划分网格　在 ABAQUS/CAE 环境栏模块列表中选择网格，进入网格模块。

1）对象类型选择部件"Concrete column"。单击左侧工具区的 按钮，弹出图 4-311a

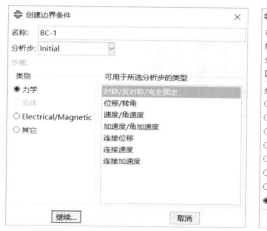
a) 创建边界条件

b) 编辑边界条件

图 4-309　定义边界条件

a) 创建幅值　　　　　　　　　　　b) 编辑幅值

图 4-310　定义幅值

257

所示的"全局种子"对话框，"近似全局尺寸"输入"1000"；单击"确定"按钮，完成布种定义。单击左侧工具区的▉按钮，单击"为部件划分网格"，完成该部件的网格划分，如图 4-311b 所示。重复上述操作，输入合适的网格大小，对其余部件进行网格划分。

2）对象类型选择部件"Steel cage"。单击左侧工具区的▉按钮，框选全部"Steel cage"；单击"完成"按钮，弹出图 4-311c 所示的"单元类型"对话框，"族"选择"桁架"；单击"确定"按钮。按照上述步骤对钢筋网划分网格，如图 4-311d 所示。

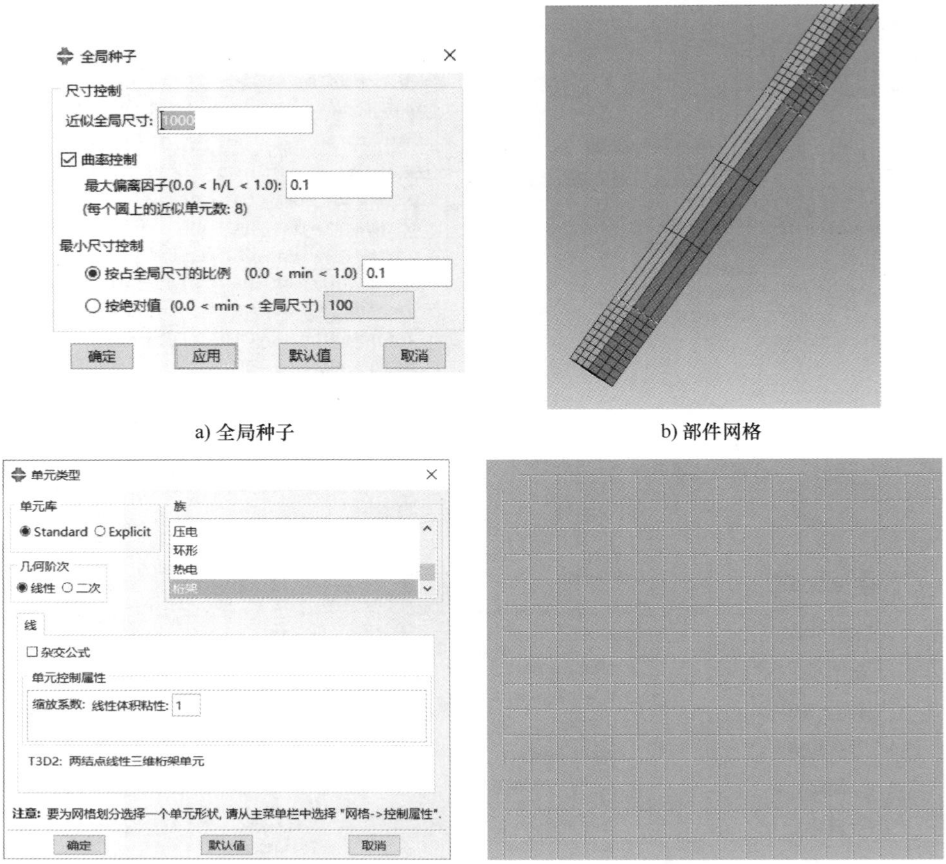

a) 全局种子

b) 部件网格

c) 为钢筋选择单元类型

d) 钢筋网格划分

图 4-311　定义网格

（11）提交分析作业　在 ABAQUS/CAE 窗口模块列表中选择作业，进入作业编辑。

1）单击左侧工具区的 ![按钮] 按钮，弹出图 4-312a 所示的"创建作业"对话框；单击"继续"按钮，弹出图 4-312b 所示的"编辑作业"对话框；单击"并行"选项卡，勾选"使用多个处理器"并输入"16"，其他参数保持默认设置；单击"确定"按钮，完成创建。单击"载荷管理器"按钮 ![图标]，弹出图 4-312c 所示的"载荷管理器"对话框；单击名为"Load-2 X-dizhenbo"的荷载，弹出图 4-312d 所示的"编辑载荷"对话框，在"幅值"选项依次选择"140gal"~"2250gal"的地震波，并按照以上创建作业的方法分别创建各个作业。

2）单击左侧工具区的 ![按钮] 按钮，弹出图 4-312e 所示的"作业管理器"对话框，选择作业并提交，如图 4-312f 所示。

（12）后处理　在 ABAQUS/CAE 环境栏模块列表中选择部件，进入可视化选项。

1）轴压比数据的处理。

① 单击左侧工具区的 ![按钮] 按钮，弹出图 4-313a 所示的"创建 XY 数据"对话框，"源"选择"ODB 场变量输出"；单击"继续"按钮，弹出图 4-313b 所示的对话框，"输出变量"的"位置"选择"唯一结点的"，勾选"RF2"；单击"单元/结点"选项卡（图 4-313c），

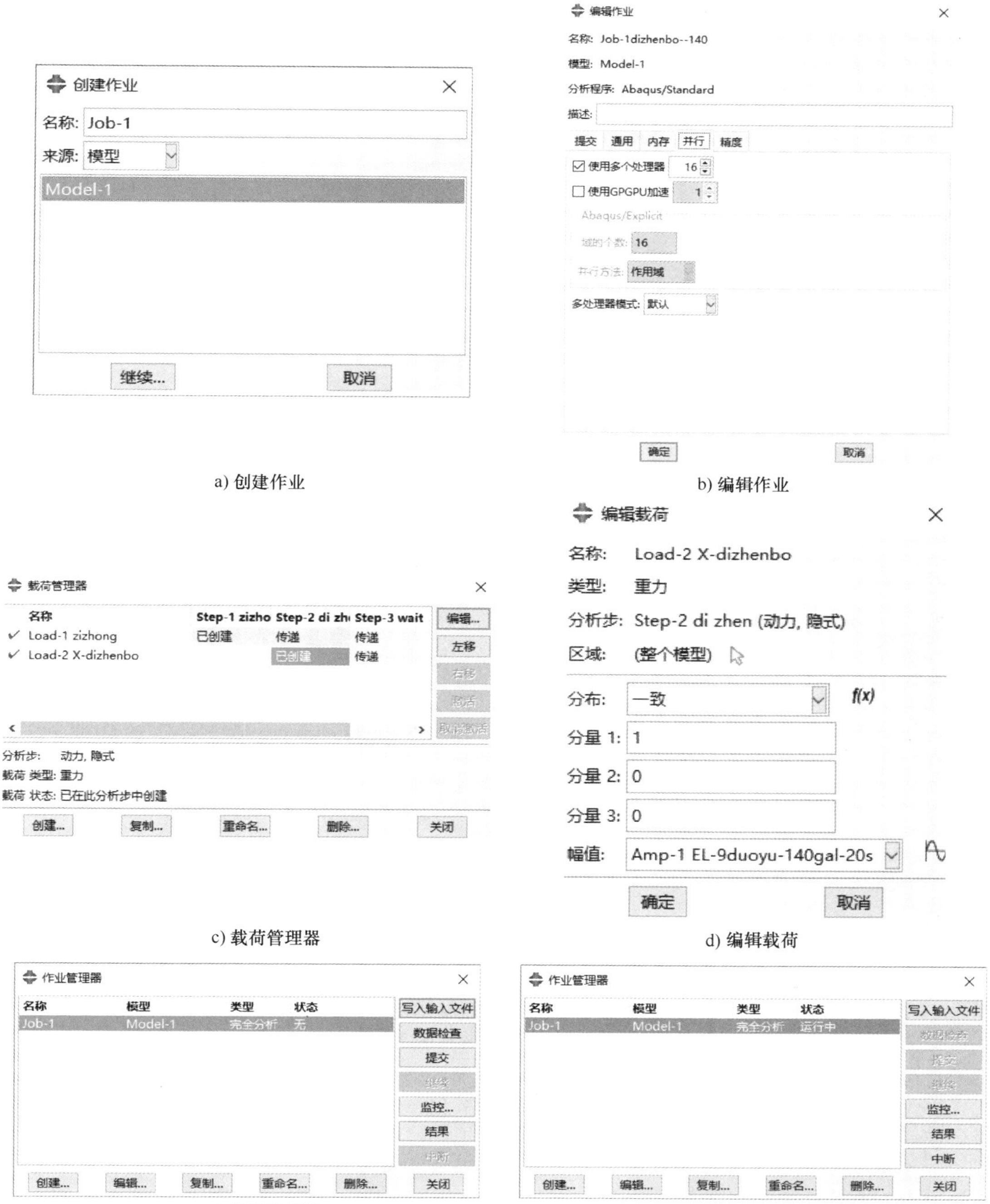

a) 创建作业

b) 编辑作业

c) 载荷管理器

d) 编辑载荷

259

e) 作业管理器

f) 提交作业

图 4-312　定义作业

"方法"选择"从视口中拾取"，单击"添加选择集"按钮，选中柱子最下层网格；单击"绘制"按钮，等待曲线绘制完成。

② 单击左侧工具区的 按钮，弹出图 4-313a 所示的"创建 XY 数据"对话框，"源"

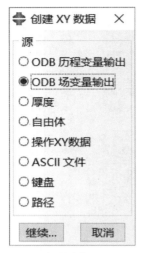

a) 创建数据

c) 选择提取对象

e) 输入公式

b) 选择数据类型

d) 操作数据

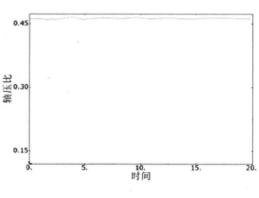

f) 绘制曲线

图 4-313　轴压比时程曲线

选择"操作 XY 数据";单击"继续"按钮,弹出图 4-313d 所示的"操作 XY 数据"对话框,选择公式 Sum（X，X）/N_0（名义承载力）,再选取所有数据,如图 4-313e 所示;单击"绘制表达式"按钮,生成图 4-313f 所示轴压比时程曲线。

2）层间位移数据的处理。单击左侧工具区的 XY 按钮,弹出图 4-314a 所示的"创建 XY 数据"对话框,"源"选择"ODB 历程变量输出";单击"继续"按钮,弹出图 4-314b 所示的对话框,"名称过滤"输入"＊U1＊",选中所有输出变量,单击"绘制"按钮。单击左侧工具区的 XY 按钮,弹出图 4-314c 所示的"创建 XY 数据"对话框,"源"选择"操作 XY 数据";单击"继续"按钮,弹出图 4-314d 所示的"操作 XY 数据"对话框,选中相邻两层层间位移,利用减法即可得层间位移值。

图 4-314　提取层间位移数据

3）关键点处应力应变数据的处理。

① 单击左侧工具区的 XY 按钮,弹出图 4-315a 所示的"创建 XY 数据"对话框,"源"

a) 创建数据

b) 选择数据类型

c) 选择提取对象

d) 输入公式

e) 绘制曲线

图 4-315　数据处理及曲线绘制

选择"ODB 场变量输出";单击"继续"按钮,弹出图 4-315b 所示的对话框,"输出变量"的"位置"选择"积分点",勾选"LE11"和"S11";单击"单元/结点"选项卡(图 4-315c),"方法"选择"从视口中拾取",单击"添加选择集"按钮,选中各个构件的关键点;单击"完成"按钮,单击"绘制"按钮,等待曲线绘制完成。

② 单击左侧工具区的按钮,弹出图 4-315a 所示的"创建 XY 数据"对话框,"源"选择"操作 XY 数据";单击"继续"按钮,弹出"操作 XY 数据"对话框,"运操作符"选择"combine(X,X)",然后依次双击"U1"和"RF1"的数据,如图 4-315d 所示;单击"绘制表达式"按钮,生成图 4-315e 所示关键节点的应力-应变曲线。

参 考 文 献

[1] YUAN H H, DANG J, AOKI T. Experimental study of the seismic behavior of partially concrete-filled steel bridge piers under bidirectional dynamic loading [J]. Earthquake Engineering & Structural Dynamics, 2013, 42 (15): 2197-2216.

[2] 孙浩,徐庆元,吕飞,等. 动力荷载下钢管混凝土墩柱抗震性能极限分析 [J]. 铁道学报, 2023, 45 (3): 97-108.

[3] 李彪,吕飞,孙浩,等. 相同造价下几类方形截面桥墩抗震性能对比研究 [J]. 钢结构(中英文), 2024, 39 (1): 53-67.

[4] 廖常斌,丁发兴,刘怡岑,等. 高轴压比拉筋圆钢管混凝土柱界面滑移行为与抗震性能研究 [J]. 钢结构(中英文), 2024, 39 (1): 41-52.

[5] LUO L, DING F X, WANG L P, et al. Plastic hinge and seismic structural measures of terminal stirrup-confined rectangular CFT columns under low-cyclic load [J]. Journal of Building Engineering, 2021, 34: 101908.

[6] 徐庆元,雷建雄,丁发兴,等. 方钢管混凝土柱穿入式组合节点耗能机制 [J]. 工程力学, 2025, 42 (1): 116-128.

[7] 丁发兴,佘露雨,段林利,等. 高轴压比方钢管混凝土柱-组合梁加强环节点抗震性能有限元分析 [J]. 钢结构(中英文), 2024, 39 (1): 29-40.

[8] DING F X, PAN Z C, LIU P, et al. Influence of stiffeners on the performance of blind-bolt end-plate connections to CFST columns [J]. Steel and Composite Structures, 2020, 36 (4): 447-462.

[9] ZHOU Q S, FU H W, DING F X, et al. Seismic behavior of a new through-core connection between concrete-filled steel tubular column and composite beam [J]. Journal of Constructional Steel Research, 2019, 155: 107-120.

[10] DING F X, YIN G A, WANG L P, et al. Seismic performance of a non-through-core concrete between concrete-filled steel tubular columns and reinforced concrete beams [J]. Thin-Walled Structures, 2017, 110: 14-26.

[11] DING F X, CHEN Y B, WANG L P, et al. Hysteretic behavior of CFST column-steel beam bolted joints with external reinforcing diaphragm [J]. Journal of Constructional Steel Research, 2021, 183, 106729: 1-18.

[12] 丁发兴,许云龙,王莉萍,等. 拉筋对两层两跨钢-混凝土组合框架结构抗震性能的影响 [J]. 工程力学, 2023, 40 (4): 58-70.

[13] 许云龙,丁发兴,吕飞,等. 多维地震下钢管混凝土柱-组合梁框架结构体系抗震性能分析 [J]. 钢结构(中英文), 2023, 38 (12): 27-38.

[14] 丁发兴,潘志成,罗靓,等. 水平地震下钢-混凝土组合框架结构极限抗震与强柱构造 [J]. 钢结构(中英文), 2021, 36 (2): 26-37.

第 5 章

ABAQUS 结构抗火分析

火灾下，钢管混凝土柱的外围钢管与钢-混凝土组合梁的钢梁直接受火，材料性能劣化严重，构件承载力迅速降低。因此，建立合理的有限元模型，较为准确地预测构件的耐火极限，对于评估构件与结构在火灾下的安全性是至关重要的。为此，本章介绍了高温下钢管混凝土柱、约束钢-混凝土组合梁、钢管混凝土柱-钢筋混凝土梁平面框架与 3 层 3 跨型钢柱-组合梁空间框架的有限元建模方法。

5.1 钢管混凝土柱

问题描述：固支的圆钢管混凝土柱总长度为 3810mm，中间长为 3048mm 部分置于火灾下，采用恒载升温方式，试件几何尺寸如图 5-1 所示，柱直径 D 为 273.1mm，壁厚 δ 为 6.35mm，钢管屈服强度为 350MPa，混凝土立方体抗压强度为 48.4MPa。

5.1.1 温度场分析

（1）创建部件　在 ABAQUS/CAE 环境栏模块列表中选择部件模块。

1）单击左侧工具区的 按钮，弹出"创建部件"对话框。在"名称"后输入"Steel"，将"模型空间"设为"三维"；"基本特征"选项组中的"形状"设为"实体"，"类型"选择"拉伸"；"大约尺寸"可根据需求调整，本例输入"2"。单击"继续"按钮，进入二维绘图界面，如图 5-2a 所示。

2）单击左侧工具区的"创建圆：圆心和圆周"按钮，提示区显示"拾取圆心，或输入 X、Y"，输入 X、Y 坐标（0，

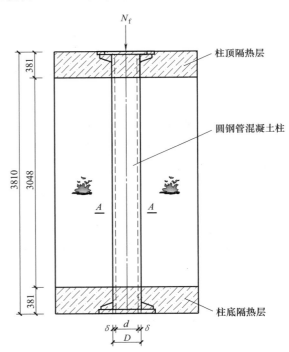

图 5-1　钢管混凝土柱示意图

0）；按中键确认，绘图区出现圆心，提示区显示"拾取圆周上一点，或输入 X、Y"，输入坐标（0.1365，0）；按中键确认。再次单击左侧工具区的"创建圆：圆心和圆周"按钮，依次输入坐标（0，0）、（0.1302，0），绘图区中显示出了钢管的二维图形；按中键，退出

画线工具，完成钢管柱二维截面的绘制，如图 5-2b 所示。按中键，弹出"编辑基本拉伸"对话框，"深度"后输入"3.73"；单击"确定"按钮，此时绘图区显示出钢管柱的三维模型。单击左侧工具区的 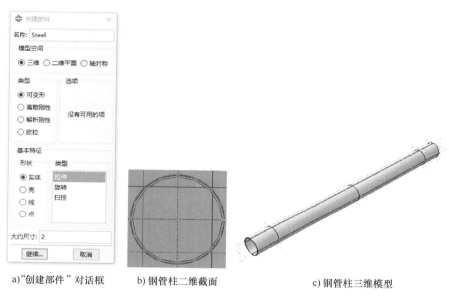 按钮，选择钢管柱的底面，依次输入数值 0.356、1.88、3.404；再单击左侧工具区的 按钮，选择分割几何元素中的使用基准平面。分割完的图形如图 5-2c 所示。

a)"创建部件"对话框　　　　b) 钢管柱二维截面　　　　c) 钢管柱三维模型

图 5-2　创建钢管柱部件

3）同样地，绘制内部混凝土的三维模型，如图 5-3 所示。

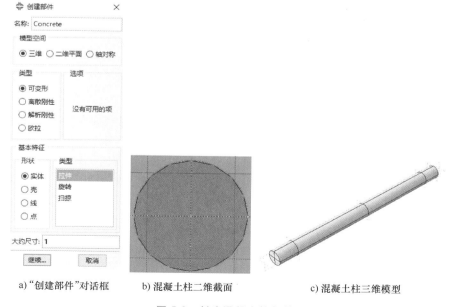

a)"创建部件"对话框　　　　b) 混凝土柱二维截面　　　　c) 混凝土柱三维模型

图 5-3　创建混凝土柱部件

（2）创建材料和截面属性　在窗口环境栏模块列表中选择属性模块。

1）创建材料。单击左侧工具区的 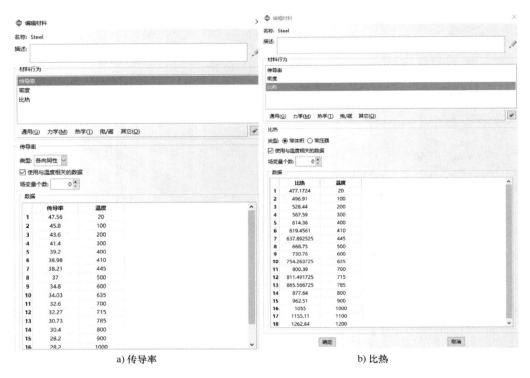 按钮，弹出"编辑材料"对话框，在"名称"后输入"Steel"；单击"通用"→"密度"，在数据表中输入钢材的密度"7850"；单击"热学"→"传导率"，选中"使用与温度相关的数据"，在"数据"选项组输入传导率与温度关系的数据；单击"热学"→"比热"，选中"使用与温度相关的数据"，在"数据"选项组输入传导率与温度关系的数据，如图 5-4 所示。

a) 传导率　　　　　　　　　　　　　　　　b) 比热

图 5-4　创建钢材的材料属性

采用同样的方式，创建混凝土的材料属性，其中混凝土的密度设为"2500"，其他热工性能如图 5-5 所示。

2）创建截面属性。单击左侧工具区的 ⛏ 按钮，弹出"创建截面"对话框，在"名称"后输入"Steel"，将"类别"设为"实体"，"类型"设为"均质"。单击"继续"按钮，弹出"编辑截面"对话框，选择之前定义的钢材材料"Steel"，如图 5-6 所示，保持所有参数默认值不变。单击"继续"按钮，完成钢材截面属性的定义。采用同样的方式，完成混凝土截面属性的定义，如图 5-7 所示。

3）给部件赋予截面属性。单击左侧工具区的 🔧 按钮，提示区显示"选择赋予截面属性的区域"，选择"Steel"部件；按中键确认，弹出"编辑截面指派"对话框，如图 5-8 所示，保持所有参数默认值不变；单击"确定"按钮，退出"编辑截面指派"对话框，模型由白色变成青色，钢管截面属性赋值完成。采用同样的方式，完成混凝土截面属性赋值。

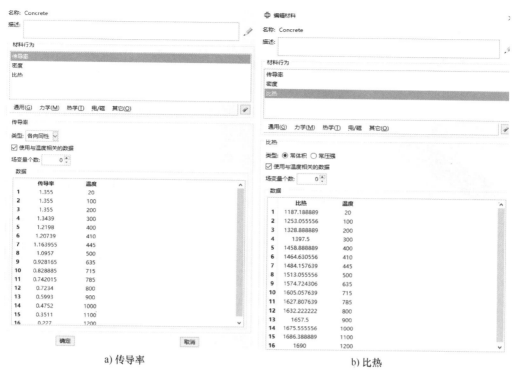

a) 传导率　　　　　　　　　　　　　b) 比热

图 5-5　创建混凝土的材料属性

a) 创建截面　　　　b) 编辑截面属性　　　　　a) 创建截面　　　　b) 编辑截面属性

图 5-6　创建钢材的截面属性　　　　　　　图 5-7　创建混凝土截面属性

（3）定义装配件

1）在环境栏的模块列表中选择装配模块。单击左侧
工具区的"创建实例"按钮，弹出"创建实例"对话框，
保持所有参数默认值不变，选择钢管；单击退出对话框；
再次单击"创建实例"按钮，弹出"创建实例"对话框，
保持所有参数默认值不变，选择混凝土，单击"确定"按
钮退出对话框，完成装配件的定义。

2）在工具栏中单击"表面"→"创建"，在弹出的对
话框创建钢管受火表面，如图 5-9 所示。切换到载荷模块，
在工具栏幅值中创建升温曲线，如图 5-10 所示。

图 5-8　编辑截面指派

图 5-9　创建受火表面　　　　　　　　　　图 5-10　创建升温曲线

（4）设置分析步　在环境栏的模块列表中选择分析步模块。单击左侧工具区的 按钮，弹出"创建分析步"对话框，"程序类型"选择"通用"→"热传递"；单击"继续"按钮，弹出"编辑分析步"对话框，将"时间长度"改为"10800"，如图 5-11a 所示；单击"增量"选项卡，选择"自动"计算方式，将"最大增量步数"设置为"100"，将"增量步大小"最小值修改为"1E-005"，初始值修改为"20"，最大值修改为"200"，将"每载荷步允许的最大温度改变值"修改为"200"，如图 5-11b 所示，保持剩余参数默认值不变；单击"确定"按钮，退出"编辑分析步"对话框，完成分析步定义。

a)"基本信息"参数设置　　　　　　　　　　b)"增量"参数设置

图 5-11　"编辑分析步"对话框

（5）定义约束　在环境栏的模块列表中选择相互作用模块。

1）创建钢管与混凝土的相互作用。单击左侧工具区的 按钮，弹出"创建相互作用属性"对话框，在"名称"后输入"Gap Conductance"，"类型"选择"接触"；单击"继续"按钮，弹出"编辑接触属性"对话框，单击"热学"→"热传导"，输入如图 5-12 所示数据。

单击左侧工具区的 按钮，弹出"创建相互作用"对话框，在"名称"后输入"Interface"，"可用于所选分析步的类型"选择"表面与表面接触"，如图 5-13a 所示；单击"继续"按钮，工具栏中提示选择主表面，选中钢管的内表面；按中键确认，工具栏中提示选择从表面，选择混凝土的外表面；按中键确认按钮，弹出图 5-13b 所示对话框；单击"确定"按钮，退出对话框。

a) 创建相互作用属性　　　b) 编辑接触属性

图 5-12　"创建相互作用属性" 对话框和 "编辑接触属性" 对话框

a) 创建表面与表面接触　　　b) 选取主、从表面

图 5-13　"编辑相互作用" 对话框

2）受火面条件定义。单击左侧工具区的 按钮，弹出"编辑相互作用"对话框，在"名称"后输入"Transfer"，"分析步"选择"Step-1"，如图 5-14a 所示。选中"表面热交换条件"，单击"继续"按钮，提示区显示"选择表面"，选择创建的受火面施加对流条件；按中键确认，弹出"编辑相互作用"对话框，在"膜层散热系数"后输入"25"，在"环境温度"后输入"1"，在"环境温度的幅值"下拉列表中选择创建的幅值曲线"Furnace Temp"，保持其他参数默认值不变，如图 5-14b 所示；单击"确定"按钮，退出"编辑相互作用"对话框，完成受火面对流条件的定义。

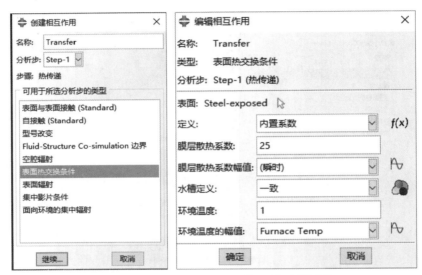

a) 创建表面热交换条件　　　　　　　　b) 输入受火面对流参数

图 5-14　定义受火面对流条件

3）定义辐射条件。单击左侧工具区的 按钮，弹出"编辑相互作用"对话框，在"名称"后输入"Radiation"，"分析步"选择"Step-1"，如图 5-15a 所示，"可用于所选分析步的类型"选中"表面辐射"；单击"继续"按钮，提示区显示"选择表面"，选择创建的受火面，施加辐射条件；按中键确认，弹出"编辑相互作用"对话框，在"发射率"后输入"0.7"，在"环境温度"后输入"1"，在"环境温度的幅值"下拉列表中选择"Furnace Temp"，保持其他参数默认值不变，如图 5-15b 所示；单击"确定"按钮，退出"编辑相互作用"对话框，完成受火面辐射条件的定义。

（6）定义载荷和边界条件　在环境栏的模块列表中选择载荷模块，在此模块中通过预定义场功能对模型进行预温度场的定义。单击左侧工具区的 按钮，弹出"创建预定义场"对话框，"分析步"选择"Initial"，"种类"选择"其他"，"可用于所选分析步的类型"选择"温度"，保持其他参数默认值不变；单击"继续"按钮，提示区出现"为计算温度的预定场选择区域"，框选整个模型；按中键确认，弹出"编辑预定义场"对话框，如图 5-16 所示，在"大小"后输入"20"，保持其他参数默认值不变；单击"确定"按钮，退出"编辑预定义场"对话框，完成模型预温度场的设定。

a) 创建表面辐射　　　　　b) 输入受火面辐射参数

图 5-15　定义受火面辐射条件

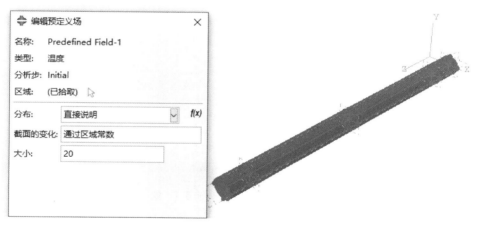

图 5-16　预温度场定义范围

（7）划分网格　在环境栏的模块列表中选择网格模块进行网格划分。将环境栏中的"对象"设为"部件"。

1）布置全局种子。单击左侧工具区中的 按钮，弹出"全局种子"对话框，在"近似全局尺寸"后输入"0.035"。保持其他参数默认值不变；单击"应用"按钮，模型已经按要求布满种子；单击"确定"按钮，退出"全局种子"对话框。

2）划分网格。

① 单击左侧工具区中的 按钮，提示区提示是否给部件划分网格，单击"是"，模型自动划分网格，钢管与混凝土网格划分如图 5-17 所示。

② 单击左侧工具区中的 按钮，将钢管与混凝土网格属性修改为热传递单元（DC3D8），如图 5-18 所示。

a) 钢管网格划分情况　　　　　　　　　　b) 混凝土网格划分情况

图 5-17　部件划分网格

图 5-18　编辑网格属性

③ 单击工具栏中的"模型"→"编辑"，弹出图 5-19 所示的对话框，在"绝对零度"后输入"-273"，在"Stefan-Boltzmann 常数"后输入"5.67E-08"；单击"确定"按钮，退出对话框。

（8）提交分析作业　在环境栏的模块列表中选择作业模块，进行作业提交。

1）创建分析作业。单击左侧工具区中的 ![按钮] 按钮，弹出"创建作业"对话框，如图 5-20 所示，在"名称"后输入"Heat-C45"；单击"继续"按钮，弹出"编辑作业"对话框，保持所有参数默认值不变；单击"确定"按钮，退出对话框，完成对模型分析作业的定义。

2）提交分析。单击主菜单"作业"→"管理器"，弹出"作业管理器"对话框；单击"提交"按钮，可以看到对话框中的"状态"提示由"提交"变为"运算"，并最终显示

图 5-19　定义模型属性

为"完成";单击对话框中的"结果"按钮,自动进入可视化模块。

（9）后处理　单击左侧工具区中的  按钮,弹出"创建 XY 数据"对话框（图 5-21a）,"源"选择"ODB 场变量输出";单击"继续"按钮,弹出"来自 ODB 场输出的 XY 数据"对话框（图 5-21b）,在"输出变量"的"位置"下拉列表中选择"唯一结点的",并选择"NT11:结点温度";单击"单元/结点"选项卡,对"选择"选项组的"方法"及"编辑选择集"进行设置,如图 5-21c 所示。

图 5-20　定义作业

在视口中选择钢管表面结点,按中键确认。单击"绘制"按钮,得到温度-时间曲线,如图 5-22 所示。

a) 选择ODB场变量输出　　b) 选择NT11:结点温度　　c) 编辑选择所需结点

图 5-21　结点温度提取

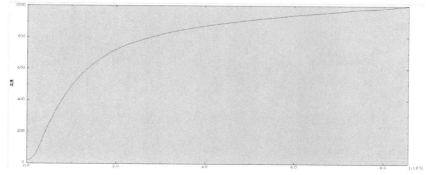

a) 钢管外表面结点温度-时间曲线

图 5-22　结点温度-时间曲线与温度场云图

b) 混凝土温度场云图

图 5-22　结点温度-时间曲线与温度场云图（续）

5.1.2　热力时耦合场分析

（1）创建部件　首先复制温度场建立的模型，在复制的模型中的部件模型创建"Loading plate"和"Rigid"实体部件。"Loading plate"实体部件的半径为"0.01"，厚度为"0.005"，"Rigid"的边长为"0.2"，厚度为"0.01"。创建参考面，沿参考面将"Loading plate"与"Rigid"部件四等分，如图 5-23 和图 5-24 所示。在"Loading plate"部件中，单击工具区的 按钮，选择 YZ 平面，偏移距离为"0.025"，创建第三个参考平面，然后沿参考面将该部件再次分割。

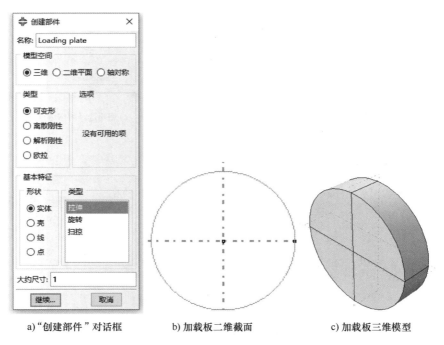

a)"创建部件"对话框　　b) 加载板二维截面　　c) 加载板三维模型

图 5-23　创建加载板的三维模型

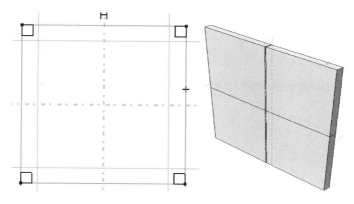

图 5-24　创建垫板的三维模型

（2）创建材料和截面属性

1）创建材料属性。

① 在窗口环境栏的模块列表中选择属性模块。修改温度场中创建的"Concrete"属性。依次选择"力学"中的"弹性""膨胀混凝土损伤塑性"，并选择"使用与温度相关的数据"，如图 5-25 所示。

② 修改温度场中创建的"Steel"属性。选择"力学"中的"弹性""膨胀""塑性"，如图 5-26 所示，创建加载板与垫板的属性，加载板与垫板定义为刚性。

a）输入混凝土弹性模量和泊松比

b）输入混凝土膨胀系数

图 5-25　创建混凝土材料属性

c）输入约束混凝土三轴塑性-损伤模型中三轴参数

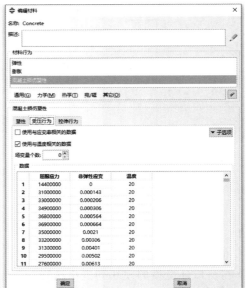

d）输入混凝土受压应力-应变关系

e）输入混凝土受拉应力-应变关系

图 5-25　创建混凝土材料属性（续）

2）创建截面属性。单击左侧工具区的 ⚒ 按钮，弹出创建截面对话框，在"名称"后输入"Rigid"，将"类别"设为"实体"，"类型"设为"均质"。单击"继续"按钮，弹出"编辑截面"对话框，选择之前定义的"Rigid"材料，如图 5-27 所示，保持所有参数默认值不变。单击"继续"按钮，完成垫板与加载板截面属性的定义。

3）给部件赋予截面属性。单击左侧工具区的 ⚒ 按钮，提示区显示"选择赋予截面属

a) 输入钢材弹性模量和泊松比

b) 输入钢材膨胀系数

c) 输入钢材应力-应变关系

图 5-26 创建钢材材料属性

a) 创建截面　　　　　　　　　　　b) 编辑截面

图 5-27　创建截面与编辑截面属性

性的区域"，框选加载板；按中键确认，弹出"编辑截面指派"对话框，在截面处选择"Rigid"；单击"确定"按钮，完成对"Rigid"部件截面属性的定义，模型由白色变成绿色。同样地，完成对"Loading plate"部件截面属性的定义。

（3）定义装配件　在环境栏的模块列表中选择装配模块。单击左侧工具区的"创建实例"按钮，弹出"创建实例"对话框，保持所有参数默认值不变，选择"Loading plate"，单击"确定"按钮，退出对话框。重复操作，再次选择"Loading plate"与"Rigid"，然后通过平移等操作，将"Loading plate"与"Rigid"部件平移到柱的顶部与底部，完成装配件的定义，如图 5-28 所示。

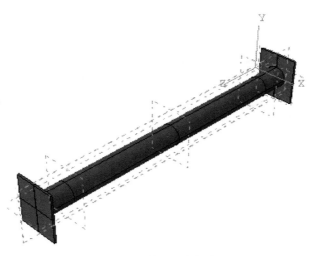

图 5-28　装配好的部件

单击工具栏中的"表面"→"创建"，弹出"创建表面"对话框，在"名称"后输入"Concrete-bot"；单击"继续"按钮，选择核心混凝土柱的底面；按中键确认，如图 5-29 所示。同样地，创建"Concrete-top""Rigid-in""Rigid-tie""Rigid-top""Rigid-fix""Loading-tie"、"Concrete-interface"、"Steel-interface"、"Steel-ends"表面，依次选择混凝土柱的顶面、垫板内表面、垫板顶面、加载板的底面，混凝土的外表面、钢管的内表面，如图 5-30 所示。

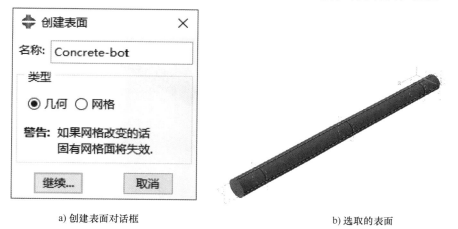

a) 创建表面对话框

b) 选取的表面

图 5-29　创建混凝土表面

（4）设置分析步　在环境栏的模块列表中选择"分析步"模块。

1）单击左侧工具区 ●→■ 按钮，弹出"创建分析步"对话框。"程序类型"选择"通用"→"静力，通用"。单击"继续"按钮，弹出"编辑分析步"对话框，将"时间长度"改为"1"，"几何非线性"选择"开"（图 5-31a），单击"增量"选项卡。按图 5-31b 设置"增量步大小"的初始值、最小值和最大值。

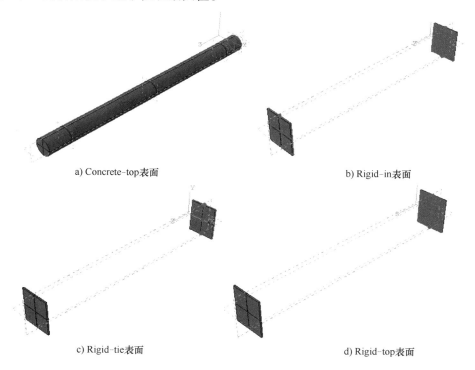

a) Concrete-top表面

b) Rigid-in表面

c) Rigid-tie表面

d) Rigid-top表面

图 5-30　创建各表面

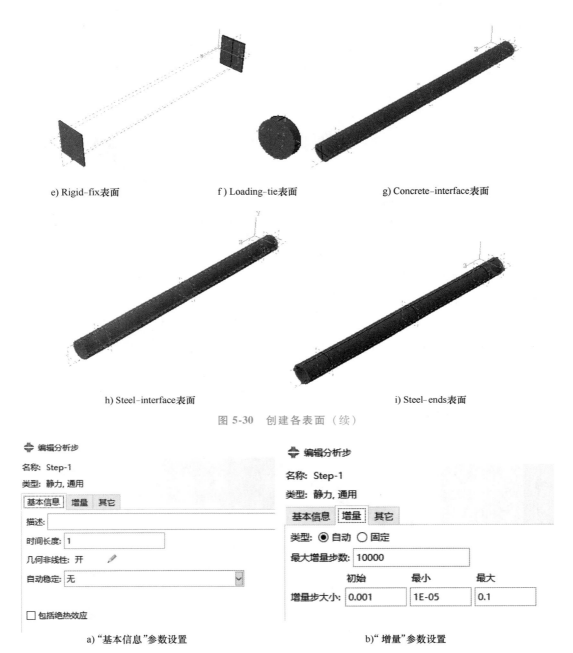

e) Rigid-fix表面　　　　f) Loading-tie表面　　　　g) Concrete-interface表面

h) Steel-interface表面　　　　　　　　i) Steel-ends表面

图 5-30　创建各表面（续）

a)"基本信息"参数设置　　　　　　　b)"增量"参数设置

图 5-31　设置分析步（一）

2）再次单击"创建"分析步按钮，选择"静力，通用"；单击"继续"按钮，在弹出的"编辑分析步"对话框中，将"时间长度"输入"10800"（图 5-32a），单击"增量"选项卡，按图 5-32b 所示设置"增量步大小"的初始值、最小值和最大值。

（5）定义约束　在环境栏的模块列表中选择相互作用模块。

1）创建钢管与混凝土的相互作用。

① 单击左侧工具区的 按钮，弹出"创建相互作用属性"对话框，在"名称"后输入

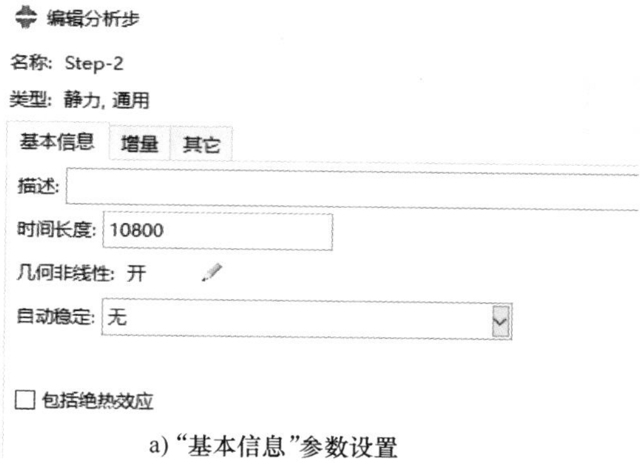

编辑分析步

名称: Step-2

类型: 静力, 通用

基本信息 增量 其它

描述:

时间长度: 10800

几何非线性: 开

自动稳定: 无

☐ 包括绝热效应

a)"基本信息"参数设置

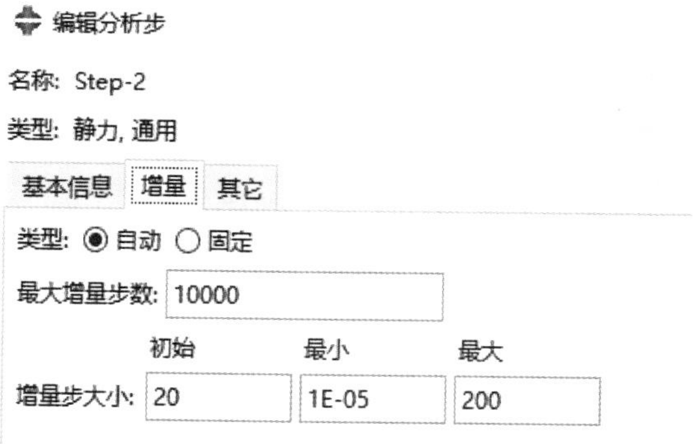

编辑分析步

名称: Step-2

类型: 静力, 通用

基本信息 **增量** 其它

类型: ◉ 自动 ○ 固定

最大增量步数: 10000

	初始	最小	最大
增量步大小:	20	1E-05	200

b)"增量"参数设置

图 5-32　设置分析步（二）

"Steel-Concrete"，"类型"选择"接触"；单击"继续"按钮，弹出"编辑接触属性"对话框，选择"力学"中的"切向行为"，"摩擦系数"输入"0.5"（图 5-33b），再次选择"力学"中的"法向行为"，"压力过盈"选择"'硬'接触"（图 5-33c）。

a) 选择接触属性

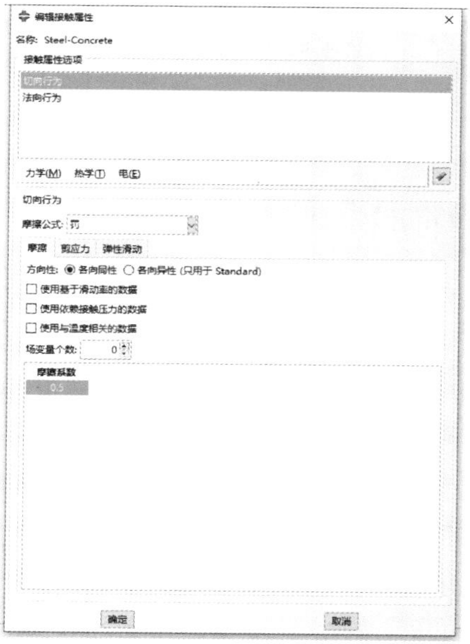

b) 编辑切向行为

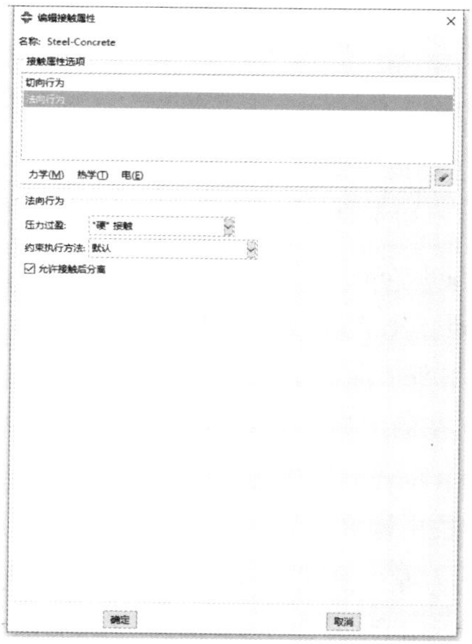

c) 编辑法向行为

图 5-33　创建相互作用属性

281

② 单击左侧工具区的 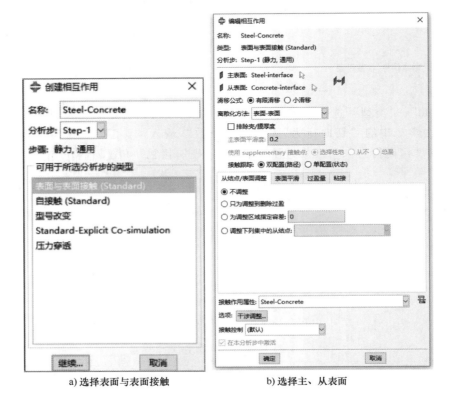 按钮，弹出"创建相互作用"对话框（图 5-34a），在"名称"后输入"Steel-Concrete"，"可用于所选分析步的类型"选择"表面与表面接触"，单击"继续"按钮，工具栏中提示选择主表面，选择建立的"Steel-interface"表面；按中键确认，工具栏中提示选择从表面，选择建立的"Concrete-interface"表面；按中键确认，弹出图 5-34b 所示对话框，单击"确定"按钮，退出对话框。

图 5-34　创建钢管与混凝土相互作用

2）创建垫板与钢管混凝土的相互作用。

① 单击左侧工具区的 按钮，弹出"创建相互作用"对话框（图 5-35a），在"名称"后输入"Rigid-Concrete"，"可用于所选分析步的模型"选择"表面与表面接触"，单击"继续"按钮，主表面选择"Rigid-top"，从表面选择"Concrete-top"，按中键确认，弹出图 5-35b 所示对话框；单击"确定"按钮，退出对话框。

② 单击左侧工具区的 按钮，弹出"创建约束"对话框（图 5-36a），在"名称"后输入"Rigid-Concrete"，"类型"选择"绑定"。主表面选择"Rigid-bot"，从表面选择"Concrete-bot"；按中键确认，弹出图 5-36b 所示对话框；单击"确定"按钮，退出对话框。

③ 单击左侧工具区的 按钮，弹出"创建约束"对话框（图 5-37a），在"名称"后输入"Rigid-Steel"，"类型"选择"绑定"，单击"继续"按钮。主表面选择"Rigid-in"，从表面选择"Steel-ends"，按中键确认，弹出图 5-37b 所示对话框，单击"确定"按钮。

a) 选择表面与表面接触　　　　b) 选取主、从表面

图 5-35　创建上垫板和混凝土相互作用

a) 选择绑定约束　　　　b) 选取主、从表面

图 5-36　创建下垫板和混凝土约束作用

a) 选择绑定约束   b) 选取主、从表面

图 5-37　创建上下垫板和钢管约束作用

④ 单击左侧工具区的 按钮，弹出"创建约束"对话框（图 5-38a），在"名称"后输入"Rigid-Loading Plate"，"类型"选择"绑定"，单击"继续"按钮。"主表面"选择

a) 选择绑定约束   b) 选取主、从表面

图 5-38　创建加载板和垫板约束作用

"Rigid-tie"，"从表面"选择"Loading-tie"，按中键确认，弹出图 5-38b 所示对话框，单击"确定"按钮。

（6）定义载荷和边界条件

1）在环境栏的模块列表中选择载荷模块，单击左侧工具区的 ![]按钮，弹出"创建载荷"对话框（图 5-39a），在"名称"后输入"Nf=712kN"，"类别"选择"力学"，"可用于所选分析步的类型"选择"集中力"，单击"继续"按钮，工具栏中提示为载荷选择点，选中加载板的中点，按中键确认，弹出图 5-39b 所示对话框，在"CF1"与"CF2"后输入"0"，在"CF3"后输入"712000"，单击"确定"按钮。

a) 创建集中力荷载　　　b) 输入集中力大小

图 5-39　定义荷载

2）单击左侧工具区的 ![]按钮，弹出"创建边界条件"对话框（图 5-40a），在"名称"后输入"Fix-bot"，"类别"选择"力学"，"可用于所选分析步的类型"选择"对称/反对称/完全固定"，单击"继续"按钮。工具栏中提示选择要施加边界条件的区域，选中

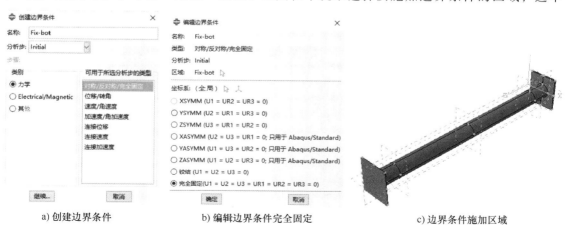

a) 创建边界条件　　　b) 编辑边界条件完全固定　　　c) 边界条件施加区域

图 5-40　定义边界条件（一）

下垫板的下表面，按中键确认，弹出图 5-40b 所示对话框，选择完全固定（U1 = U2 = U3 = UR2 = UR2 = UR3 = 0），单击"确定"按钮。

3）单击左侧工具区的 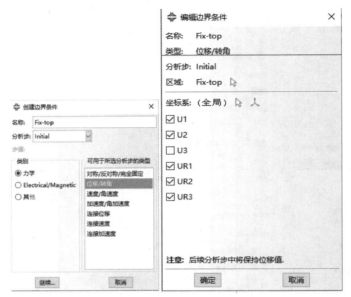 按钮，弹出"创建约束"对话框（图 5-41a），在"名称"后输入"Fix-top"，"类别"选择"力学"，"可用于所选分析步的类型"，选择"位移/转角"，单击"继续"按钮。工具栏中提示选择要施加边界条件的区域，选中上垫板的上表面，按中键确认，弹出图 5-41b 所示对话框，选择"U1""U2""UR1""UR2""UR3"单击"确定"按钮。

a) 创建边界条件　　　b) 编辑边界条件U1、U2、UR1、UR2、UR3　　　c) 边界条件施加区域

图 5-41　定义边界条件（二）

单击左侧工具区的  按钮，弹出"编辑预定义场"对话框（图 5-42a），双击"Step-

a) 编辑分析　　　　　b) 创建分析　　　　　c) 编辑分析

图 5-42　定义预定义场

1"，将"状态"修改为"重置成初始态"。单击"创建预定义场"按钮，"分析步"选择"Step-2"，"类别"选择"其他"，"可用于所选分析步的类型"选择"温度"；单击"继续"按钮，弹出"编辑预应力场"对话框，选择窗口中的钢管与混凝土，"分布"选择"来自结果或输出数据文件"，"文件名"选择温度场计算的温度结果，"开始分析步""开始增量""结束分析步"都输入"1"，单击"确定"按钮，退出对话框。

（7）划分网格　在环境栏的模块列表中选择网格模块进行网格划分。将环境栏中的"对象"设为"部件"，为加载板与垫板布置种子，"Rigid"的种子大小为"0.0035"，"Loading plate"的种子为"0.0014"，然后单击左侧工具区的 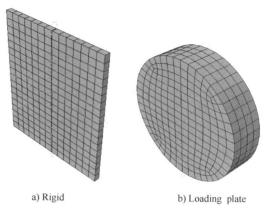 按钮，为部件划分网

a) Rigid　　　　　b) Loading plate

图 5-43　划分网格

格，如图 5-43 所示。单击左侧工具区的 按钮，在弹出的"单元类型"对话框中将所有部件网格属性修改为 C3D8R 单元，如图 5-44 所示。

图 5-44　定义网格属性

（8）提交分析作业　在环境栏的模块列表中选择作业模块进行作业提交。

1）创建分析作业。单击左侧工具区中的"创建作业"按钮，弹出"创建作业"对话框，单击"继续"按钮，弹出"编辑作业"对话框，保持所有选项默认值不变，单击"确定"按钮，退出"编辑作业"对话框。

2）提交分析。选择主菜单"作业"→"管理器"，弹出"作业管理器"对话框，单击"提交"按钮，可以看到对话框中的"状态"提示由"提交"变为"运算"，并最终显示为"完成"，单击对话框中的"结果"按钮，自动进入可视化模块。

（9）后处理　单击左侧工具区中的  按钮，弹出"创建 XY 数据"对话框（图 5-45a），"源"选择"ODB 场变量输出"；单击"继续"按钮，弹出"来自 ODB 场输出的 XY 数据"对话框（图 5-45b），在"输出变量"的"位置"下拉列表中选择"唯一结点的"，选择"U：空间位移"并将其设置为"U3"；单击"单元/结点"选项卡，对"选择"选项组的"方法"及"编辑选择集"，如图 5-45c 所示。在视口中选择垫板中点，按中键确认。单击"绘制"按钮得到位移-时间曲线，如图 5-46 所示。

a) 选择ODB场变量输出　　　b) 选择输出的变量　　　c) 编辑选择所需结点

图 5-45　结点位移提取

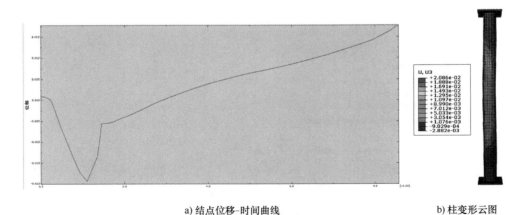

a) 结点位移-时间曲线　　　　　　　　　　b) 柱变形云图

图 5-46　结点位移-时间曲线与柱变形云图

5.2　约束钢-混凝土组合梁

问题描述：以本章参考文献［3］开展的端部组合约束梁火灾试验为对象，组合约束梁尺寸为 7400mm×1565mm×120mm，净跨度为 5700mm，钢梁截面尺寸为 250mm×125mm×

6mm×9mm（腹板高度×翼缘板高度×腹板厚度×翼缘板厚度），钢梁屈服强度为235MPa，钢筋屈服强度为392 MPa，混凝土立方体抗压强度为47.2MPa，施加荷载为40kN。

5.2.1　温度场分析

（1）创建部件　在 ABAQUS/CAE 窗口顶部环境栏模块列表中选择部件模块。

1）混凝土。单击左侧工具区的 ![L] 按钮，创建混凝土板（HNT）三维实体部件。单击左侧工具区的 ![矩形] 按钮，输入起始角点（-3.7，-0.78），按回车键确认，然后输入矩形对角点坐标（3.7，0.78），按回车键确认。选择左侧工具区的 ![折线] 按钮，依次输入坐标（-3.5，0.1）、（-3.487，0.1）、（-3.487，0.004）、（-3.113，0.004）、（-3.113，0.1）、（-3.1，0.1）、（-3.1，-0.1）、（-3.113，-0.1）、（-3.113，-0.004）、（-3.487，-0.004）、（-3.487，-0.1）、（-3.5，-0.1）、（-3.5，0.1），完成工字钢的绘制。选择左侧工具区的 ![阵列] 按钮，选择工字钢的线条，在弹出的"线性阵列"对话框中（图 5-47a），"方向 1"的"个数"输入"2"，"间距"输入"6.5"，"方向 2"的"个数"输入"1"，单击"确定"按钮，完成混凝土板

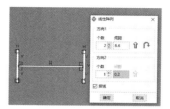

a) 工字钢线性阵列

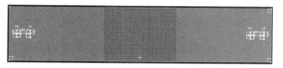

b) 混凝土板二维截面

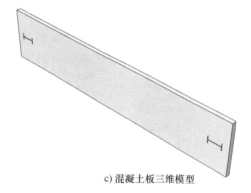

c) 混凝土板三维模型

图 5-47　创建混凝土板部件

平面的绘制（图 5-47b），按中键，弹出"编辑基本拉伸"对话框，在"深度"后输入"0.12"，单击"确定"按钮，此时绘图区显示出混凝土板的三维模型，如图 5-47c 所示。

2）钢柱。单击左侧工具区的 ![L] 按钮，创建钢柱（HNT）三维实体部件。单击左侧工具区的 ![折线] 按钮，依次输入坐标（-0.1，0.2）、（0.1，0.2）、（0.1，0.187）、（0.004，0.187）、（0.004，-0.187）、（0.1，-0.187）、（0.1，-0.2）、（-0.1，-0.2）、（-0.1，-0187）、（-0.004，-0.187）、（-0.004，0.187）、（-0.1，0.187）、（-0.1，0.2），完成钢柱平面的绘制（图 5-48a），按中键，弹出"编辑基本拉伸"对话框，在"深度"项后输入"1.5"，单击"确定"按钮，此时绘图区显示出钢柱的三维模型，如图 5-48b 所示。

3）钢梁。单击左侧工具区的 ![L] 按钮，弹出"创建部件"对话框（图 5-49a）。在"名称"后输入"GL"，将"模型空间"设为"三维"；"基本特征"的"形状"设为"壳"，"类型"选择"平面"；"大约尺寸"可根据需求调整，此处输入"2"；单击"继续"按钮，进入二维绘图界面。

单击左侧工具区的 ![折线] 按钮，依次输入坐标（-0.0625，0.125）、（0.0625，0.125）、（0，0.125）、（0，-0.125）、（-0.0625，-0.125）、（0.0625，-0.125），完成钢梁平面的

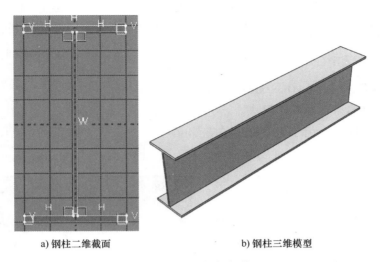

a) 钢柱二维截面　　　　　　　　　　　　b) 钢柱三维模型

图 5-48　创建钢柱部件

绘制（图 5-49b）。按中键，弹出"编辑基本拉伸"对话框，在"深度"后输入"6.2"，单击"确定"按钮，此时绘图区显示出钢梁的三维模型，如图 5-49c 所示。

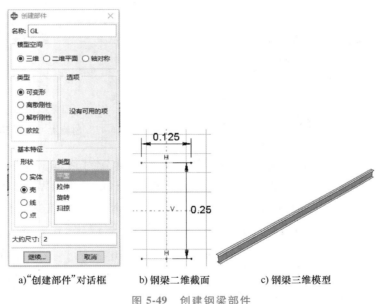

a)"创建部件"对话框　　b) 钢梁二维截面　　　c) 钢梁三维模型

图 5-49　创建钢梁部件

4）钢筋。单击左侧工具区的 按钮，弹出"创建部件"对话框（图 5-50a）。在"名称"后输入"GJ1"，将"模型空间"设为"三维"；"基本特征"的"形状"设为"线"，"类型"选择"平面"，"大约尺寸"输入"2"；单击"继续"按钮，进入二维绘图界面。单击左侧工具区的 按钮，依次输入坐标（−3.7，0）和（3.7，0），完成纵筋的绘制，如图 5-50b 所示。

单击左侧工具区的 按钮，弹出"创建部件"对话框。在"名称"后输入"GJ2"，将"模型空间"设为"三维";"基本特征"的"形状"设为"线","类型"选择"平面","大约尺寸"输入"1",进入二维绘图界面。选择左侧工具区的 ⚒ 按钮,依次输入坐标（0, 0.7825）和（0, -0.7825）,完成横筋的绘制。

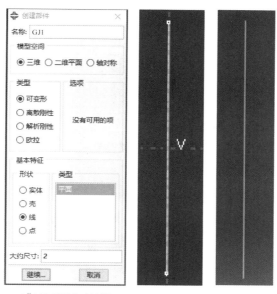

a)"创建部件"对话框　　　　b)钢筋二维和三维模型

图 5-50　创建钢筋部件

5）栓钉。单击左侧工具区中的 ⧉ 按钮,弹出"创建部件"对话框。在"名称"后输入"SD",将"模型空间"设为"三维";"基本特征"的"形状"设为"线","类型"选择"平面";"大约尺寸"输入"1",进入二维绘图界面。选择左侧工具区的 ⚒ 按钮,依次输入坐标（0, 0.045）和（0, -0.045）,完成栓钉的绘制。

6）合成部件。

① 合成钢筋网。进入装配模块,单击左侧工具区中的 ⧉ 按钮,选择"GJ1"和"GJ2"部件后单击"确定"按钮,将部件添加到视图中。单击左侧工具区中的 ⧉ 按钮,选择"GJ2"部件,绕 X 轴旋转 90°;单击左侧工具区中的 ⧉ 按钮,将"GJ2"部件沿 Z 轴移动 0.7825,"GJ1"部件沿-X 轴移动 3.7;单击左侧工具区中的 ⣿ 按钮,将"GJ1"部件沿 Z 轴进行线性阵列,将"GJ2"部件沿 X 轴进行线性阵列,阵列的间距如图 5-51a 所示,得到钢筋网。单击左侧工具区中的 ⊚ 按钮,在"部件名"后输入"GJW",单击"继续"按钮,选中视图中全部钢筋;按中键确定,生成钢筋网部件,如图 5-51b 所示。

② 合成带栓钉的钢梁部件

进入装配模块,单击左侧工具区中的 ⧉ 按钮,选择"GL"部件,单击"确定"按钮,将钢梁部件添加到视图中。单击左侧工具区中的 ⚒ 按钮进行"创建基准平面:从主平面偏移",偏移参考的主平面选择 XY 平面,分别偏移 0.25、0.73、3.01、3.1、3.19、5.47、5.95,按中键确定,生成基准平面。单击左侧工具区中的 ⧉ 按钮,选择上述的数个基准平

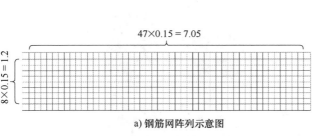

a) 钢筋网阵列示意图   b) 合并钢筋网

图 5-51   创建钢筋网部件

面，以对钢梁进行切割。

单击左侧工具区中的 按钮，选择"SD"部件，单击"确定"按钮，将栓钉部件添加到视图中。单击左侧工具区中的 按钮，选择视图中的栓钉部件，位置从（0，0，0）平移至（0，0.17，0）。单击左侧工具区中的 ::: 按钮，将"SD"部件沿 Z 轴进行线性阵列，栓钉间距如图 5-52 所示。单击左侧工具区中的 按钮，在"部件名"后输入"Part-1"，单击"继续"按钮，选中视图中全部部件；按中键确定，生成带栓钉的钢梁部件。

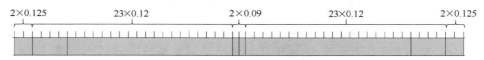

图 5-52   创建带栓钉的钢梁部件

（2）创建材料和截面属性   在窗口环境栏的模块列表中选择属性模块。

1）创建材料属性。与上节相同，创建混凝土、钢梁、钢柱、钢筋与栓钉的材料属性，钢筋与栓钉的热传导属性与钢梁一致，参数详见第 5.1 节。

2）创建截面属性。

① 单击左侧工具区的  按钮，弹出"创建截面"对话框（图 5-53a）。在"名称"后

a) 创建截面   b) 编辑混凝土截面属性   c) 编辑钢柱截面属性

图 5-53   创建混凝土与钢柱截面

输入"Concrete",将"类别"设为"实体","类型"设为"均质"。单击"继续"按钮,弹出"编辑截面"对话框,选择之前定义的混凝土材料"Concrete",如图 5-53b 所示,保持所有参数默认值不变。单击"继续"按钮,完成混凝土截面属性的定义。同样地,完成钢柱截面的定义,如图 5-53c 所示。

② 单击左侧工具区的 按钮,弹出"创建截面"对话框(图 5-54a)。在"名称"后输入"Web",将"类别"设为"壳","类型"设为"均质"。单击"继续"按钮,弹出"编辑截面"对话框,壳的厚度输入"0.006",选择之前定义的钢材材料"Steel",如图 5-54b 所示,保持所有参数默认值不变。单击"继续"按钮,完成钢梁腹板截面的定义。同样地,完成钢梁翼缘截面的定义,如图 5-54c 所示。

a) 创建截面　　b) 编辑钢梁腹板截面属性　　c) 编辑钢梁翼缘截面属性

图 5-54　创建钢梁截面

③ 单击左侧工具区的 按钮,弹出"创建截面"对话框(图 5-55a)。在"名称"后输入"Rebar",将"类别"设为"梁","类型"设为"桁架"。单击"继续"按钮,弹出"编辑截面"对话框,选择之前定义的材料"Rebar",横截面面积输入"5.03E-06",保持

a) 创建截面　　b) 编辑钢筋截面属性　　c) 编辑栓钉截面属性

图 5-55　创建钢筋与栓钉截面

所有参数默认值不变，如图 5-55b 所示。单击"继续"按钮，完成钢筋截面的定义。同样地，完成栓钉截面的定义，如图 5-55c 所示。

3）给部件赋予截面属性。参照第 5.1 节，将前面创建的"Concrete"截面赋予"HNT"部件，"GZ"截面赋予"HNT"部件，将创建的"Web""Flange""SD"截面分别赋予"Part-1"部件的腹板、翼缘与栓钉，将创建的"Rebar"截面赋予钢筋网部件。当模型由白色变成青色时，截面属性赋值完成。

（3）定义装配件　在环境栏的模块列表中选择装配模块，将在部件模块中创建的"HNT""Part-1""GJW""GZ""DB"部件装配起来。

1）单击左侧工具区的 ![]按钮，选择"HNT"部件，分别绕 X、Y 轴旋转 90°；单击左侧工具区的 ![]按钮，将混凝土板移至钢梁顶面，混凝土板顶中心与钢梁中心对齐，其中混凝土顶面角点坐标分别为（0.7825，0.245，6.8）、（−0.7825，0.245，6.8）、（0.7825，0.245，−0.6）、（−0.7825，0.245，−0.6）。单击左侧工具区的 ![]按钮，偏移参考的主平面选择混凝土板顶面，分别偏移 0.02、0.04、0.06、0.08、0.1。单击左侧工具区的 ![]按钮，偏移参考的主平面选择 XY 平面，分别偏移−0.4、−0.387、−0.013、0、0.73、2.153、4.047、5.47、6.2、6.213、6.587、6.6。单击左侧工具区的 ![]按钮，偏移参考的主平面选择 XZ 平面，分别偏移−0.364、−0.164、0.445、0.696、0.896。单击左侧工具区的 ![]按钮，偏移参考的主平面选择 YZ 平面，分别偏移−0.1、−0.0625、0、0.625、0.1。

2）选择"GJW"部件绕 Y 轴旋转 90°，单击左侧工具区的 ![]按钮，将钢筋网移至混凝土板内部，并通过线性阵列功能在距 Y 轴 0.08 处生成相同的钢筋网实例，两钢筋网分别与混凝土板顶面、底面相距 0.02。选择"GZ"部件绕 X 轴旋转 90°，钢柱贴合于混凝土板的凹槽内，上端露出混凝土板 0.651，下端露出混凝土板 0.729。长按左侧工具区的 ![]按钮，根据创建的参考平面对混凝土板、钢柱进行切割。单击工具区的 ![]按钮，选择钢柱，按中键确认按钮，选择一点与法线，将钢柱的上下翼缘与腹板分割开，切割后"HNT"实例、"GZ"实例与最后装配得到的模型如图 5-56 所示。

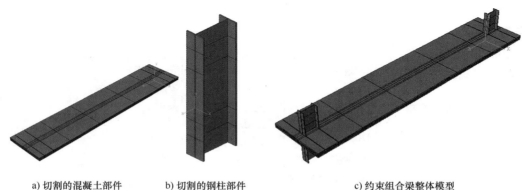

a) 切割的混凝土部件　　b) 切割的钢柱部件　　c) 约束组合梁整体模型

图 5-56　定义装配件

3）单击工具栏中的"表面"→"创建"，弹出"创建表面对话框"，在"名称"后输入"Bottom flange"，单击"继续"按钮，选择钢梁的下翼缘，按中键确定。同样地，创建

"Top flange" "Web" "Concrete" "Steel-interface" "Concrete-interface" "Beihuo" 表面，如图 5-57 所示。切换到荷载模块，定义幅值曲线，如图 5-58 所示。

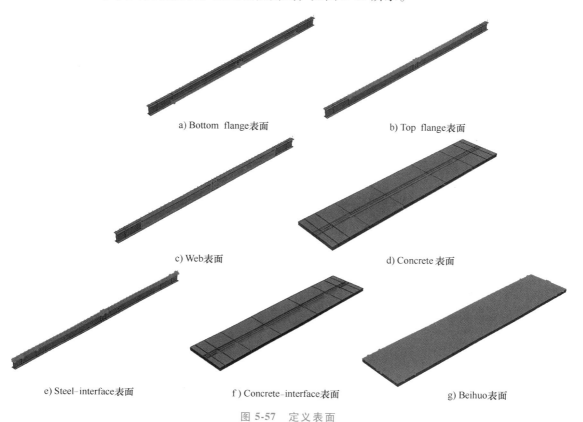

a) Bottom flange表面

b) Top flange表面

c) Web表面

d) Concrete 表面

e) Steel-interface表面

f) Concrete-interface表面

g) Beihuo表面

图 5-57　定义表面

（4）设置分析步　参照第 5.1 节，设置传热分析步，将"时间长度"定义为"10800"，"增量"选项卡的设置与第 5.1.1 节一致。

（5）定义约束　在环境栏的环境列表中选择相互作用模块。

1）创建钢梁与混凝土的相互作用。单击左侧工具区的 按钮，弹出"创建相互作用属性"对话框，相互作用属性参数的定义见第 5.1.1。单击左侧工具区的 按钮，弹出"创建相互作用"对话框，在"名称"后输入"interface"，"可用于所选分析步的类型"选择"表面与表面接触"，单击"继续"按钮，如图 5-59a 所示。工具栏中提示选择主表面，选择"Steel-interface"表面，按中键确认按钮，工具栏提示选择从表面，选择"Concrete interface"表面，按中键确认，弹出图 5-59b 所示对话框，单击"确认"按钮，退出对话框。

	时间/频率	幅值
1	0	34.3511
2	92.664	202.29
3	138.996	332.061
4	208.494	435.115
5	277.992	515.267
6	347.4906	583.969
7	509.6526	652.672
8	718.146	709.924
9	1065.636	774.809
10	1436.292	816.794
11	1806.948	851.145
12	2154.438	877.863
13	2501.928	904.58
14	2895.75	923.664
15	3243.246	942.748

图 5-58　定义幅值曲线

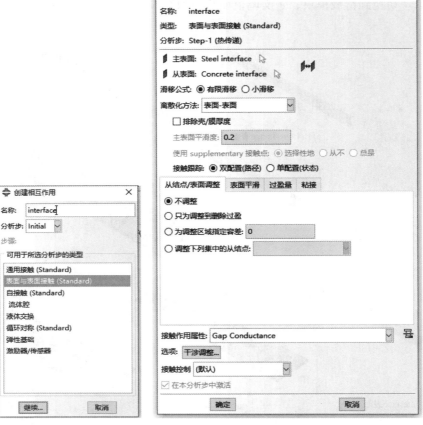

a) 创建表面与表面接触　　　　　　　b) 选取主、从表面

图 5-59　定义相互作用

2）受火面条件定义。与第 5.1 节一致，单击左侧工具区的 按钮，创建"表面热交换条件"的定义，表面选择创建的"Web"表面，"膜层散热系数"后输入"25"，在"环境温度"后输入"1"，在"环境温度的幅值"下拉列表选择创建的幅值曲线"Amp-1"，如图 5-60a 所示。单击左侧工具区的 按钮，创建"表面辐射"的定义，表面选择创建的"Web"表面，在"发射率"后输入"0.7"，在"环境温度"后输入"1"，"环境温度的幅值"下拉列表选择"Amp-1"，如图 5-60b 所示。同样地，完成钢梁上翼、下翼缘、混凝土板受火面对流条件与辐射条件的定义。

3）背火面条件定义。与第 5.1 节一致，单击左侧工具区的 按钮，创建"表面热交换条件"的定义，表面选择创建的"Beihuo"表面，在"膜层散热系数"后输入 7，在"环境温度"后输入"20"，如图 5-61a 所示。单击左侧工具区的 按钮，创建"表面辐射"的定义，表面选择创建的"Beihuo"表面，在"膜层散热系数"后输入"4"，在"环境温度"后输入"20"，如图 5-61b 所示。

4）划分网格。创建结点集前，需要将部件划分网格。

a) 编辑受火面对流条件　　　　　b) 编辑受火面辐射条件

图 5-60　受火面条件定义

a) 编辑背火面对流条件　　　　　b) 编辑背火面辐射条件

图 5-61　背火面条件定义

① 单击左侧工具区的"生成"按钮，弹出"选择要布置全局种子的部件实例"，选择混凝土板，按中键确认，弹出的"全局种子"对话框，在"近似全局尺寸"后输入"0.07"，单击"确定"按钮，退出对话框。同样地，为其他部件布置种子，钢筋网的种子尺寸为"0.07"，钢梁的种子尺寸为"0.03"，钢柱的种子尺寸为"0.04"。单击左侧工具区中的"生成"按钮，弹出"选择要布置局部种子的区域"，选择钢柱的翼缘边，如图 5-62a 所示，按中键确认，弹出图 5-62b 所示的对话框，节种"方法"选择"按个数"布置，"单

a) 钢柱局部布种区域　　b) 编辑"局部种子"对话框

图 5-62　定义钢柱局部种子

元数"为"2"。

② 单击左侧工具区中的 按钮，提示区提示"选择要划分网格的部件实例"，框选模型，按中键确认，模型即自动划分网格，如图 5-63 所示。

图 5-63　网格划分

③ 与第 5.1 节操作一致，单击左侧工具区中的 按钮，将混凝土板、钢柱属性修改为热传递（DC3D8）单元，将钢梁属性修改为四结点传热四边形（DS4）单元，将钢筋属性修改为两结点传热连接（DC1D2）单元。

5）创建结点集。切换到装配栏创建结点集。单击工具栏中的"集"→"创建"，在弹出的对话框中"类型"选择"结点"，单击"继续"按钮，如图 5-64 所示，选择创建的"HNT"实例，按中键确认。再次单击工具栏中的"集"→"创建"，在弹出的对话框中，"类型"选择"结点"，单击"继续"按钮，选择创建两层钢筋网实例，按中键确认。

6）创建钢筋与混凝土的相互作用。单击左侧工具区的 按钮，选择绑定，主表面与从表面类型都为结点区域，主表面选择创建的混凝土结点集"HNT"，从表面选择创建的钢筋结点集"GJ"，如图 5-65 所示。

图 5-64　创建结点

图 5-65　创建绑定约束

（6）定义载荷和边界条件　与第 5.1 节一致，单击左侧工具区的 按钮，将整个模型的初始温度定义为 20℃。单击工具栏中的"模型"→"编辑属性"，在"绝对零度"后输入

"−273"，在"Stefan-Boltzmann 常数"后输入"5.67E−08"。

（7）提交分析作业　在环境栏的模块列表中选择作业模块进行作业提交，参见第 5.1 节。绘制的温度曲线与温度场云图如图 5-66 所示。

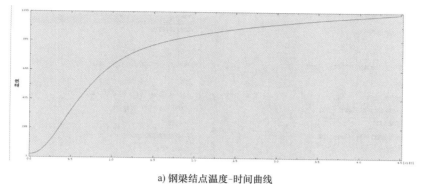

a) 钢梁结点温度-时间曲线

b) 约束梁温度场云图

图 5-66　钢梁结点温度-时间曲线与约束梁温度场云图

5.2.2　热力时耦合场分析

（1）创建部件　首先复制温度场建立的模型，在复制的模型中单击左侧工具区的 按钮，创建垫板（DB）三维实体部件。单击左侧工具区的 按钮，提示区显示"拾取矩形的起始角点"，输入坐标点（−0.3，−0.3），按回车键，输入坐标点（0.3，0.3），按中键确认；输入深度数值"0.01"，按中键确认，完成垫板的绘制；单击左侧工具区的 按钮，选择"一点与法线"，将垫板部件四等分，如图 5-67 所示。

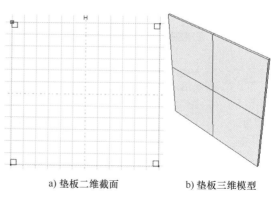

a) 垫板二维截面　　　b) 垫板三维模型

图 5-67　创建部件

（2）创建材料和截面属性

1）在窗口环境栏的模块列表中选择特性模块。修改温度场中创建的"Concrete"材料的属性。依次选择"力学"中的"弹性""膨胀""混凝土损伤塑性"，选择"使用与温度相关的数据"，如图 5-68 所示。混凝土的塑性属性与第 5.1 节相同。

2）修改温度场中创建的"Steel"材料的属性。选择"力学"中的"弹性""膨胀""塑性"，如图 5-69 所示。同样地，建立钢筋与栓钉的属性，钢柱、钢筋和栓钉的弹性参数

a) 输入混凝土杨氏模量和泊松比   b) 输入混凝土膨胀系数

c) 输入混凝土受压应力–应变关系   d) 输入混凝土受拉应力–应变关系

图 5-68　定义混凝土属性

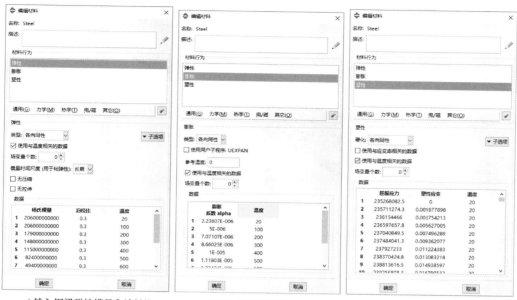

a) 输入钢梁弹性模量和泊松比　　b) 输入钢梁膨胀系数　　c) 输入钢梁应力–应变关系

图 5-69　定义钢梁属性

与膨胀参数和钢梁一致，钢筋与栓钉的屈服强度为 392MPa，钢柱的屈服强度为 235MPa。垫板定义为刚性板。

3）单击左侧工具区的 ⵜ 按钮，在弹出的对话框中进行垫板（DB）截面的创建与编辑，如图 5-70 所示。

a) 创建截面　　　　　　b) 编辑截面属性

图 5-70　垫板截面的创建与编辑

4）参照第 5.1 节，给垫板赋予截面属性。

（3）定义装配件　在环境栏的模块列表中选择装配模块。单击左侧工具区的"装配"按钮，弹出"创建实例"对话框，选择"独立"，选择"DB"，单击"确定"按钮。单击左侧工具区中的 按钮，选择"DB"，绕 X 轴旋转 90°。单击左侧工具区的 按钮，将"DB"移到加载点的位置，最后通过阵列完成另一块垫板的装配，装配后的模型如图 5-71 所示。

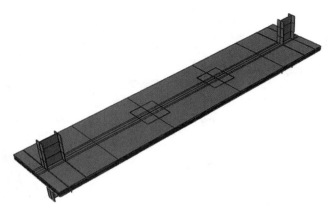

图 5-71　装配部件

（4）设置分析步　参见第 5.1 节，设置两个静力分析步，第一个分析步的"时间长度"为"1"，参数设置见第 5.1 节；第二个分析步的"时间长度"为"4500"（图 5-72a），单击"增量"选项卡，"增量步大小"的初始值、最小值及最大值分别设为"1""0.0001""200"，如图 5-72b 所示。

a)"基本信息"参数设置　　　　　　　　　　b)"增量"参数设置

图 5-72　定义第二个分析步

（5）定义约束　在环境栏的模块列表中选择相互作用模块。

1）创建钢梁与混凝土板的相互作用。单击左侧工具区的 □ 按钮，创建与第 5.1.2 节相同的接触作用属性。单击左侧工具区的 □ 按钮，弹出"创建相互作用"对话框，在"名称"后输入"Steel-Concrete"，"可用于所选分析步的类型"选择"表面与表面接触"，单击"继续"按钮；"主表面"选择第 5.3.1 节中创建的"Steel interface"表面，"从表面"选择"Concrete interface"表面，勾选"只为调整到删除过盈"，"接触作用属性"选择"Steel-Concrete"，单击"确定"按钮，如图 5-73 所示。

2）创建钢柱与混凝土板的相互作用。单击左侧工具区的 □ 按钮，弹出"创建相互作用"对话框，在"名称"后输入"Steel Z-Concrete"，"可用于所选分析步的类型"选择"表面与表面接触"，单击"继续"按钮，"主表面"选择钢柱接触面，"从表面"选择混凝土切割的内表面，"接触作用属性"选择"Steel Z-Concrete"，单击"确定"按钮，如图 5-74 所示。

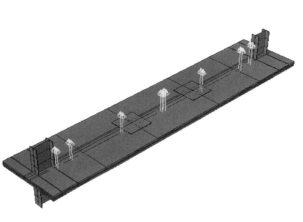

a) 创建表面与表面接触相互作用　　　　　　b) 定义相互作用后的模型

图 5-73　创建钢梁与混凝土板的相互作用

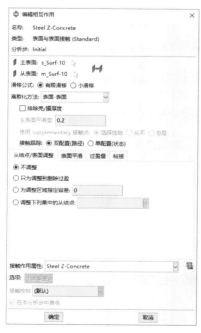
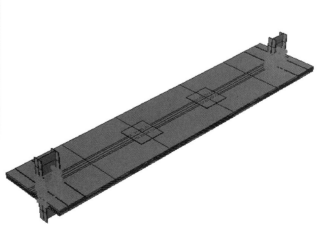

a) 创建表面与表面接触相互作用　　　　　　b) 定义相互作用后的模型

图 5-74　创建钢柱与混凝土板的相互作用

3）创建钢梁与钢柱的相互作用。单击左侧工具区的  按钮，弹出"创建约束"对话框，"类型"选择"内置区域"，"嵌入区域"选择钢筋，"主区域"选择混凝土板。同样地，栓钉也内置于混凝土中。单击左侧工具区的 按钮，弹出"创建约束"对话框，选择"壳-实体耦合"，"壳的边面"选择钢梁两侧的边，"实体面区域"选择与钢柱、钢梁接触的面，其余参数保持默认，如图 5-75 所示。

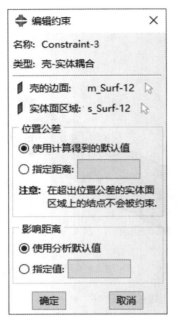
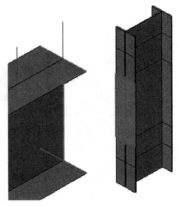

a）创建壳-实体耦合约束　　　　b）壳的边面选择　　　　c）实体面的选择

图 5-75　创建钢梁与钢柱的相互作用

4）创建垫板与混凝土板的相互作用。单击左侧工具区的 按钮，弹出"创建约束"对话框，"类型"选择"绑定"，"主表面"选择垫板的底面，"从表面"选择混凝土板与垫板接触的面，其余参数保持默认，如图 5-76 所示。

5）建立参考点。单击左侧工具区的 按钮，建立 8 个参考点，参考点的坐标分别为 RP1（0，0.5705，6.6）、RP2（0，-0.264，6.6）、RP3（0，0.5705，-0.4）、RP4（0，-0.264，-0.4）、RP5（0，0.5705，6.603）、RP6（0，-0.264，6.603）、RP7（0，0.5705，-0.403）、RP8（0，-0.264，-0.403）。单击左侧工具区的 按钮，依次连接 RP1 与 RP5，RP2 与 RP6、RP3 与 RP7、RP4 与 RP8。

6）创建连接属性。单击左侧工具区的 按钮，弹出"创建连接截面"对话框（图 5-77a），"连接种类"选择"基本信息"，"平移类型"选择"笛卡尔"；单击"继续"按钮，弹出"编辑连接截面"对话框，"行为选项"添加"弹性"，"力/弯矩"选择"F3"，"D33"中输入"12504200"，如图 5-77b 所示。

7）连接截面指派。单击左侧工具区的 按钮，在弹出的对话框中选择集（图 5-78a），选择之前创建的线集"Wire-1-Set-1"，单击"继续"按钮，在弹出的对话框中保持默认选项不变，单击"确定"按钮，如图 5-78b 所示。

a) 创建绑定约束　　　　　　b) 定义约束后的模型

图 5-76　创建垫板与混凝土板的相互作用

a) 创建连接截面　　　　　　b) 编辑连接截面

图 5-77　创建连接属性

a) 选择线集 Wire-1-Set-1

b) 编辑连接截面指派

图 5-78　连接截面指派

8）创建点面耦合。单击左侧工具区的 按钮，在弹出的对话框中，选择"耦合的"，"约束控制点"选择 RP-1，约束区域的类型选择表面，表面选择靠近RP-1 钢柱的外表面，按中键确认，创建耦合如图 5-79 所示。同样地，将 RP-2、RP-3 和 RP-4 与相邻钢柱外表面耦合。

（6）定义载荷和边界条件

1）在环境栏的模块列表中选择载荷模块。单击左侧工具区的 按钮，弹出"创建载荷"对话框，"类别"选择"力

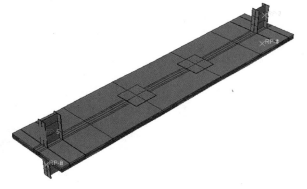

图 5-79　创建点面耦合

学"，"可用于所选分析步的类型"选择"压强"，单击"继续"按钮。工具栏中提示选择施加载荷的表面，选中垫板的上表面，单击中键确认，弹出图 5-80a 所示对话框，在"大小"后输入"111112"，单击"确定"按钮，定义载荷后的模型如图 5-80b 所示。

2）单击左侧工具区的 按钮，弹出"创建约束"对话框，"类别"选择"力学"，"可用于所选分析步的类型"选择"位移/转角"，单击"继续"按钮，选择钢梁下翼缘左右支座，如图 5-80c 所示，单击中键确认，弹出图 5-80d 所示对话框，勾选"U1""U2"。单击左侧工具区的 按钮，弹出"创建约束"对话框，"类别"选择"力学"，"可用于所选分析步的类型"选择"位移/转角"，单击"继续"按钮，选择创建的 RP5、RP6、RP7和 RP8，勾选"U1""U2""U3""UR1""UR2""UR3"，单击"确定"按钮。单击左侧工具区的 按钮，弹出"创建约束"对话框，"类别"选择"力学"，"可用于所选分析步的类型"选择"位移/转角"，单击"继续"按钮，选择创建的 RP1、RP2、RP3 和 RP4，勾选"UR2"与"UR3"，单击"确定"按钮。

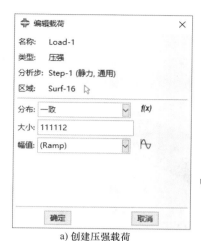

a) 创建压强载荷

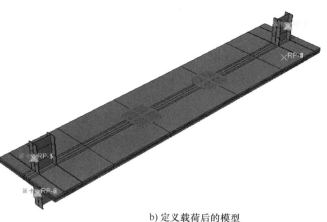

b) 定义载荷后的模型

c) 施加边界条件区域

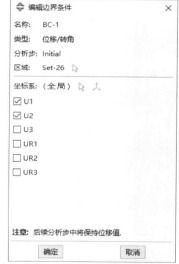

d) 编辑边界条件U1、U2

图 5-80　定义载荷及边界条件

3) 与第 5.1 节相似，将 "Step-1" 的预定义场修改为 "重置成初始状态"，在 "Step-2" 中导入温度场计算结果。

(7) 划分网格

1) 在环境栏的模块列表中选择网格模块对垫板进行网格划分。种子大小为 "0.07"，单击左侧工具区的 按钮，为垫板划分网格，如图 5-81 所示。

图 5-81　划分网格

2) 单击左侧工具区的 按钮，将混凝土板、钢柱、垫板的网格属性修改为八结点线性六面体三维应力单元（C3D8R），将钢筋与栓钉属性修改为两结点线性三维桁架单元（T3D2），将钢梁属性修改为四结点曲面薄壳单元（S4R）。

（8）提交分析作业　与第 5.1 节操作相同，在环境栏的模块列表中选择作业模块进行作业提交。有限元计算位移图与试验对比图如图 5-82 所示。

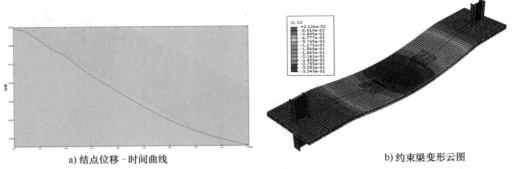

a) 结点位移 -时间曲线　　　　　　　　　　b) 约束梁变形云图

图 5-82　结点位移-时间曲线与约束梁变形云图

5.3　钢管混凝土柱-钢筋混凝土梁平面框架

问题描述：本节设计了一榀三层三跨圆钢管混凝土柱-钢筋混凝土梁平面框架，试件参数及构造如图 5-83 所示。

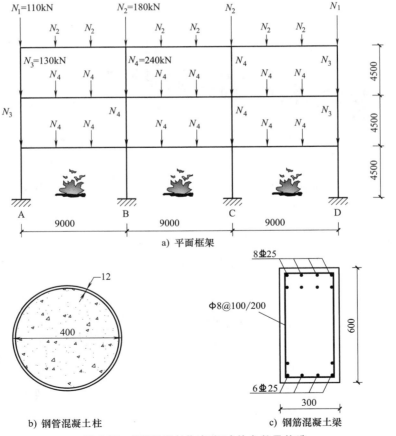

a) 平面框架

b) 钢管混凝土柱　　　　　　　　c) 钢筋混凝土梁

图 5-83　"强梁弱柱"框架试件参数及构造

试件参数包括：

1）框架跨度 $l_b = 9\text{m}$，层高 $H_c = 4.5\text{m}$。

2）圆钢管混凝土柱截面尺寸 $D \times t = 400\text{mm} \times 12\text{mm}$；钢筋混凝土梁截面尺寸 $h \times b = 600\text{mm} \times 300\text{mm}$。

3）根据《建筑结构荷载规范》（GB 50009—2012）的取值，实际火灾下在梁三分点位置施加竖向集中荷载大小为 $N_4 = 240\text{kN}$。

4）钢筋混凝土梁、圆钢管混凝土柱中混凝土均采用实际工程中常用的 C40 混凝土，密度为 2500kg/m^3；梁纵向受力钢筋采用 HRB400，箍筋采用 HPB300，钢管采用 Q345，密度为 7850kg/m^3；钢筋保护层厚度为 30mm。

5.3.1　温度场分析

（1）创建部件

1）创建混凝土梁部件。

① 参考第 5.1 节，单击左侧工具区的 █ 按钮，创建混凝土梁三维实体部件。单击工具栏的 █ 按钮，依次输入坐标（0，-0.15）和（27，0.15），按中键；单击工具栏的 ⊙ 按钮，建立四个圆，圆心坐标与圆周上的坐标为（0，0）与（0.2，0），（9，0）与（9.2，0），（18，0）与（18.2，0），（27，0）与（27.2，0）；单击工具栏的 █ 按钮，选择画好的圆和与其相交的直线，将直线拆分，单击工具栏的 █ 按钮，将柱位置的圆和直线删除；单击 █ 按钮，连接每个圆与矩形相交的圆弧部分，如图 5-84a 所示。单击下方"完成"按钮，将"深度"设为"0.6"，完成部件拉伸。

② 单击左侧工具区的 █ 按钮，选择一点及法线，点与法线的位置如图 5-84b、c 所示，将混凝土梁进行切割。单击左侧工具区的 █ 按钮，选择 YZ 平面，偏移量分别为 3、4.5、6、12、16.5、18、21、22.5、24。单击左侧工具区的 █ 按钮，根据建立的参考平面对混凝土梁进行切割，切割后的部件如图 5-84d 所示。

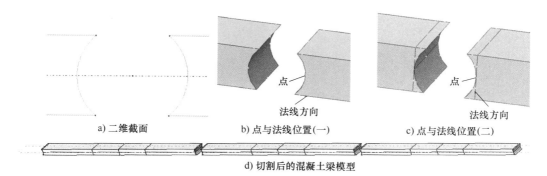

a) 二维截面　　b) 点与法线位置(一)　　c) 点与法线位置(二)

d) 切割后的混凝土梁模型

图 5-84　创建混凝土梁部件

2）创建钢管混凝土柱部件。

① 参照第 5.1 节，单击左侧工具区的 █ 按钮，创建钢管的三维实体部件。单击工具栏的 ⊙ 按钮，依次输入坐标（0，0）和（0，0.188），按中键确认，接着输入坐标（0，0）和（0，0.2），单击中键确认，在弹出的对话框中将"深度"设为"14"，钢管绘制完成，

如图 5-85a、b 所示。单击左侧工具区的 按钮，选择混凝土柱底作为已知表面，依次输入偏移量 1.95、3.9、4.5、6.45、8.4、9、10.95、12.9、13.5。单击左侧工具区的 按钮，依次选择 YZ 平面和 XZ 平面，偏移量为 0；单击左侧工具区的 按钮，根据建立的参考平面对柱进行切割。单击左侧工具区的 按钮，选择创建的 YZ 平面，旋转的基准轴选择图 5-85c 所示的混凝土柱的中心线，旋转角度为 41.409622°。同样地，旋转创建的 YZ 平面，旋转角度为 -41.409622°。依据两个旋转面，再次将钢管柱进行切割。

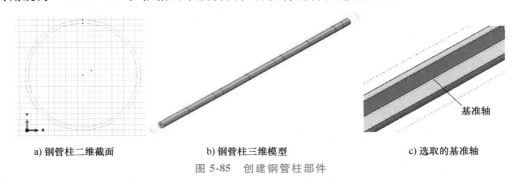

a) 钢管柱二维截面　　　　b) 钢管柱三维模型　　　　c) 选取的基准轴

图 5-85　创建钢管柱部件

② 参照上述步骤，创建混凝土柱部件，命名为"Column Concrete"，混凝土柱的半径为 0.188，长度为 14。创建与钢管柱相同的参考面，依据参考面位置对混凝土柱进行分割，分割好的混凝土柱部件如图 5-86 所示。

3）创建箍筋和纵筋部件。

① 单击左侧工具区的 按钮，弹出"创建部件"对话框（图 5-87a），在"名称"后输入"Stirrup"，"模型空间"选择"三维"，"基本特征"中的"形状"选择"线"，其余参数保持默认值；单击"继续"按钮，进入截面草图绘制。单击工具栏中的 按钮，依次输入坐标（0，0）和（0.205，0.505），按中键，完成箍筋建模，如图 5-87b 所示。

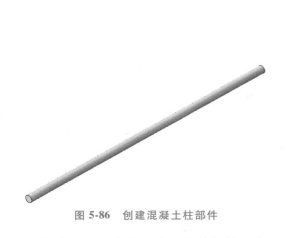

图 5-86　创建混凝土柱部件

a)"创建部件"对话框　　　b) 箍筋部件

图 5-87　创建箍筋部件

② 参照上述步骤，建立纵筋部件，命名为"Rebar"。单击工具栏中的 按钮，依次输入坐标（0，0）和（27.226663，0），按中键确认，完成纵筋建模，如图 5-88 所示。

图 5-88　创建纵筋部件

③ 在 ABAQUS/CAE 环境栏模块列表中选择装配模块。单击左侧工具区的 按钮，弹出 "创建实例" 对话框，选择 "从部件创建实例"，"实例类型" 选择 "非独立"，部件选择 "Stirrup" 和 "Rebar"，单击 "确定" 按钮。通过阵列、平移和旋转等方法形成图 5-89a 所示的实例，并将其合并，命名为 "All"。单跨内，箍筋的间距如图 5-89b 所示。

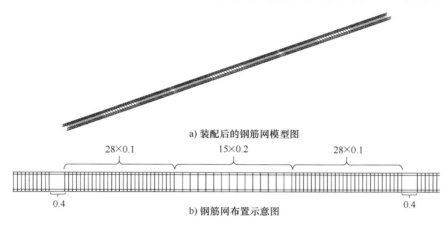

a) 装配后的钢筋网模型图

28×0.1　　　　15×0.2　　　　28×0.1

0.4　　　　　　　　　　　　　　　　0.4

b) 钢筋网布置示意图

图 5-89　创建钢筋网部件

（2）创建材料和截面属性　在 ABAQUS/CAE 模块列表环境栏中选择属性，进入属性编辑。与第 5.1 节相似，创建混凝土梁（Beam Concrete）、混凝土柱（Column concrete）、钢管柱（Steel tube）、纵筋（Rebar）、箍筋（Stirrup）的材料热工属性与截面属性，即混凝土梁（Beam concrete）、混凝土柱（Column concrete）与第 5.1 节中 Concrete 的属性一致，钢管柱（Steel tube）、纵筋（Rebar）、箍筋（Stirrup）与第 5.1 节中 Steel 的属性一致，其中纵向钢筋的横截面面积输入 "0.0049"，箍筋的横截面面积输入 "7.85E-5"。混凝土梁、钢管柱与核心混凝土柱均为实体部件，钢筋为桁架部件。然后将创建的截面赋予部件，部件由白色变成青色，完成部件的属性赋予。

（3）定义装配件　在 ABAQUS/CAE 窗口模块列表中选择装配，进入装配编辑。

1）单击左侧工具区的 按钮，弹出 "创建实例" 对话框，选择 "从部件创建实例"，"实例类型" 选择 "非独立"，在部件中选择 "Steel tube" 和 "Column Concrete"，单击 "确定" 按钮。单击左侧工具区的 按钮，选择钢管混凝土柱实例，"方向 1" 的 "个数" 和 "偏移" 分别为 "4" 与 "9"，单击 "确定" 按钮，如图 5-90 所示。

2）单击左侧工具区的 按钮，在弹出的 "创建实例" 对话框中，选择 "从部件创建实例"，"实例类型" 选择 "非独立"，在部件中选择 "Beam Concrete"，单击 "确定" 按钮。通过平移、阵列等方法，先将 "All" 部件平移到 "Beam Concrete" 内部，"All" 与 "Beam Concrete" 的相对位置如图 5-91a、b 所示，然后通过平移等方式，选择实例 "Beam Concrete" 和 "all"，将梁端 A 点移至柱端 A 点，如图 5-91c 所示。单击左侧工具区的 按钮，选择实例 "Beam Concrete" 和 "All"，按中键，弹出图 5-92a 所示的 "线性阵列" 对话框，输入图中数字，单击右侧箭头，选择 Z 轴，最后单击 "确定" 按钮，生成如图 5-92b 所示的实例。

311

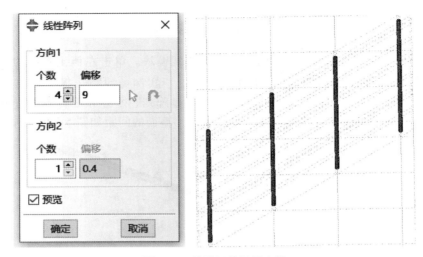

图 5-90　装配钢管混凝土柱

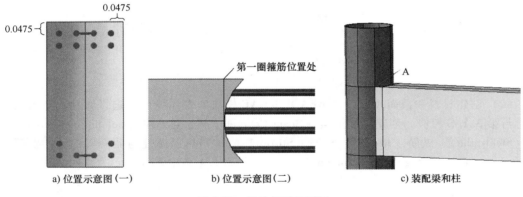

a) 位置示意图（一）　　　　　b) 位置示意图（二）　　　　　c) 装配梁和柱

图 5-91　部件相对位置图

a) 编辑阵列

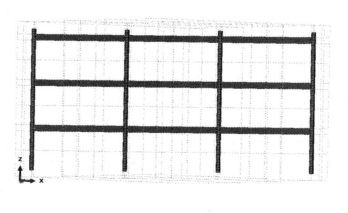

b) 装配后的模型

图 5-92　装配实例

3）单击工具栏中的"表面"→"创建"，在弹出的对话框中，"名称"后输入"Exposed"，单击"继续"按钮，选择底层钢管的外表面，混凝土梁的两侧面和底面，按中键确定。选择混凝土梁的顶面，创建"Beihuo"表面，如图 5-93a、b 所示。同样地，创建"Steel tube-interface""Column Concrete-interface""Beam Concrete-joint"与"Steel tube-joint"表面。图 5-93c ~ f 所示为局部图，在创建表面时，选择相同特征的所有构件，如"Steel tube-interface"表面为四根钢管柱的内表面。

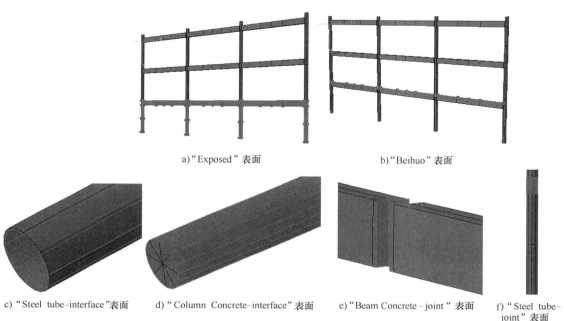

a)"Exposed"表面　　　　　　　　　　　b)"Beihuo"表面

c)"Steel tube-interface"表面　　d)"Column Concrete-interface"表面　　e)"Beam Concrete-joint"表面　　f)"Steel tube-joint"表面

图 5-93　创建表面

4）创建结点集前，需要将部件划分网格，因此切换到环境栏的模块列表，选择网格模块进行网格划分。将环境栏中的"对象"设为"部件"。将所有部件的种子设定为"0.1"，划分好网格的模型如图 5-94 所示。

5）单击左侧工具区的 按钮，将混凝土梁、核心混凝土柱与钢管柱修改为热传递（DC3D8）单元，将钢筋属性修改为两结点传热连接（DC1D2）单元。

6）切换到装配模块创建结点集。单击工具栏中的"集"→"创建"，在弹出的对话框中"类型"选择"结

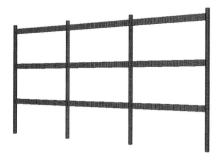

图 5-94　划分网格

点"；单击"继续"按钮，选择创建的 All 部件，单击中键确认，如图 5-95 所示。同样地，创建混凝土结点集，在弹出的对话框中"类型"选择"结点"，选择创建的混凝土梁与核心混凝土部件。

7）切换到荷载模块，定义幅值曲线，升温幅值采用 ISO834 升温曲线。

（4）设置分析步　与第 5.1 节操作相同，设置传热分析步，分析步"时间长度"为"10800"，其余参数设置不变。

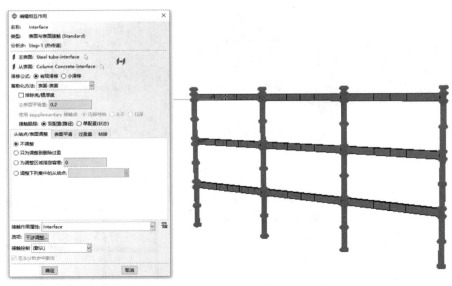

a) 创建结点集   b) 选取创建集的部件

图 5-95　创建 "All" 结点集

（5）定义约束

1）钢管柱与核心混凝土之间的接触作用属性与第 5.1 节相同，选择上述定义的钢管内表面（Steel tube-interface）与混凝土外表面（Column Concrete-interface），创建表面的相互接触作用，如图 5-96 所示。

a) 创建表面的相互接触作用   b) 选取的主、从表面

图 5-96　创建钢管柱与混凝土的相互接触作用

2）与第 5.1 节一样，定义受火面与背火面的热对流条件与热辐射条件，受火面与背火面的表面如图 5-93，参数的定义与设置见第 5.1 节。

3）单击左侧工具区的 按钮，"类型" 选择 "绑定"，"主表面类型" 选择 "表面"，"主表面" 选择 "Steel tube-joint"，"从表面" 选择 "Beam Concrete-joint"，如图 5-97a 所示。单击左侧工具区的 按钮，"类型" 选择 "绑定"，主表面与从表面类型都为 "结点区域"，"主表面" 选择创建的混凝土结点集，"从表面" 选择创建的钢筋结点集，如图 5-97b 所示。

（6）定义荷载和边界条件　与第 5.1 节相同，将整体模型的初始温度定义为 20°。模型属性定义见第 5.1 节。

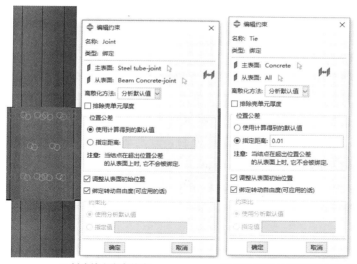

a) 创建结点绑定约束　　　　　　　b) 创建混凝土和钢筋绑定约束

图 5-97　创建绑定作用

（7）创建作业　与第 5.1 节操作相同，在环境栏的模块列表中选择作业模块，进行作业提交。计算得到的温度云图如图 5-98 所示。

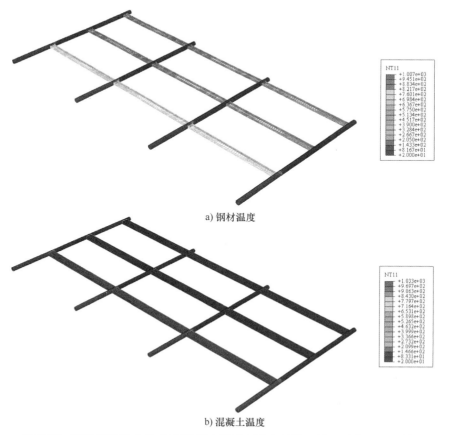

a) 钢材温度

b) 混凝土温度

图 5-98　圆钢管混凝土柱-钢筋混凝土梁框架温度计算云图（耐火极限时刻）

5.3.2 热力时耦合场分析

（1）创建部件

1）复制温度场模型，然后在此模型中创建钢管柱顶部及底部加载板部件。单击左侧工具区的 按钮，部件命名为"Rigid-C"。单击工具栏中的 按钮，依次输入坐标（-0.3，-0.3）和（0.3，0.3），单击中键确认，在弹出的对话框中将"深度"设为"0.025"。然后参照前述方法，将"Rigid-C"部件对称分割，分割后的图形如图5-99所示。参照上述步骤，创建梁加载垫板部件，命名为"Rigid-B"。单击工具栏中的 按钮，依次输入坐标（-0.075，-0.15）和（0.075，0.15），单击中键确认，在弹出的对话框中将"深度"设为"0.025"，完成部件拉伸。参照前述方法，将"Rigid-B"对称分割，分割后的图形如图5-100所示。

图 5-99　创建"Rigid-C"部件

图 5-100　创建"Rigid-B"部件

2）切换到装配模块。单击左侧工具区的 按钮，选择"从部件创建实例"，"实例类型"选择"非独立"，在部件中选择"Rigid-B"，单击"确定"按钮。单击左侧工具区的 按钮，选择该实例，弹出图5-101a所示的"线性阵列"对话框，"方向2"选择Z轴方向，单击"确定"按钮，部件阵列如图5-101b所示。再次单击 按钮，选择前述阵列完成

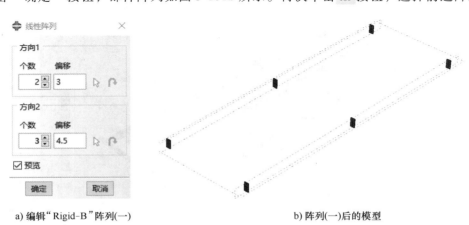

a) 编辑"Rigid-B"阵列(一)　　　　　　　b) 阵列(一)后的模型

图 5-101　创建"Rigid-B-All"部件

c) 编辑"Rigid-B"阵列(二) 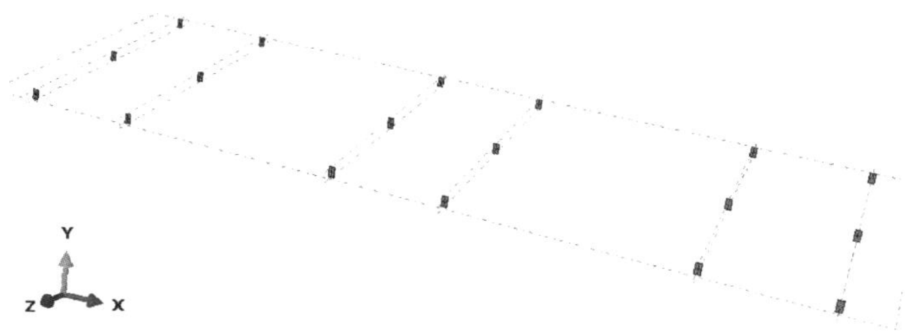　　　　　　　　d) 阵列(二)后的模型

图 5-101　创建"Rigid-B-All"部件（续）

的 6 个"Rigid-B"部件，单击中键"确定"按钮，弹出图 5-101c 所示的"线性阵列"对话框，输入图中的数据，阵列完成的图形如图 5-101d 所示。

3）单击左侧工具栏中的 按钮，将上述所有的"Rigid-B"部件合并成"Rigid-B-All"部件。

4）参照上述步骤，完成图 5-102 所示部件的阵列及合并，阵列的间距为 9，合并后的柱上、下垫板命名为 Rigid-C-TOP、Rigid-C-BOT。

图 5-102　创建"Rigid-C-TOP"部件

5）参照前述方法，通过平移的方法，将"Rigid-B-All""Rigid-C-TOP""Rigid-C-BOT"部件移到相应位置，装配好的实例如图 5-103 所示。

（2）创建材料和截面属性　与第 5.1 节相同，修改混凝土与钢材的属性，混凝土梁（Beam concrete）与混凝土柱（Column concrete）的立方体抗压强度为 40MPa，纵筋（Rebar）的屈服强度为 400MPa，箍筋（Stirrup）的屈服强度为 335MPa，钢管柱（Steel tube）的屈服强度为 345MPa，加载板定义为刚性，部件属

图 5-103　整体模型

性各参数的设置与第 5.1.2 节相同。混凝土梁、柱、钢管与加载板定义为实体，纵筋定义为桁架，横截面面积为 0.00049，箍筋定义为桁架，横截面面积为 7.85E-05。然后将创建的截面赋予部件。

（3）定义装配

1）单击工具栏中的"表面"→"创建"，在"名称"后输入"Steel tube-up"，单击"继续"按钮，选择钢管柱的上表面，按中键确认。同样地，创建"Concrete core-up""Beam Concrete-joint""Rigid-C-TOP-bot""Rigid-B-bot""Beam-up"表面。图 5-104 所示为局部图，在创建表面时，选择相同特征的所有构件，如"Steel tube-up"表面为四根钢管柱的上表面。

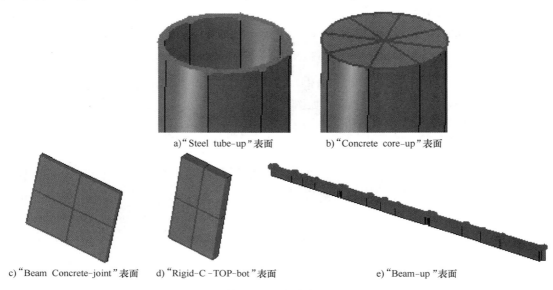

a)"Steel tube-up"表面　　　　b)"Concrete core-up"表面

c)"Beam Concrete-joint"表面　　d)"Rigid-C-TOP-bot"表面　　e)"Beam-up"表面

图 5-104　创建表面

2）单击工具栏中的"集"→"创建"，创建结点集（Column-5）。结点选择结点区域钢管混凝土柱的上表面结点，如图 5-105a 所示。按照同样的方法，依次创建结点集（Column-6~Column-12），各结点的位置如图 5-105b 所示。

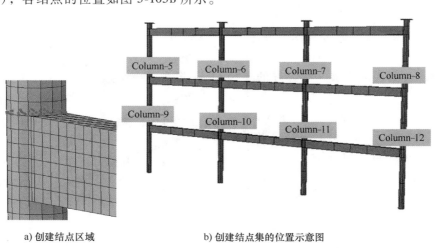

a) 创建结点区域　　　　　　b) 创建结点集的位置示意图

图 5-105　创建结点集

（4）分析步　与第 5.1 节相同，创建两个静力分析步，第一个分析步的"时间长度"为"1"，第二个分析"时间长度"为"10800"，其他参数的设置见第 5.1.2 节。

（5）设置相互作用　在 ABAQUS/CAE 窗口模块列表中选择相互作用，进入相互作用编辑。

1）单击左侧工具区的 ⬌ 按钮，定义相互接触作用属性，属性的设置见第 5.1 节。再创建一个命名为"Rigid-C-TOP-Column concrete"的部件，"类型"选择"接触"，单击"继续"按钮，弹出"编辑接触属性"对话框，单击"力学"→"法向行为"→"硬接触"。

2）参照前述章节的方法，创建各自的相互作用，如图 5-106 所示。

3）单击左侧工具区的 ◁ 按钮，"类型"选择"内置区域"，单击"继续"按钮，将钢筋笼定义为嵌入区域，按中键确认，单击选择区域，选择混凝土梁为"主区域"，按中键确认。

4）单击左侧工具区的 x^{RP} 按钮，创建 8 个 RP 点，坐标分别为 RP-5（0，0，9）、RP-6（9，0，9）、RP-7（18，0，9）、RP-8（27，0，9）、RP-9（0，0，4.5）、RP-10（9，0，4.5）、RP-11（18，0，4.5）、RP-12（27，0，4.5）。

5）单击左侧工具区的 ◁ 按钮，创建"编辑约束"对话框，"类型"选择"耦合的"，单击"继续"按钮，选择"控制点"为"RP-5"，选择"约束区域类型"为"表面"，"表面"选择创建的"Column-5"，如图 5-107 所示，单击"确定"按钮。按照同样的方法，完成另外 7 处钢管混凝土柱-混凝土梁节点区域处的耦合约束。

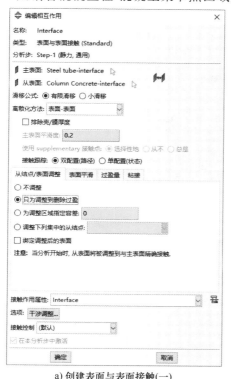

a）创建表面与表面接触（一）

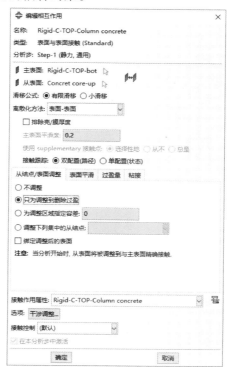

b）创建表面与表面接触（二）

图 5-106　创建接触与绑定相互作用

c) 创建绑定约束(一)　　　　　　　　　　　　d) 创建绑定约束(二)

e) 创建绑定约束(三)

图 5-106　创建接触与绑定相互作用（续）

图 5-107　创建耦合作用

（6）定义载荷和边界条件　在 ABAQUS/CAE 环境栏模块列表中选择载荷，进入载荷编辑。

1）单击左侧工具区的 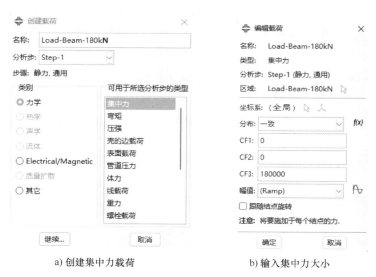 按钮，弹出图 5-108a 所示的"创建载荷"对话框，"可用于所选分析步的类型"选择"集中力"，单击"继续"按钮，选择第 3 层梁"Rigid-B"上表面中点与两中柱加载板的上表面中点为要施加载荷的点，载荷"CF3"输入"180000"，如图 5-108b 所示。重复上述步骤，为其他加载点输入载荷，载荷加载位置与大小如图 5-109 所示。

a) 创建集中力载荷　　　　b) 输入集中力大小

图 5-108　定义载荷

2）单击左侧工具区的 按钮，"类型"选择"对称/反对称/完全固定"，单击"继续"按钮，选中钢管混凝土柱的下表面，单击中键确认，弹出图 5-110a 所示的"编辑边界条件"对话框。选择"完全固定"，单击"确定"按钮，施加的边界如图 5-110b 所示。

3）单击左侧工具区的 按钮，"类型"选择"位移/转角"，单击"继续"按钮。选

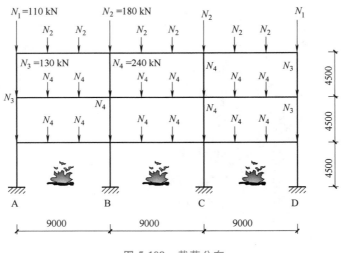

图 5-109 载荷分布

中四个柱顶加载垫板的上表面，单击中键确认，弹出图 5-110c 所示的"编辑边界条件"对话框。勾选"U1""U2""UR1""UR3"，单击"确定"按钮，施加的边界如图 5-110d 所示。

4）与第 5.1 节相同，将 Step-1 的预定义场修改为重置成初始状态，Step-2 中导入温度场计算结果。

（7）划分网格　在环境栏的模块列表中选择网格模块，对垫板进行网格划分。种子大小为"0.1"，单击左侧工具区的　按钮，为垫板划分网格。单击左侧工具区中的　按钮，将混凝土梁、混凝土柱、垫板的网格属性修改为八结点线性六面体三维应力单元（C3D8R），将钢筋属性修改为两结点线性三维桁架单元（T3D2）。

（8）提交分析作业　与第 5.1 节操作相同，在环境栏的模块列表中选择选择作业模块，进行作业提交。平面框架计算得到的变形云图如图 5-111 所示。

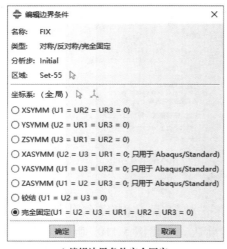

a) 编辑边界条件完全固定

b) 施加边界条件区域(一)

图 5-110 定义边界条件

c) 编辑边界条件U1、U2、UR1、UR3　　　　d) 施加边界条件区域(二)

图 5-110　定义边界条件（续）

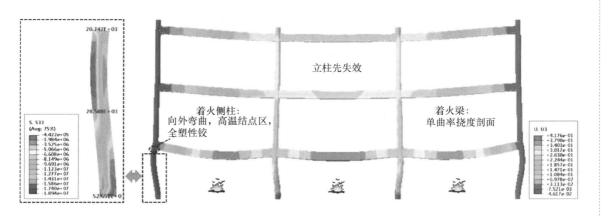

图 5-111　平面框架计算得到的变形云图

5.4　型钢柱-组合梁空间框架

问题描述：本节采用一栋 3 层 3×3 跨的整体钢框架结构（本章参考文献中杨志年等的资料）进行以中区格楼板火灾试验为对象的有限元建模与模拟。钢框架试验楼 1 层层高为 3.5m，2 层、3 层层高均为 3.0m，跨度为 4.5m，如图 5-112 所示。试验楼板配筋图如图 5-113a 所示，梁柱节点采用刚性节点形式，楼板与钢梁通过栓钉连接，如图 5-113b 所示。试验框架材料属性见表 5-1。受火工况为顶层中区格受火。

表 5-1　试验框架材料属性

钢柱 $h_s \times b_f \times t_w \times t_f$	钢梁 $h_s \times b_f \times t_w \times t_f$	h_c/mm	f_{cu}/MPa	f_y/MPa	c/mm
200×200×8×12	250×125×6×9	120	33.8	426	15

注：h_s—钢柱与钢梁高度；b_f—翼缘板高度；t_w—腹板厚度；t_f—翼缘板厚度；h_c—混凝土板高度；f_{cu}—混凝土立方体抗压强度；f_y—钢材屈服强度；c—混凝土保护层厚度。

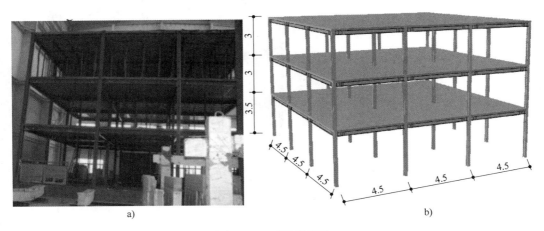

a)

b)

图 5-112　试验楼概况

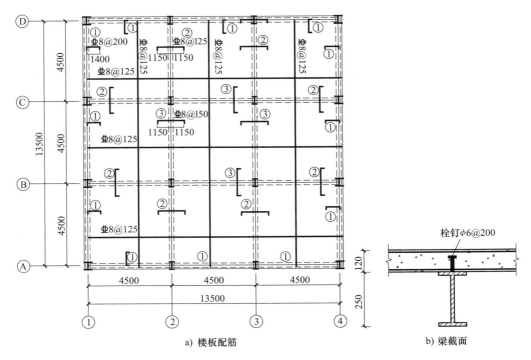

a) 楼板配筋

b) 梁截面

图 5-113　楼板配筋及组合梁截面图

5.4.1 温度场分析

（1）创建部件

1）创建混凝土板部件。参照第 5.1 节，单击左侧工具区中的 按钮，创建混凝土板（Concrete slab）的三维实体部件。在二维绘图界面选择左侧工具区的 按钮，坐标输入（0，0）和（13.7，13.7），单击中键确认，在弹出的对话框中将"深度"设为"0.12"。单击左侧工具区的 按钮，对混凝土板进行切削，拉伸切削面选择混凝土板面（平行于 XY 平面的面），进入二维绘图界面。单击左侧工具区的 按钮，共绘制 16 个图 5-114a 所示的工字钢截面，工字钢间距为 4.5m，单击"确定"按钮，在弹出的对话框中，"类型"选择"通过所有"，单击"确定"按钮，完成混凝土板的切削，如图 5-114b 所示。单击左侧工具区的 按钮，基准面选择混凝土板面，偏移距离依次输入"0.02""0.06""0.1"，按中键确认。单击左侧工具区的 按钮，依据创建的基准面对混凝土板进行分割。单击左侧工具区的 按钮，选择一点和法线，点和法线的位置如图 5-114c 所示，多次选择此分割方式在混凝土板的凹槽处对混凝土板进行分割，分割完的混凝土板如图 5-114d 所示。

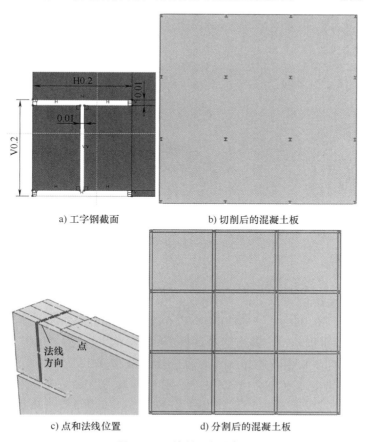

a) 工字钢截面   b) 切削后的混凝土板

c) 点和法线位置   d) 分割后的混凝土板

图 5-114 绘制混凝土板

2）创建钢梁部件。参照第5.2节，单击左侧工具区的 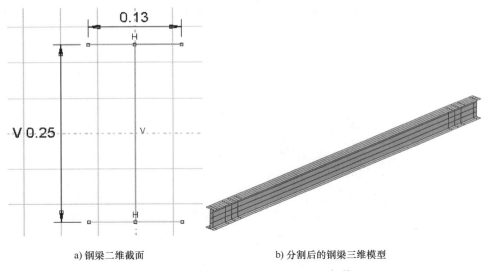 按钮，创建钢梁（Steel beam 1）的三维壳部件。单击左侧工具区的 按钮，进行钢梁截面绘制，截面具体参数如图 5-115a 所示，按中键确认，在弹出的对话框中将"深度"设为"4.3"，单击"确定"按钮。单击左侧工具区的 按钮，选择 XY 平面，分别偏移 0.05、0.25、0.35、0.45、3.85、3.95、4.05、4.25。单击左侧工具区的 按钮，选择 YZ 平面，分别偏移 0.03125 和－0.03125。单击左侧工具区的 按钮，选择 XZ 平面，分别偏移－0.0625 和 0.0625。单击左侧工具区的 按钮，选择基准平面对钢梁进行分割，分割后的钢梁如图 5-115b 所示。

同样地，创建"Steel beam 2"部件。"Steel beam 2"横截面尺寸与"Steel beam 1"一致，长度为"4.492"。单击左侧工具区的 按钮，选择 XY 平面，分别偏移 0.146、0.346、0.446、0.546、3.946、4.046、4.146、4.346。单击左侧工具区的 按钮，选择 YZ 平面，分别偏移 0.03125 和 －0.03125。单击左侧工具区的 按钮，选择 XZ 平面，分别偏移－0.0625 和 0.0625。单击左侧工具区的 按钮，选择基准平面来对钢梁进行分割。

a) 钢梁二维截面　　　　　　　　　　　　b) 分割后的钢梁三维模型

图 5-115　创建钢梁（Steel beam 1）部件

3）创建钢柱部件。参照第5.1节，创建钢柱（Steel column）的三维实体部件。单击左侧工具区的 按钮，坐标依次输入（－0.1，0.1）、（0.1，0.1）、（0.1，0.088）、（0.004，0.088）、（0.004，－0.008）、（0.1，－0.088）、（0.1，－0.1）、（－0.1，－0.1）、（－0.1，－0.088）、（－0.004，－0.088）、（－0.004，0.088）、（－0.1，0.088）、（－0.1，0.1），如图 5-116a 所示，按中键确认，在弹出的对话框中将"深度"设为"9.5"。单击左侧工具区的 按钮，偏移参考的主平面选择 XY 平面，分别偏移 0.12、0.37、3、3.12、3.37、6、6.12、6.37；偏移参考的主平面选择 XZ 平面，分别偏移－0.0635、－0.03125、0、0.03125、0.0635；偏移参考的主平面选择 YZ 平面，分别偏移 － 0.0635、－ 0.03125、－ 0.004、0、0.004、0.03125、0.0635，按中键确认，生成基准平面。长按左侧工具区的 按钮并选择 按钮，通过创建的基准平面对实体进行切割，切割后的钢柱如图 5-116b 所示。

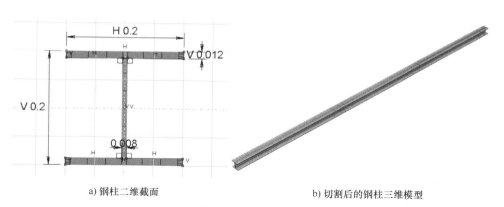

a) 钢柱二维截面　　　　　　　b) 切割后的钢柱三维模型

图 5-116　创建钢柱部件

4）创建栓钉部件。参考第 5.2 节，单击左侧工具区的 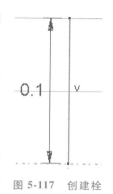 按钮，创建栓钉（Stud）的线部件。单击左侧工具区的 按钮，输入（0，-0.05）、（0，0.05），按中键确认，创建的栓钉，如图 5-117 所示。按照同样的方法，创建钢筋（Rebar）部件，钢筋长度为 13.3。

图 5-117　创建栓钉部件

5）创建带栓钉的钢梁部件。进入装配功能模块，单击左侧工具区的 按钮，将"Steel beam 1"与"Stud"添加到视图中。通过平移与阵列方法，将"Steel beam 1"与"Stud"装配，"Stud"的间距如图 5-118a所示。单击左侧工具区的 按钮，将其合并，命名为"Steel beam-1 with stud"。按照同样的方法，创建带栓钉的钢梁部件"Steel beam-2 with stud"如图 5-118b 所示。

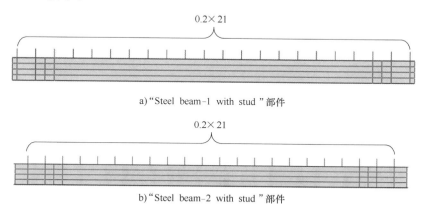

0.2×21

a)"Steel beam-1 with stud"部件

0.2×21

b)"Steel beam-2 with stud"部件

图 5-118　创建带栓钉的钢梁部件

6）创建钢筋网部件。进入装配功能模块，单击左侧工具区的 按钮，将"Rebar"部件添加到视图中，单击左侧工具区的 按钮，选择"Rebar"部件，绕 Z 轴旋转 90°。再次单击 按钮，添加"Rebar"部件，然后单击左侧工具区的 按钮，将两个方向的 Rebar进行阵列，其中端部间距为"0.2"，其余位置间距均为"0.15"。单击左侧工具区的 按钮，在弹出的对话框中，"部件名"输入"GJW"，单击"继续"按钮后选中视图中全部钢筋，按中键确认，生成钢筋网部件，如图 5-119 所示。

图 5-119 创建钢筋网部件

（2）创建材料和截面属性　在 ABAQUS/CAE 窗口模块列表中选择属性，进入属性编辑。参考第 5.1 节与第 5.2 节，创建混凝土板（Concrete slab）、钢柱（Steel column）、钢筋（Rebar）、钢梁（Steel beam）的材料热工属性与截面属性，即混凝土板与第 5.1 节中"Concrete"的属性一致，钢柱、钢筋、钢梁与第 5.1 节中"Steel"的属性一致，其中钢筋的横截面面积输入"5.02E-05"，腹板的厚度为"0.006"，翼缘的厚度为"0.009"。混凝土板与钢柱为实体部件，钢梁为壳部件，钢筋为桁架部件。然后将创建的截面赋予部件，部件由白色变成青色，完成部件的属性赋予。

（3）定义装配件　在 ABAQUS/CAE 环境栏模块列表中选择装配。

1）单击左侧工具区的 按钮，弹出"创建实体"对话框，"实体类型"选择独立，部件选择钢柱（Steel column），单击"确定"按钮。单击左侧工具区的 按钮，将 GZ 沿 X、Y 轴进行线性阵列，阵列"个数"为 4，"偏移"为 4.5，得到单层全部钢柱装配如图 5-120 所示。

2）单击左侧工具区的 按钮，选择"Steel beam-1 with stud"部件，将其绕 X 轴旋转

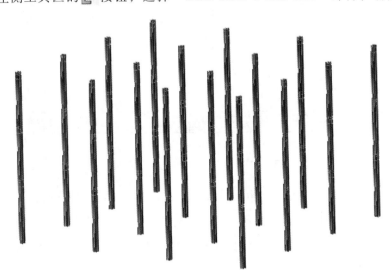

图 5-120 装配钢柱

-90°。单击左侧工具区的 ⬚ 按钮，选择 "Steel beam-2 with stud" 部件，先绕 Y 轴旋转 90°，再绕 X 轴旋转-90°。通过平移，将钢梁移至钢柱的顶端，钢梁与钢柱的相对位置如图 5-121a 所示。单击左侧工具区的 ⦙⦙⦙ 按钮，将 "Steel beam-1 with stud" 部件与 "Steel beam-2 with stud" 部件进行阵列，阵列 "个数" 为 4，"偏移" 为 4.5。单击左侧工具区中的 ⬭⬭ 按钮，在弹出的对话框中，"部件名" 输入 "GL-3C"，单击 "继续" 按钮后选中视图中全部部件，按中键确认，生成单层全部钢梁部件，如图 5-121b 所示。

3）单击左侧工具区的 ⬚ 按钮，将钢筋网移至混凝土板内部，并通过线性阵列功能在距 Y 轴 0.08 处生成相同钢筋网实例，两钢筋网分别与混凝土板顶面、底面相距 0.02。然后将混凝土板移到钢梁顶端，混凝土板与钢梁的相对位置如图 5-121c 所示。

4）使用线性阵列，将单层钢梁、混凝土板与板内的二层钢筋网进行 Z 轴阵列，阵列 "个数" 为 3，"偏移" 为 3，装配完的整体框架如图 5-121d 所示。

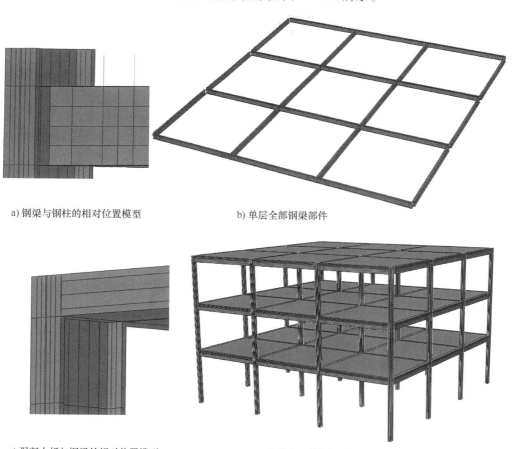

a) 钢梁与钢柱的相对位置模型　　　　　　b) 单层全部钢梁部件

c) 混凝土板与钢梁的相对位置模型　　　　d) 装配后的整体框架模型

图 5-121　装配整体框架

5）单击工具栏中的 "表面" 按钮，创建混凝土板的受火表面和背火表面，如图 5-122 所示。

6）创建结点集前，需要将部件划分网格，因此切换到环境栏的模块列表中选择网格模

a) 受火表面   b) 背火表面

图 5-122　创建表面

块。为简化计算，受火楼层楼板的种子设为"0.1"，非受火楼层的种子设为"0.5"，钢筋网的种子设为"0.2"，带栓钉的钢梁与钢柱的种子设为"0.1"，节点处的钢柱设局部种子，种子个数为4。划分好网格的模型如图 5-123 所示。

7）单击左侧工具区的 按钮，将混凝土板与钢柱修改为热传递单元（DC3D8），将钢筋与栓钉属性修改为两结点传热连接单元（DC1D2），将钢梁修改为结点传热四边形单元（DS4）。

图 5-123　划分网格

8）切换到装配模块创建结点集。单击工具栏中的"集"→"创建"，在弹出的对话框中，"类型"选择"结点"，单击"继续"按钮，选择装配的所有"Concrete slab"部件，单击中键确认，如图 5-124 所示。同样地，创建钢筋（All）结点集，在弹出的对话框中"类型"

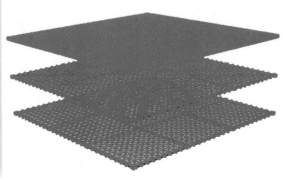

a) 创建混凝土结点集   b) 创建结点集的选取区域

图 5-124　创建结点集

选择"结点",然后选择装配的所有钢筋实例。

(4)设置分析步　与第 5.1 节操作相同,设置传热分析步,分析步"时间长度"为"183600",其余参数设置不变。

(5)定义约束　与第 5.1 节操作相同,定义受火面与背火面的热对流条件与热辐射条件,受火面与背火面的表面如图 5-122,参数的定义与设置见第 5.1 节。单击左侧工具区的 ⛄ 按钮,在弹出的对话框中,"类型"选择"绑定",主表面与从表面类型都设为结点区域,主表面选择创建的混凝土(Concrete)结点集,从表面选择创建的钢筋(All)结点集。

(6)定义荷载和边界条件　与第 5.1 节操作相同,将整体模型的初始温度定义为 20°。

(7)定义作业　与第 5.1 节操作相同,在环境栏的模块列表中选择作业模块,进行作业提交,得到的温度-时间曲线与温度场云图如图 5-125 所示。

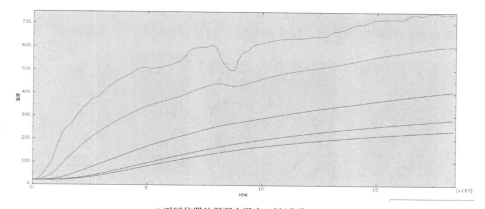

a) 不同位置处混凝土温度-时间曲线

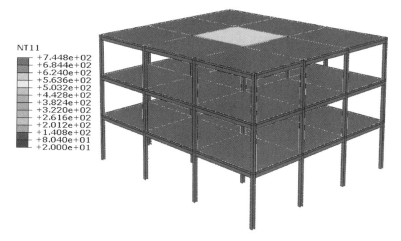

b) 混凝土板温度场云图

图 5-125　不同位置处混凝土温度-时间曲线与混凝土板温度场云图

5.4.2　热力时耦合场分析

(1)定义材料属性

1)复制温度场模型,在环境栏的模块列表中选择特性模块。参照第 5.1 节,修改温度场中创建的混凝土板（Concrete slab）属性，依次选择"力学"中的"弹性""膨胀""混凝土损伤塑性"，选择"使用与温度相关的数据"，混凝土的塑性属性与膨胀系数与第5.2节相同。

2）修改钢柱（Steel column）、钢筋（Rebar）与钢梁（Steel beam）属性，钢柱、钢筋与钢梁的屈服强度分别为372MPa，455MPa和300MPa，其膨胀系数与第5.2节相同。

（2）设置分析步　参照第5.1节，建立两个分析步，第一个分析步的"时间长度"定为"1"，第二个分析步的"时间长度"定为"17400"，"增量步大小"的设置与第5.1节相同。

（3）设置相互作用　在ABAQUS/CAE环境栏模块列表中选择相互作用，进入相互作用编辑。参照第5.2节，钢筋与栓钉内置于混凝土。单击左侧工具区的按钮，在弹出的对话框中，"类型"选择绑定。主表面类型选择表面，表面选择梁端壳的边面；从表面类型选择表面，表面选择柱与梁的交界面；按中键确认，创建的绑定如图5-126所示。

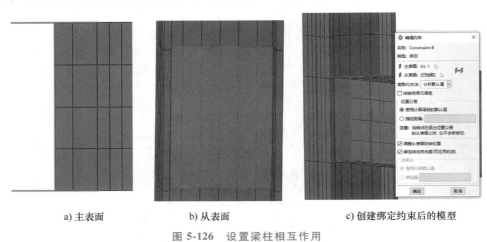

a) 主表面　　　　　　b) 从表面　　　　　　c) 创建绑定约束后的模型

图5-126　设置梁柱相互作用

（4）定义载荷和边界条件　在环境栏的模块列表中选择载荷模块。

1）单击左侧工具区的按钮，弹出"创建载荷"对话框，选择"力学"中的"压强"，单击"继续"按钮。工具栏中提示选择施加荷载的表面，选中混凝土板的上表面，单击中键确认，弹出图5-127a所示对话框，在"大小"栏输入均布荷载"5000"（重力与均布荷载之和），单击"确定"按钮，施加完的载荷如图5-127b所示。

2）单击左侧工具区的按钮，选择"力学"中的"对称/反对称/完全固定"，单击"继续"按钮，选中钢柱的柱底，单击中键确认，弹出图5-128a所示的"编辑边界条件"对话框，勾选"完全固定"；单击"确定"按钮，完成边界条件的定义，如图5-128b所示。

3）与第5.1节相同，将"Step-1"的预定义场修改为"重置成初始状态"，在"Step-2"中导入温度场计算结果。

（5）划分网格　单击左侧工具区的按钮，将混凝土板（Concrete slab）与钢柱（Steel column）的网格属性修改为八结点线性六面体三维应力单元（C3D8R），将钢筋（Rebar）与栓钉（Stud）属性修改为两结点线性三维桁架单元（T3D2），将钢梁（Steel beam）属性

a) 编辑压强载荷　　　　　　　　b) 施加载荷后的模型

图 5-127　定义载荷

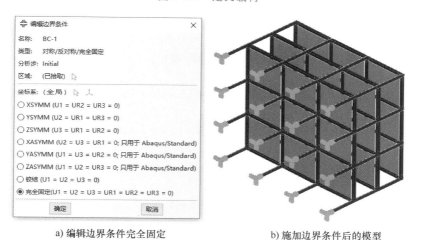

a) 编辑边界条件完全固定　　　　　　b) 施加边界条件后的模型

图 5-128　定义边界条件

修改为四结点曲面薄壳单元（S4R）。

（6）提交分析作业　与第 5.1 节操作相同，在环境栏的模块列表中选择作业模块，进行作业提交。计算得到的结点位移-时间曲线与变形云图如图 5-129 所示。

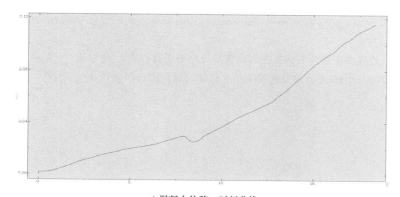

a) 混凝土位移 - 时间曲线

图 5-129　结点位移-时间曲线与变形云图

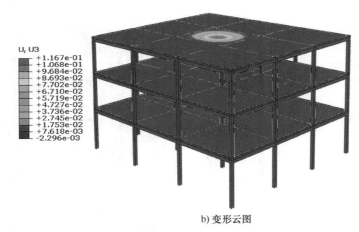

U, U3
+1.167e-01
+1.068e-01
+9.684e-02
+8.693e-02
+7.702e-02
+6.710e-02
+5.719e-02
+4.727e-02
+3.736e-02
+2.745e-02
+1.753e-02
+7.618e-03
-2.296e-03

b) 变形云图

图 5-129　结点位移-时间曲线与变形云图（续）

参 考 文 献

［1］　LIE T T. Fire Resistance of circular steel columns filled with bar-reinforced concrete ［J］. Journal of Structural Engineering, 1994, 120 （5）: 1489-1509.

［2］　LI Z, DING F X, CHENG S S, et al. Mechanical behavior of steel-concrete interface and composite column for circular CFST in fire ［J］. Journal of Constructional Steel Research, 2022, 196: 107424.

［3］　张建春，张大山，董毓利，等. 火灾下钢-混凝土组合梁内力变化的试验研究 ［J］. 工程力学, 2019, 36 （6）: 183-192+210.

［4］　WANG W J, JIANG B H, DING F X, et al. Numerical analysis on mechanical behavior of steel-concrete composite beams under fire ［J］. The Structural Design of Tall and Special Buildings, 2023, 32 （10）: 51578548.

［5］　DING F X, WANG W J, JIANG B H. Numerical study on the fire behaviour of restrained steel-concrete composite beams ［J］. Journal of Building Engineering, 2023, 70: 106358.

［6］　丁发兴，周政，王海波，等. 局部火灾下多层钢-混凝土组合平面框架抗火性能分析 ［J］. 建筑结构学报, 2014, 35 （6）: 23-32.

［7］　LI Z, DING F X, LI S, et al. Comparative study on failure mechanism of multi-storey planar composite frames with RC beams to CFST columns subjected to compartment fire ［J］. Journal of Building Engineering, 2023, 76: 107349.

［8］　杨志年. 不同边界约束条件的混凝土双向板抗火性能研究 ［D］. 哈尔滨：哈尔滨工业大学, 2013.

［9］　王文君. 钢管混凝土柱-组合梁空间框架抗火性能与设计方法研究 ［D］. 长沙：中南大学, 2024.

第 6 章
ABAQUS 常用文件及建模技巧

6.1 ABAQUS 常用文件

ABAQUS 提供了强大的功能来进行结构行为的分析，而分析过程中的各种信息都被储存到了相关计算文件中，只有了解这些文件的功能及其内在逻辑，用户才能更好地分析相关问题，并了解结构行为的内在机理。ABAQUS 中所有的运算，都可以通过 ABAQUS 命令调用相应的 ABAQUS 求解器来进行操作。在 ABAQUS/CAE 中用户提交作业进行的操作，ABAQUS 也是通过调用 ABAQUS 求解器来进行的。

ABAQUS 程序文件按生成时间，可以分为模型创建时的文件和模型分析时的文件；按文件存在的类型，可以分为临时文件和永久文件。临时文件是在 ABAQUS 运算过程中产生的，当运算结束后，这些文件将会自动删除，对用户来说，此类文件没有意义。永久文件是在 ABAQUS 运算过程中生成的，而且不随运算的结束而消失的文件，用户可以通过这些文件进行查询，是用户经常接触到的文件类型。下面介绍几种用户常用的文件。

（1）CAE 文件（模型数据库文件）和 JNL 文件（日志文件） 模型数据库文件和日志文件，是初学者接触最多，也是最有用的文件之一，当在 ABAQUS/CAE 环境下，单击"保存"按钮时，就会同时生成 CAE 文件和 JNL 文件。其中，CAE 文件中包含了分析模型及相关的分析作业等模型数据；JNL 文件包含了 ABAQUS/CAE 的命令，可以用来重新生成模型数据库。

CAE 文件和 JNL 文件是支持 ABAQUS/CAE 最重要的文件，当在 ABAQUS/CAE 环境中打开一个 CAE 文件时，必须保证要有与其相对应的 JNL 文件。

（2）INP 文件 INP 文件是一种文本文件，是前处理和求解过程中数据传输的桥梁。当提交一个作用进行分析时，ABAQUS/CAE 将自动在工作目录下生成一个 * .inp 文件，提供给 ABAQUS 求解器即 ABAQUS/Standard 和 ABAQUS/Explicit 进行分析求解。ABAQUS 求解器的分析对象是 INP 文件，用户创建的 CAE 文件只是为 INP 文件服务，在早期的版本中甚至没有 ABAQUS/CAE 这个前处理器，用户直接使用 INP 文件建模。

INP 文件包含了分析问题的所有数据，只要有这个文件就可以进行完整的分析，INP 文件可以由任意的文字编辑器进行修改，有时有些信息直接在 INP 文件中修改，比在 ABAQUS/CAE 中修改还要方便。INP 文件不但可以快速地修改模型参数控制分析过程，还可以完成一些 ABAQUS/CAE 不支持的功能。

INP 文件是由一系列数据组成的，每一块数据都是对模型某方面特征的表述，数据块是

通过带有 ∗ 号的关键词开始，例如：

```
 *  * PARTS
 *  *
 * Part，name = CONCRETE
 * End Part
```

下面具体介绍 INP 文件中的关键词及其代表的内容。

∗.Heading INP 文件都以 ∗.Heading 开头，描述此模型的标题和相关的信息。

∗.Preprint 在此可以设置 dat 文件中记录的内容，一般采用 ABAQUS 默认的设置就可以。

∗ Part 部件数据块的格式为：

```
 * Part，name = <部件名称>
……
 * End Part
```

如果部件对应的实体是非独立实体即网格划分在部件上，此 Part 数据块中就包含此部件结点编号、单元类型、集合和截面属性等参数。如果部件对应的实体是独立实体即网格划分在实体上，那么此数据块就没有实质性的内容，只有部件名称，而上述数据将会在实体数据块中体现。

∗ Node 结点数据块的格式为：

```
 * Node
<结点编号>，<结点 X 轴坐标>，<结点 Y 轴坐标>，<结点 Z 轴坐标>
```

在 INP 文件中不同的部件或实体可以有相同的结点或单元编号，如果在定义载荷、边界条件或约束时需要引用这些结点编号，需要加上相应的实体名称作为前缀，如部件 A 相应实体的 1 号节点，就要记作 Part-A-1.5。

∗ Element 单元数据块的格式为：

```
 * Element，type = <单元类型>
<单元编号>，<结点 1 编号>，<结点 2 编号>，<结点 3 编号>，…
```

ABAQUS 为用户提供了大量的单元类型，用户可以根据分析的类型，选择合适的单元类型使用，由于单元类型太多，无法详细介绍，读者如想详细了解，可以阅读 ABAQUS 的帮助文件《ABAQUS/CAE User's Manual》的最后一章。

∗ Nset 和 ∗ Elset 结点集合和单元集合数据块是连在一起的，它们有两种格式：

1）当结点和单元编号是连续的，其表示方法为：

```
 * Nset，nset = <结点集合名称>，internal，generate
<起始结点编号>，<结束结点编号>，<结点编号增量>
 * Elset，elset = <单元集合名称>，internal，generate
<起始结点编号>，<结束结点编号>，<结点编号增量>
```

2）当结点和单元编号是不连续的，其表示方法为：

> ＊ Nset，nset＝＜结点集合名称＞，internal，generate
> ＜起始结点编号 1＞，＜结束结点编号 2＞，＜结点编号 3＞，…
> ＊ Elset，elset＝＜单元集合名称＞，internal，generate
> ＜起始结点编号 1＞，＜结束结点编号 2＞，＜结点编号 3＞，…

　　结点集合分为两种：一种是定义在 Part 或 Instance 数据块上的，这类集合出现在 ＊ Part 和 ＊ End Part 或者 ＊ Instance 和 ＊ End Instance 之间，是用来定义截面属性的；另一种是定义在 Assembly 数据块中的集合，这类集合出现在 ＊ End Instance 和 ＊ End Assembly 之间，一般是用来定义载荷、边界条件、面和约束的。

　　＊ Solid Section 截面属性数据块的格式为：

> ＊ Solid Section，elset＝＜单元集合名称＞，material＜材料名称＞

　　此块数据表示将截面属性赋予当前部件或实体的那些单元。

　　＊ Assembly 组装数据模块的格式为：

> ＊ Assembly，name＝＜装配件名称＞
> ……
> ＊ End Assembly

　　在装配数据模块中包含了 Instance 数据块，定义在 Assembly 数据块中关于约束、载荷等相关的集合数据块。

　　＊ Instance 实体数据块的格式为：

> ＊ Instance，name＝＜实体名称＞，part＝＜对应部件名称＞
> ……
> ＊ End Instance

　　当定义的实体为独立实体时，Instance 数据块省略号中就包含了结点、单元集合和截面属性等数据，当定义的实体非独立实体时，Instance 数据块省略号就没有具体的内容。

　　＊ Surface 数据块的格式为：

> ＊ Surface，type＝＜面的类型＞，name＝＜面的名称＞，internal
> ＜构成此面的集合 1＞，＜名称 1＞
> ……

　　其中面的名称默认值是 ELEMENT，即由单元构成的面。

　　＊ ＊ MATERIALS 部分，对模型应用材料的定义，包含的关键词只有 ＊ Material。

　　＊ Material 材料数据块的格式为：

> ＊ Material，name＝＜材料名称＞
> ＊ Elastic
> ＜弹性模量＞，＜泊松比＞
> ＊ Plastic
> ＜屈服强度＞，＜塑性应变＞

在材料数据块中可以添加许多关键词来定义材料各方面的特性，如可以通过 ＊ Density 来定义材料的密度等，具体的关键词用户可查阅帮助文件，这里不再详述。

＊ Step 分析步数据块的格式为：

> ＊ Step，name＝<分析步名称>
>
> ＊ Static
>
> <初始增量步>，<分析步时间长度>，<最小增量步>，<最大增量步>

＊ Boundary 由于定义边界条件的方式不同，边界条件数据块的格式也各不相同，但大体骨架是类似的，现以位移转角的方式定义的边界条件数据块格式为例：

> ＊ ＊ Name：<边界条件的名称>Type：<定义边界条件的方式>
>
> ＊ Boundary
>
> <结点编号和结点集合>，<第一个自由度的编号>，<最后一个自由度的编号>，<位移值>
>
> ……

载荷数据块的表达方式与施加载荷的方式是紧密相关的，不同加载的方式，其表达的方式也各不相同。下面列举几种常用的方式：

集中载荷为：

> ＊ Cload
>
> <结点编号或结点集合名称>，<自由度编号>，<荷载值>

定义在单元上的分布荷载为：

> ＊ Dload
>
> <结点编号或结点集合名称>，<载荷类型的代码>，<载荷值>

定义在面上的分布载荷为：

> ＊ Dsload
>
> <面的名称>，<荷载类型的代码>，<荷载值>

设置输出数据一般默认的格式为：

> ＊ Restart，write，frequency＝0
>
> ＊ ＊
>
> ＊ ＊ FIELD OUTPUT：<场变量名称>
>
> ＊ ＊
>
> ＊ Output，field，variable＝PRESELECT
>
> ＊ ＊
>
> ＊ ＊ HISTORY OUTPUT：<历史变量名称>
>
> ＊ ＊
>
> ＊ Output，history，variable＝PRESELECT

其含义是：不输出用于重启动分析的数据，将 ABAQUS 默认的场变量写入 ODB 文件，将 ABAQUS 默认的历史变量数据写入 ODB 文件。

inp 文件建模主要内容包括三部分：Part 部分，包含的关键词有 * Solid Section、* El-set、* Nset、* Element、* Part、* Node 等；Assembly 部分，包含的关键词有 * Assem-bly、* Instance、* Surface；Step 部分，包含的关键词有 * Step、* Boundary、* load、* OUTPUT REQUESTS。

提示：ABAQUS 对各种命名有明确的规定，要求其大小不能超过 80 个字符，而且必须以字母或者下划线开头。

（3）ODB 文件　输出数据库文件，这类文件是提供给后处理用的文件，在 ABAQUS/CAE 的 Step 模块中，可以设定输入到 ODB 文件的变量和输出的频率。

（4）DAT 和 MSG 文件　打印输出和信息文件。这两种文件是进行分析过程诊断的重要文件。DAT 文件包含了输入文件处理器的输出内容，以及分析过程中的指定结果。在每个分析步结束后，ABAQUS/CAE 将自动输出当前分析步的默认输出信息，用户不对这类文件进行控制。MSG 文件包含了分析过程中的诊断和提示信息，如分析计算中的平衡迭代次数、计算时间等。在 ABAQUS/CAE 的 Step 模块中，用户可以控制诊断的内容。

（5）STA 文件　状态文件是了解分析过程信息的窗口，在分析复杂问题时尤为重要。STA 文件包含了分析过程的信息。此外，在 ABAQUS/CAE 的 Step 模块中，可以将单个结点的单个自由度输出到此类文件中。

（6）F 文件　用户在编写用户子程序时经常用到的一类文件。

6.2　ABAQUS 建模技巧及常见问题

（1）ABAQUS 分析步骤　使用 ABAQUS 进行有限元分析包括三个步骤：使用 ABAQUS/CAE 或其他前处理器进行前处理、使用 ABAQUS/Standard 或 ABAQUS/Explicit 进行分析计算、使用 ABAQUS/Viewer 进行后处理。

（2）ABAQUS/CAE 简介

1）ABAQUS/CAE 的模型数据库保存在扩展名为 .cae 的文件中，每个 ABAQUS 模型中只能有一个装配件（Assembly），它是由一个或多个实体（Instance）组成的，一个部件（Part）可以对应多个实体。

2）ABAQUS/CAE 由以下功能模块构成：部件（Part）、特性（Property）、装配（As-sembly）、分析步（Step）、相互作用（Interaction）、载荷（Load）、网格（Mesh）、作业（Job）、可视化（Visualization）、绘图（Sketch）。

3）部件模块的主要功能包括创建、编辑和管理部件，通过创建特征来定义部件的几何形状，指定刚体部件的参考点。

4）属性模块的主要功能包括创建和管理材料、截面属性、梁截面，指定部件的截面属性、取向、法线方向和切线方向。

5）装配模块的主要功能包括创建、合并和切割实体，为实体定位。

6）分析步模块的主要功能包括创建分析步，设定输出数据，设定自适应网格，控制求解过程。

7）相互作用模块的主要功能是定义相互作用（如接触）、约束、连接件、惯量、裂纹、弹簧和阻尼器。

8）载荷模块的主要功能是定义载荷、边界条件、场变量和载荷状况。

9）网格模块的主要功能包括布置网格种子，设置单元形状、单元类型、网格划分技术和算法，划分网格，检验网格质量。

10）作业模块的主要功能包括创建分析作业、提交和运行分析作业、生成 INP 文件、监控分析作业的运行状态、中止分析作业的运行。

11）绘图模块的主要功能是绘制二维平面图。

12）可视化模块的主要功能是显示 ODB 文件中的分析结果。

（3）划分网格的基本方法

1）对于二维问题，可供选择的单元形状包括四边形单元（Quad）和三角形单元（Tri）；对于三维问题，可供选择的单元形状包括六面体单元（Hex）、四面体单元（Tet）和楔形单元（Wedge）。

2）Quad 单元和 Hex 单元可以用较小的计算代价得到较高的精度，因此应尽可能选择这种单元。

3）在 ABAQUS/CAE 中有三种网格划分技术：结构化网格（Structured）、扫掠网格（Sweep）和自由网格（Fre）。结构化网格和扫掠网格一般采用 Quad 单元和 Hex 单元，分析精度相对较高，因此应尽可能优先选用这两种划分技术。

4）使用 Quad 单元和 Hex 单元划分网格时，有两种可供选择的算法：中性轴算法（Medial Axis）和进阶算法（Advancing Front），两者各有优缺点，可以根据模型的情况来选用。

5）有多种原因可能导致划分网格失败，如种子设置得不恰当，模型中有自由边或很小的边、面、尖角、缝隙等。

6）如果无法成功地划分网格，可以尝试以下措施：检查几何模型，修复存在问题的几何实体，使用虚拟拓扑，加密种子，分割部件。

（4）选择单元类型

1）每种单元都有其优点和缺点，也有其特定的适用场合。不存在一种完美的单元类型可以不受限制地应用于各种问题。

2）按照结点位移插值的阶数，可以将 ABAQUS 单元分为线性单元、二次单元和修正的次单元。

3）线性完全积分单元在承受弯曲载荷时会出现剪切自锁，造成单元过于刚硬，即使划分很细的网格，计算精度仍然很差。

4）二次完全积分单元适于模拟应力集中问题，一般情况下不会出现剪切自锁，但不能在接触分析和弹塑性分析中使用。

5）线性减缩积分单元对位移的求解结果较精确，在弯曲载荷下不容易发生剪切自锁，网格的扭曲变形（如 Quad 单元的角度远远大于或小于 90°）对其分析精度影响不大，但这种单元需要划分较细的网格来克服沙漏问题，且不适于求解应力集中部位的结点应力。

6）二次减缩积分单元不但保持了线性减缩积分单元的优点，而且未划分很细的网格也不会出现严重的沙漏问题，即使在复杂应力状态下，对自锁问题也不敏感，但它不适于接触分析和大应变问题。

7）非协调模式单元克服了剪切自锁问题，在单元扭曲比较小的情况下得到的位移和应力结果很精确，但如果所关心部位的单元扭曲比较大，其分析精度会降低。

8）线性 Tri 单元和 Tet 单元的精度很差，二次 Tet 单元（C3D10）适于 ABAQUS/Standard 中的小位移无接触问题，修正的二次 Tet 单元（C3D10M）适于 ABAQUS/Explicit，以及 ABAQUS/Standard 中的大变形问题和接触分析。

9）ABAQUS 的壳单元可以有多种分类方法：按照薄壳和厚壳来划分，可以分为通用目的壳单元和特殊用途壳单元；按照单元的定义方式，可以分为常规壳单元和连续体壳单元。

10）ABAQUS 的所有梁单元都可以产生轴向变形、弯曲变形和扭转变形，B21 和 B31 单元（线性梁单元）及 B22 和 B32 单元（二次梁单元）既适用于模拟剪切变形起重要作用的深梁，又适用于模拟剪切变形不太重要的细长梁，三次单元 B23 和 B33 只需划分很少的单元就可以得到较精确的结果。

参 考 文 献

［1］　CAD/CAM/CAE 技术联盟. ABAQUS2020 有限元分析从入门到精通［M］. 北京：清华大学出版社，2021.